高等学校公共基础课系列教材

大学物理(上册)

(第二版)

主　编　王平建
参　编　林忠海　李　海　沈　辉　王智晓

西安电子科技大学出版社

内 容 简 介

全书共16章，分为上、下两册。上册共9章，分别为质点运动学、牛顿运动定律、动量守恒定律和能量守恒定律、刚体的转动、气体动理论、热力学基础、静电场、静电场中的导体和电介质、恒定电流等。

为了便于学生总结与巩固，各章章末均给出了本章小结和习题。

本书遵循教育部高等学校物理基础课程指导分委员会对大学物理及其实验课程教学的最新基本要求，力求内容深浅适当，论述深入浅出，物理概念清晰，例题指导详尽，理论紧密联系实际，注重实例中物理知识的介绍与物理思想的融入。

本书可作为一般理工类专业学生的大学物理教材，也可作为各类工程技术院校有关专业学生的自学参考书。

图书在版编目(CIP)数据

大学物理. 上册/王平建主编. —2版. —西安:西安电子科技大学出版社，
2022.8(2023.7重印)
ISBN 978-7-5606-6562-7

Ⅰ. ①大… Ⅱ. ①王… Ⅲ. ①物理学—高等学校—教材 Ⅳ. ①O4

中国版本图书馆CIP数据核字(2022)第132046号

策　　划　毛红兵　刘玉芳
责任编辑　阎　彬
出版发行　西安电子科技大学出版社(西安市太白南路2号)
电　　话　(029)88202421　88201467　　邮　　编　710071
网　　址　www.xduph.com　　电子邮箱　xdupfxb001@163.com
经　　销　新华书店
印刷单位　陕西日报印务有限公司
版　　次　2022年8月第2版　2023年7月第2次印刷
开　　本　787毫米×1092毫米　1/16　印　张　13
字　　数　301千字
印　　数　2001～5000册
定　　价　37.00元
ISBN　978-7-5606-6562-7/O

XDUP 6864002-2

前　言

物理学是一切自然科学的基础，物理思想和物理方法亦是其他学科的重要补充。进入21世纪，科学技术飞速发展和多学科交叉融合对人才培养提出了新的要求，为了培养创新型和复合型人才，适应市场经济对人才普适性的要求，高等教育强化基础课程，实施通才教育已是大势所趋。

大学物理是理工科专业一门十分重要的基础课。为适应教学改革的新形势，基于工程认证的理念和重基础强应用的方针，编者结合多年的教学经验并吸收借鉴了当前国内外物理教材改革的先进思想和科学方法，经集体讨论编写了本书。

本书紧紧围绕大学物理课程的基本要求，精选内容，在保持传统模式的基础上，使思辨性和实践性相统一。在编写本书的过程中，编者尽量做到理论联系实际，以高等数学为工具，将“物”与“理”密切结合；尽量做到将物理思想和物理方法恰当融入书中；尽量做到将物理学前沿技术融入书中。如此，可以增加物理理论的真实感和生动感，开阔学生视野，有助于学生形成科学的学习方法和研究方法，有利于激发学生的学习兴趣和培养学生的创新能力。本次修订修正了上一版中的一些错漏，补充了部分习题内容，使得书稿内容更加完善、准确。

本书内容相对完整，授课老师在讲解时可以根据大纲要求选择相应内容，或者灵活选择与本专业关联度大的部分作为教学内容。书中带星号内容为选学内容。

全书分为上、下两册。本书为上册，由王平建主编，林忠海、李海、沈辉、王智晓参编。

编写过程中，许多老师提出了宝贵的意见和建议，西安电子科技大学出版社有关人员也提供了大力支持，在此一并表示衷心的感谢。

由于编者水平有限，书中不妥之处在所难免，恳请广大读者批评指正。

编　者

2022年6月

目　　录

第1章　质点运动学 …… 1
1.1　基本概念 …… 1
1.1.1　参考系 …… 1
1.1.2　质点 …… 1
1.2　质点运动学方程 …… 2
1.2.1　位置矢量 …… 2
1.2.2　运动学方程 …… 2
1.2.3　位移 …… 3
1.2.4　速度 …… 3
1.2.5　加速度 …… 5
1.3　圆周运动 …… 6
1.3.1　平面极坐标系 …… 6
1.3.2　圆周运动的速度 …… 6
1.3.3　圆周运动的加速度 …… 7
1.3.4　匀速率圆周运动和匀变速率圆周运动 …… 8
1.4　相对运动 …… 10
本章小结 …… 11
习题 …… 12

第2章　牛顿运动定律 …… 17
2.1　牛顿运动定律简介 …… 17
2.1.1　牛顿运动定律 …… 17
2.1.2　惯性系 …… 18
2.1.3　伽利略相对性原理 …… 18
2.2　单位制和量纲 …… 19
2.2.1　单位制 …… 19
2.2.2　量纲 …… 20
2.3　主动力和被动力 …… 20
2.3.1　主动力 …… 20
2.3.2　被动力 …… 22
2.4　牛顿运动定律应用举例 …… 23
2.5　非惯性系和惯性力 …… 26
本章小结 …… 27
习题 …… 28

第3章　动量守恒定律和能量守恒定律 …… 33
3.1　质点和质点系的动量定理 …… 33
3.1.1　冲量与质点的动量定理 …… 33
3.1.2　质点系的动量定理 …… 34
3.2　动量守恒定律 …… 37
3.3　动能定理 …… 38
3.3.1　功 …… 39
3.3.2　质点的动能定理 …… 39
3.4　保守力和非保守力、势能 …… 41
3.4.1　万有引力、弹性力做功特点 …… 41
3.4.2　保守力与非保守力及保守力做功的特点 …… 42
3.4.3　势能 …… 43
3.4.4　势能曲线 …… 45
3.5　功能原理、机械能守恒定律 …… 45
3.5.1　质点系的动能定理 …… 45
3.5.2　质点系的功能原理 …… 46
3.5.3　机械能守恒定律 …… 46
3.6　能量转换与守恒定律 …… 48
3.7　碰撞 …… 48
*3.8　质心与质心运动定律 …… 49
3.8.1　质心 …… 49
3.8.2　质心运动定律 …… 51
本章小结 …… 51
习题 …… 53

第4章　刚体的转动 …… 58
4.1　刚体的定轴转动 …… 58
4.2　刚体的定轴转动定律 …… 61
4.2.1　力矩 …… 61
4.2.2　转动定律 …… 63
4.2.3　转动惯量 …… 63
4.2.4　平行轴定理 …… 64
4.3　角动量、角动量定理、角动量守恒 …… 67
4.3.1　质点的角动量、角动量定理、角动量守恒定律 …… 67
4.3.2　刚体的角动量、角动量定理、角动量守恒定律 …… 69
4.4　力矩做功和刚体的转动动能 …… 71
4.4.1　力矩做的功 …… 71
4.4.2　力矩的功率 …… 72
4.4.3　转动动能 …… 72

4.4.4 刚体绕定轴转动的动能定理…… 72
4.4.5 刚体的重力势能和机械能守恒…… 73
4.5 刚体的滚动…… 75
*4.6 刚体的进动…… 77
本章小结 …… 78
习题 …… 80

第5章 气体动理论 …… 85
5.1 热运动的描述…… 85
5.1.1 平衡态、状态参量、准静态过程 …… 85
5.1.2 理想气体的状态方程…… 86
5.2 分子热运动和统计规律…… 87
5.2.1 分子的热运动、分子力 …… 87
5.2.2 分子热运动的无序性及统计规律性…… 89
5.3 理想气体的压强公式…… 89
5.3.1 理想气体的分子模型…… 90
5.3.2 理想气体的压强…… 90
5.4 能量均分定理、理想气体的内能 …… 92
5.4.1 理想气体分子的平均平动动能与温度的关系…… 92
5.4.2 分子的自由度…… 93
5.4.3 能量均分定理…… 94
5.4.4 理想气体的内能…… 95
5.5 麦克斯韦气体分子速率分布律…… 96
5.5.1 测定气体分子速率分布的实验…… 96
5.5.2 麦克斯韦气体分子速率分布定律…… 97
5.5.3 三个统计速率…… 98
5.6 玻尔兹曼分布律 …… 101
5.6.1 玻尔兹曼分布律 …… 101
5.6.2 重力场中的等温气压公式 …… 102
5.7 分子的平均碰撞频率和平均自由程 …… 102
5.7.1 分子的平均碰撞频率 …… 103
5.7.2 分子的平均自由程 …… 104
5.8 气体的输运现象 …… 105
5.8.1 黏滞现象 …… 105
5.8.2 热传导 …… 106
5.8.3 扩散 …… 107
5.9 真实气体、范德瓦耳斯方程 …… 108
本章小结…… 110
习题…… 111

第 6 章　热力学基础 …… 114
6.1　准静态过程 …… 114
6.1.1　准静态过程 …… 114
6.1.2　功 …… 115
6.1.3　内能 …… 115
6.1.4　热量 …… 116
6.1.5　热力学第一定律 …… 116
6.2　理想气体的几个等值准静态过程 …… 117
6.2.1　等体过程、定体摩尔热容 …… 117
6.2.2　等压过程、定压摩尔热容 …… 119
6.2.3　等温过程 …… 120
6.2.4　绝热过程 …… 120
*6.2.5　多方过程 …… 122
6.3　循环过程、卡诺循环 …… 125
6.3.1　循环过程 …… 125
6.3.2　热机和制冷机 …… 126
6.3.3　卡诺循环 …… 128
6.4　热力学第二定律 …… 131
6.4.1　热力学第二定律的简介 …… 131
6.4.2　两种表述的等价性 …… 132
6.5　可逆过程与不可逆过程、卡诺定理 …… 132
6.5.1　可逆过程与不可逆过程 …… 132
6.5.2　卡诺定理 …… 134
6.5.3　卡诺定理的证明 …… 134
6.6　熵、玻尔兹曼关系 …… 135
6.6.1　熵 …… 135
6.6.2　自由膨胀的不可逆性 …… 137
6.6.3　玻尔兹曼关系 …… 139
6.7　熵增加原理、热力学第二定律的统计意义 …… 140
6.7.1　熵增加原理 …… 140
6.7.2　热力学第二定律的统计意义 …… 141
*6.7.3　熵增与能量退化 …… 141
本章小结 …… 142
习题 …… 143

第 7 章　静电场 …… 148
7.1　电荷与库仑定律 …… 148
7.1.1　电荷 …… 148
7.1.2　电荷量子化与电荷守恒定律 …… 148

7.1.3 库仑定律 …… 149
7.1.4 叠加原理 …… 149
7.2 电场强度 …… 150
7.2.1 电场强度 …… 150
7.2.2 静电场的叠加原理 …… 150
7.2.3 电场强度的计算 …… 151
7.3 高斯定理 …… 154
7.3.1 电场线 …… 154
7.3.2 电场强度通量 …… 155
7.3.3 高斯定理 …… 156
7.4 静电场的环路定理 …… 159
7.4.1 静电场力做的功 …… 159
7.4.2 静电场的环路定理 …… 160
7.5 电势 …… 160
7.5.1 电势能 …… 160
7.5.2 电势 …… 161
7.5.3 电势差 …… 161
7.5.4 电势叠加原理 …… 162
7.5.5 等势面 …… 163
7.5.6 电势与电场强度的微分关系 …… 164
本章小结 …… 165
习题 …… 165

第8章 静电场中的导体和电介质 …… 169
8.1 静电场中的导体 …… 169
8.1.1 静电感应和静电平衡 …… 169
8.1.2 导体静电平衡条件 …… 170
8.1.3 有导体存在时静电场的分析与计算 …… 171
8.2 电容、电容器 …… 172
8.2.1 孤立导体的电容 …… 172
8.2.2 电容器 …… 172
8.2.3 电容器储存的静电场能量 …… 175
8.3 静电场中的电介质 …… 176
8.3.1 电介质及其分类 …… 176
8.3.2 电介质的极化 …… 177
8.3.3 电介质的击穿 …… 179
8.4 电介质中的高斯定理 …… 180
本章小结 …… 182
习题 …… 183

第 9 章　恒定电流 …… 186
9.1　电流强度和电流密度 …… 186
9.1.1　电流强度 …… 186
9.1.2　电流密度 …… 186
9.1.3　电流的连续性方程、恒定电流的条件 …… 188
9.2　欧姆定律、焦耳—楞次定律 …… 189
9.2.1　欧姆定律及其微分形式 …… 189
9.2.2　焦耳—楞次定律及其微分形式 …… 190
9.3　电动势、含源电路欧姆定律 …… 192
9.3.1　电源及电源的电动势 …… 192
9.3.2　含源电路欧姆定律 …… 193
9.4　基尔霍夫方程组及其应用 …… 194
9.4.1　基尔霍夫方程组 …… 194
9.4.2　基尔霍夫方程组的应用 …… 195
本章小结 …… 196
习题 …… 197

第1章 质点运动学

自然界是由物质组成的，一切物质都在不停地运动着。在自然界中，既没有不运动的物质，也没有脱离物质的运动。物体的运动形式是多种多样的，如机械运动、电磁运动及分子热运动等。机械运动是一种最简单的运动形式。通常用位移、速度、加速度等物理量来描述物体的运动，并以此来区分物体不同的运动状态。在运动学中并不涉及物体间的相互作用，即物体产生运动的原因。

1.1 基本概念

1.1.1 参考系

所有物体都在不断地运动，绝对静止的物体是不存在的。然而，从观察者的角度来看，判断物体运动与否是相对的。例如，我们坐在火车上观察行李架上的行李都是静止的，但从地面上看，这些行李是以几十、几百公里每小时的速度在疾驰。因此，要准确地描述物体的位置和运动状态，必须先选择一个参照物。选择的参照物不同，对同一物体的运动描述也不相同。这里选择的参照物叫做参考系。在描述物体的运动时，必须指明是相对于什么参考系而言的。例如，我们经常描述物体相对于地面的运动，这时一般选取地面为参考系。地面参考系也称为实验室参考系。

要定量地描述物体的运动，还需要在参考系的基础上建立坐标系，如常用的直角坐标系、极坐标系等。我们通常用物体在坐标系中位置参数的变化来描述它的运动状态。

1.1.2 质点

运动物体的各个点的运动状态是不完全一致的，而且物体的形状大小及其变化对物体的运动也有一定的影响。但是，在某些情况下，这些因素对于我们所要描述的物体的运动的影响可以忽略不计，这时就可以把物体看做是一个有质量的点，以此来简化这个物理模型。

例如，在研究子弹出膛后的运动时，子弹的实际运动是短距离内向前方的直线运动和绕自身中轴线的旋转。若要计算从出膛到命中目标的时间和速度，则可以忽略子弹的形状及自转，即可以把子弹看做是直线运动的一个质点。

一个物体能否被当做质点，并不取决于它的实际大小，而是取决于研究问题的性质。例如，当研究地球绕太阳的公转时，可以把地球看做一个质点，而在研究地球的自转时，就不能把地球当做质点。

1.2　质点运动学方程

下面我们用矢量这个数学工具来讲述质点的位置矢量、运动学方程的概念。

1.2.1　位置矢量

若我们要描述飞机的运动，首先选择地面为参考系，并把飞机视为质点，记为 P。为了定量地描述飞机的位置和位置随时间的变化关系，在地面任选一点为参考点 O，并建立直角坐标系，如图 1.1 所示。

由参考点 O 引向质点 P 所在位置的矢量称为质点的位置矢量(简称位矢)，用 $\boldsymbol{r}=\overrightarrow{OP}$ 来表示。$\boldsymbol{r}$ 在直角坐标系 $Oxyz$ 中的正交分解形式为

$$\boldsymbol{r} = x\boldsymbol{i} + y\boldsymbol{j} + z\boldsymbol{k} \tag{1-1}$$

其中，x、y 和 z 分别为 $\boldsymbol{r}$ 在坐标轴上的坐标，$\boldsymbol{i}$、$\boldsymbol{j}$ 和 $\boldsymbol{k}$ 分别为沿 Ox 轴、Oy 轴和 Oz 轴上的单位矢量。矢量 $\boldsymbol{r}$ 的大小为

$$|\boldsymbol{r}| = \sqrt{x^2 + y^2 + z^2}$$

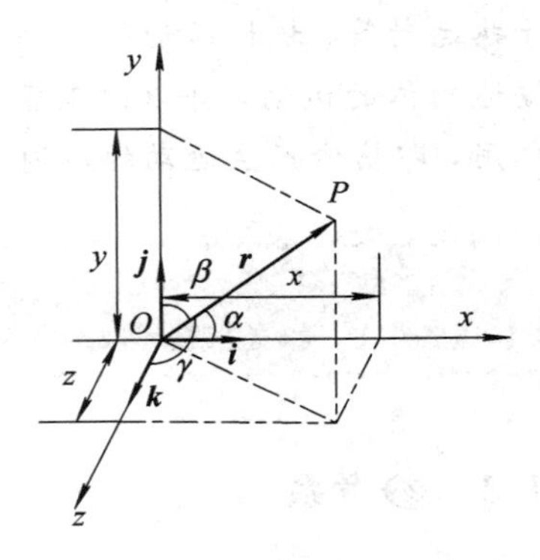

图 1.1　P 点的位置矢量

位置矢量 $\boldsymbol{r}$ 的方向余弦为

$$\cos\alpha = \frac{x}{|\boldsymbol{r}|},\quad \cos\beta = \frac{y}{|\boldsymbol{r}|},\quad \cos\gamma = \frac{z}{|\boldsymbol{r}|}$$

且 $\cos^2\alpha+\cos^2\beta+\cos^2\gamma=1$。其中，$\alpha$、$\beta$、$\gamma$ 分别为位置矢量 $\boldsymbol{r}$ 与 Ox 轴、Oy 轴和 Oz 轴的夹角。

1.2.2　运动学方程

质点运动的任意时刻，都有一个位置矢量与之对应。在任意时刻 t，质点 P 的位置矢量用函数 $\boldsymbol{r}(t)$ 表示，记为

$$\boldsymbol{r} = \boldsymbol{r}(t) \tag{1-2a}$$

此式称为质点的运动学方程。它在直角坐标系中的正交分解形式为

$$\boldsymbol{r}(t) = x(t)\boldsymbol{i} + y(t)\boldsymbol{j} + z(t)\boldsymbol{k} \tag{1-2b}$$

其中 $x(t)$、$y(t)$ 和 $z(t)$ 分别为 $\boldsymbol{r}(t)$ 在 Ox、Oy 和 Oz 轴上的投影。

运动学的重要任务之一就是找出各种具体运动所遵循的运动方程。也可以说，知道了质点的运动学方程，就可以解决该质点的运动问题。

质点运动时所描绘出的轨迹(即位置矢量的矢端所画的曲线)的轨迹方程可通过从 $x(t)$、$y(t)$ 和 $z(t)$ 函数中消去参数 t 求得。

设一个质点的运动方程为 $\boldsymbol{r}(t)=x(t)\boldsymbol{i}+y(t)\boldsymbol{j}$，可知这个质点在 Oxy 平面内运动，从 $x=x(t)$，$y=y(t)$ 中消去 t，得

$$y = y(x) \tag{1-3}$$

此式称为质点的轨迹方程。

1.2.3 位移

设质点沿图 1.2 所示的轨迹运行，在 t 时刻位于 A 点，位置矢量为 $\boldsymbol{r}(t)$，在 $t+\Delta t$ 时刻位于 B 点，位置矢量为 $\boldsymbol{r}(t+\Delta t)$。我们用这两个矢量之差

$$\Delta\boldsymbol{r}=\boldsymbol{r}(t+\Delta t)-\boldsymbol{r}(t) \tag{1-4a}$$

来表示质点在时间 Δt 内位置的变化，并把矢量 $\Delta\boldsymbol{r}$ 称为质点在这段时间内的位移。

在直角坐标系下，$\boldsymbol{r}(t+\Delta t)$和 $\boldsymbol{r}(t)$的分解形式如下：

$$\boldsymbol{r}(t+\Delta t)=x(t+\Delta t)\boldsymbol{i}+y(t+\Delta t)\boldsymbol{j}+z(t+\Delta t)\boldsymbol{k},\quad \boldsymbol{r}(t)=x(t)\boldsymbol{i}+y(t)\boldsymbol{j}+z(t)\boldsymbol{k}$$

两式相减，得

$$\begin{aligned}\Delta\boldsymbol{r}&=[x(t+\Delta t)-x(t)]\boldsymbol{i}+[y(t+\Delta t)-y(t)]\boldsymbol{j}+[z(t+\Delta t)-z(t)]\boldsymbol{k}\\&=\Delta x\boldsymbol{i}+\Delta y\boldsymbol{j}+\Delta z\boldsymbol{k}\end{aligned} \tag{1-4b}$$

此式表明位移可由位置坐标的增量决定。

应当注意，位移只给出质点在一段时间内位置运动的结果，并未给出质点运动的路径。一般来说，位移不表示质点在其轨迹上所经路径的长度。例如，运动员在 400 m 的跑道上跑了一圈，但他在这段时间内的位移为零。我们一般用路程来描述质点沿轨迹的运动。质点在一段时间内沿其轨迹所经过路径的总长度叫做路程。所以，质点的位移和路程是两个不同的概念，只有在 Δt 取无穷小的极限情况下，位移的大小$|\Delta\boldsymbol{r}|$才可以视作与路程相同。

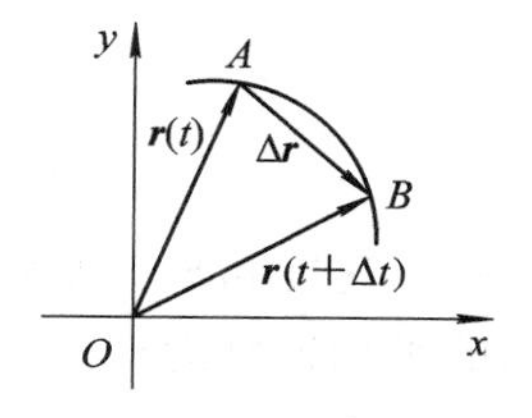

图 1.2 位移矢量

1.2.4 速度

速度是描述质点运动快慢和方向的物理量，要全面描述质点的运动状态，还需要确定质点的瞬时速度。

我们考虑质点平面运动的情况，如图 1.3 所示，质点沿轨迹 $ABCD$ 做曲线运动，定义质点由 B 点运动到 C 点的位移 $\Delta\boldsymbol{r}=\boldsymbol{r}(t+\Delta t)-\boldsymbol{r}(t)$与发生这一位移的时间间隔 Δt 之比为质点在这段时间内的平均速度，记为$\bar{\boldsymbol{v}}$，即

$$\bar{\boldsymbol{v}}=\frac{\Delta\boldsymbol{r}}{\Delta t}=\frac{\boldsymbol{r}(t+\Delta t)-\boldsymbol{r}(t)}{\Delta t}$$

因为 $\Delta\boldsymbol{r}$ 是矢量，$1/\Delta t$ 是标量，故平均速度$\bar{\boldsymbol{v}}$是矢量，且方向和 $\Delta\boldsymbol{r}$ 的方向一致。

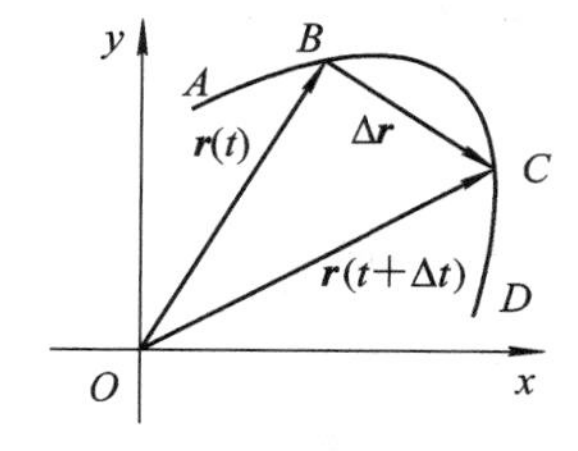

图 1.3 平均速度

平均速度$\bar{\boldsymbol{v}}$在直角坐标系 $Oxyz$ 下的正交分解形式为

$$\bar{\boldsymbol{v}}=\frac{\Delta\boldsymbol{r}}{\Delta t}=\frac{\Delta x\boldsymbol{i}+\Delta y\boldsymbol{j}+\Delta z\boldsymbol{k}}{\Delta t}=\overline{v_x}\boldsymbol{i}+\overline{v_y}\boldsymbol{j}+\overline{v_z}\boldsymbol{k}$$

其中，$\overline{v_x}$、$\overline{v_y}$和$\overline{v_z}$分别是平均速度$\bar{\boldsymbol{v}}$在 Ox、Oy 和 Oz 轴上的投影。

平均速度粗略地描述了质点在一段时间内位置变动的方向和平均快慢，近似程度与所取的时间间隔有关。显然，Δt 越小，近似程度就越好。我们定义当 $\Delta t\to0$ 时，平均速度的极限值称为质点在 t 时刻的瞬时速度(简称速度)，用 $\boldsymbol{v}$ 表示，即

$$\boldsymbol{v}=\lim_{\Delta t\to0}\frac{\Delta\boldsymbol{r}}{\Delta t}=\frac{\mathrm{d}\boldsymbol{r}}{\mathrm{d}t} \tag{1-5a}$$

上式表明质点的瞬时速度等于位置矢量对时间的变化率或一阶导数。在国际单位制中，速度的单位为 $\mathrm{m \cdot s^{-1}}$。瞬时速度是一个矢量，它的方向沿着质点所在位置轨迹曲线的切线，并指向质点前进的方向，其大小 $v=\lim\limits_{\Delta t\to 0}\dfrac{|\Delta \boldsymbol{r}|}{\Delta t}=\left|\dfrac{\mathrm{d}\boldsymbol{r}}{\mathrm{d}t}\right|$ 称为瞬时速率。

速度 $\boldsymbol{v}$ 在直角坐标系 $Oxyz$ 下的正交分解形式为

$$\boldsymbol{v}=\frac{\mathrm{d}\boldsymbol{r}}{\mathrm{d}t}=\frac{\mathrm{d}x}{\mathrm{d}t}\boldsymbol{i}+\frac{\mathrm{d}y}{\mathrm{d}t}\boldsymbol{j}+\frac{\mathrm{d}z}{\mathrm{d}t}\boldsymbol{k}=v_x\boldsymbol{i}+v_y\boldsymbol{j}+v_z\boldsymbol{k} \tag{1-5b}$$

其中

$$v_x=\frac{\mathrm{d}x}{\mathrm{d}t},\quad v_y=\frac{\mathrm{d}y}{\mathrm{d}t},\quad v_z=\frac{\mathrm{d}z}{\mathrm{d}t}$$

即瞬时速度矢量的投影等于位置坐标对时间的一阶导数。

瞬时速度的大小和方向余弦可表示为

$$|\boldsymbol{v}|=\sqrt{v_x^2+v_y^2+v_z^2}$$

$$\cos\alpha_v=\frac{v_x}{|\boldsymbol{v}|},\quad \cos\beta_v=\frac{v_y}{|\boldsymbol{v}|},\quad \cos\gamma_v=\frac{v_z}{|\boldsymbol{v}|}$$

瞬时速度和瞬时速率都与一定的时刻对应，很难直接测量。在实验中，一般用很短时间内的平均速度近似地表示瞬时速度。随着技术的进步，现在瞬时速度的测量已经能够达到很高的精度。

【例 1.1】 一个质点在 x 轴上作直线运动，运动方程为 $x=2t^3+4t^2+8$，式中 x 的单位为 m，t 的单位为 s。求：(1) 任意时刻的速度；(2) 在 $t=2$ s 和 $t=3$ s 时刻，物体的位置和速度；(3) 在 $t=2$ s 到 $t=3$ s 时间内，物体的平均速度。

【解】 (1) 由速度的定义式，可求得

$$v=\frac{\mathrm{d}x}{\mathrm{d}t}=\frac{\mathrm{d}(2t^3+4t^2+8)}{\mathrm{d}t}=6t^2+8t$$

(2) $t=2$ s 时

$$x=2\times 2^3+4\times 2^2+8=40\ (\mathrm{m})$$
$$v=6\times 2^2+8\times 2=40\ (\mathrm{m\cdot s^{-1}})$$

$t=3$ s 时

$$x=2\times 3^3+4\times 3^2+8=98\ (\mathrm{m})$$
$$v=6\times 3^2+8\times 3=78\ (\mathrm{m\cdot s^{-1}})$$

(3) 在 $t=2$ s 到 $t=3$ s 时间内，有

$$\bar{v}=\frac{\Delta x}{\Delta t}=\frac{98-40}{3-2}=58\ (\mathrm{m\cdot s^{-1}})$$

【例 1.2】 如图 1.4 所示，A、B 两物体由一长为 l 的刚性细杆相连，A、B 两物体可在光滑轨道上滑行。如果物体 A 以恒定的速率 v 向左滑行，当 $\alpha=60°$时，物体 B 的速率为多少？

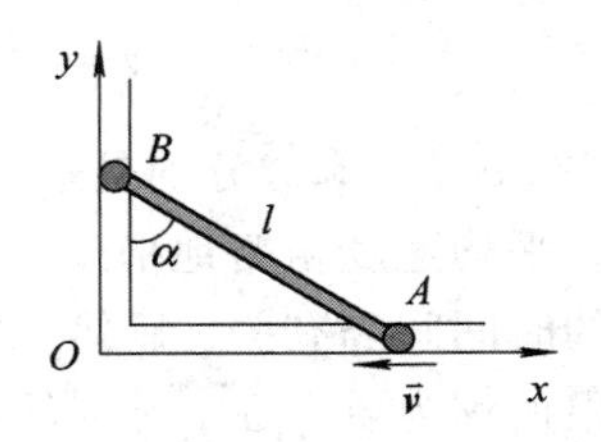

图 1.4　例 1.2 图

【解】 建立坐标系，如图 1.4 所示，物体 A 的速度为

$$\boldsymbol{v}_A=v_x\boldsymbol{i}=\frac{\mathrm{d}x}{\mathrm{d}t}\boldsymbol{i}=-v\boldsymbol{i} \tag{1-6}$$

物体 B 的速度为

$$v_B = v_y j = \frac{dy}{dt} j \tag{1-7}$$

由于三角形 OAB 为直角三角形，刚性细杆的长度 l 为一常量，则有

$$x^2 + y^2 = l^2$$

由于 x，y 是时间的函数，则两边求导可得

$$2x\frac{dx}{dt} + 2y\frac{dy}{dt} = 0$$

即

$$\frac{dy}{dt} = -\frac{x}{y}\frac{dx}{dt}$$

由式(1-7)可得

$$v_B = -\frac{x}{y}\frac{dx}{dt} j$$

由于

$$\frac{dx}{dt} = -v, \quad \tan\alpha = \frac{x}{y}$$

所以

$$v_B = v\tan\alpha j$$

v_B的方向沿 y 轴正向，当 $\alpha=60°$时，物体 B 的速率为 $v_B=1.73v$。

1.2.5 加速度

质点在运动的过程中，瞬时速度的大小和方向都有可能变化。我们引入加速度的概念来衡量速度的变化。

如图 1.5 所示，设质点在 t 时刻的速度为 $v(t)$，经 Δt 后速度变为 $v(t+\Delta t)$，则速度矢量的改变量为 $\Delta v = v(t+\Delta t) - v(t)$，$\Delta v$ 与发生这一变化所用时间 Δt 之比称为这段时间内的平均加速度，记为 $\bar{a}$，即

$$\bar{a} = \frac{\Delta v}{\Delta t}$$

在 $\Delta t \to 0$ 时，平均加速度 $\bar{a}$ 的极限值称为质点在 t 时刻的瞬时加速度，简称加速度，记为 a，即

$$a = \lim_{\Delta t \to 0}\frac{\Delta v}{\Delta t} = \frac{dv}{dt} \tag{1-8}$$

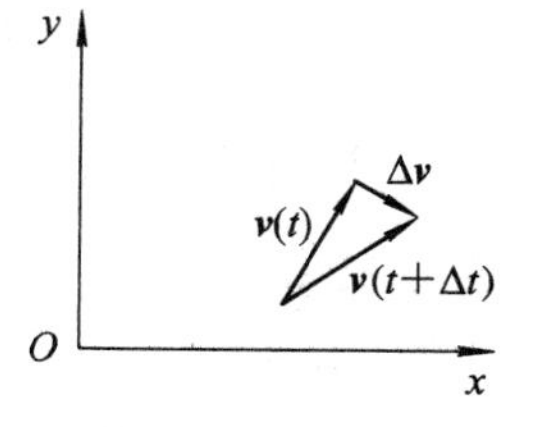

图 1.5 曲线运动的加速度

即质点的加速度等于速度对时间的变化率或一阶导数。由于

$$v = \lim_{\Delta t \to 0}\frac{\Delta r}{\Delta t} = \frac{dr}{dt}$$

所以

$$a = \frac{d^2 r}{dt^2} \tag{1-9}$$

即质点的加速度等于位置矢量对时间的二阶导数。

加速度 a 在直角坐标系 $Oxyz$ 下的正交分解形式为

$$a = \frac{dv}{dt} = \frac{dv_x}{dt} i + \frac{dv_y}{dt} j + \frac{dv_z}{dt} k = a_x i + a_y j + a_z k \tag{1-10}$$

其中

$$a_x = \frac{dv_x}{dt} = \frac{d^2 x}{dt^2}, \quad a_y = \frac{dv_y}{dt} = \frac{d^2 y}{dt^2}, \quad a_z = \frac{dv_z}{dt} = \frac{d^2 z}{dt^2}$$

在国际单位制中，加速度的单位为 $\mathrm{m \cdot s^{-2}}$。加速度是矢量，它的大小为 $|\boldsymbol{a}|=\sqrt{a_x^2+a_y^2+a_z^2}$。加速度的方向为 $\Delta t \to 0$ 时，速度增量 $\Delta \boldsymbol{v}$ 的极限方向。加速度的方向一般与同一时刻速度的方向不一致，而是指向质点轨迹曲线凹的一边。

【例 1.3】 设某质点沿 x 轴运动，在 $t=0$ 时的速度为 $\boldsymbol{v}_0$，其加速度与速度的大小成正比且方向相反，比例系数为 $k(k>0)$。试求速度随时间变化的关系式。

【解】 由题意及加速度的定义式可知

$$\boldsymbol{a}=-k\boldsymbol{v}=\frac{\mathrm{d}\boldsymbol{v}}{\mathrm{d}t}$$

可得

$$\frac{\mathrm{d}\boldsymbol{v}}{\boldsymbol{v}}=-k\ \mathrm{d}t$$

对等式两边积分得

$$\int_{v_0}^{v}\frac{\mathrm{d}\boldsymbol{v}}{\boldsymbol{v}}=\int_0^t -k\ \mathrm{d}t$$

得

$$\ln\frac{\boldsymbol{v}}{\boldsymbol{v}_0}=-kt$$

所以

$$\boldsymbol{v}=\boldsymbol{v}_0\mathrm{e}^{-kt}$$

因而速度的方向保持不变，但速度的大小随时间增大而减小，直到速度等于零为止。

1.3 圆周运动

本节我们主要讨论一种常见的曲线运动——圆周运动。掌握了圆周运动的规律，再去讨论一般的曲线运动就容易多了。圆周运动也是研究刚体定轴转动的基础。

1.3.1 平面极坐标系

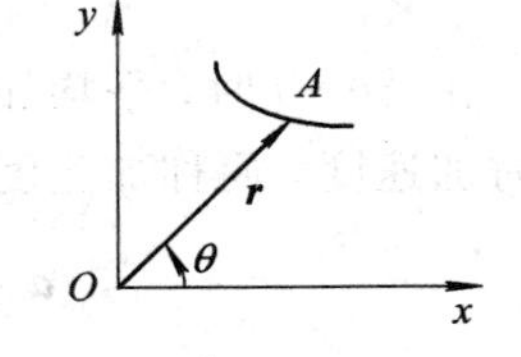

图 1.6 平面极坐标系

描述质点的平面运动时，可在该平面中建立极坐标系，如图 1.6 所示。在参考系内取点 O 作为平面极坐标系的原点，把有刻度的射线 Ox 作为极轴，即可构成极坐标系。对于坐标系内的点 A，由 O 点引线段 OA，长度为 r，称 $\boldsymbol{r}$ 为质点的矢径。由极轴 Ox 逆时针旋转至 OA 的角度 θ 称为质点的角坐标。通常规定自极轴逆时针旋转至位置矢量的角坐标为正，反之为负。A 点的位置可由坐标 (r,θ) 确定，这种坐标系称为平面极坐标系。质点 A 在平面直角坐标系中的坐标 (x,y) 与在平面极坐标系中的坐标 (r,θ) 之间的关系为

$$x=r\cos\theta,\quad y=r\sin\theta$$

1.3.2 圆周运动的速度

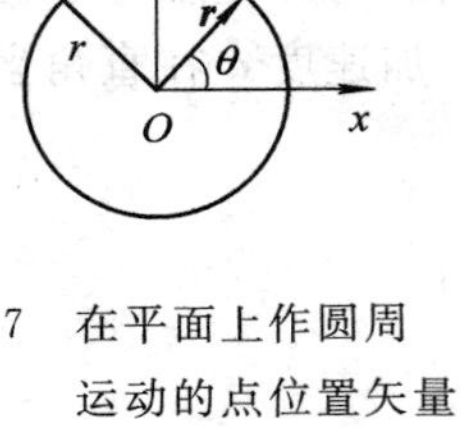

图 1.7 在平面上作圆周运动的点位置矢量

一质点在 Oxy 平面内作圆周运动，如图 1.7 所示，它和圆心的距离 r 为常数。如果以圆心 O 为参考点建立平面极坐标系，无论质点运动到何处，它的坐标 (r,θ) 中的 r 始终为常数，故我们只需考虑角坐标 θ 的变化，即只需考虑角坐标函数

$\theta(t)$的变化。

我们定义质点的角坐标函数 $\theta(t)$随时间的变化率为角速度，用 ω 表示，即

$$\omega = \frac{\mathrm{d}\theta}{\mathrm{d}t} \tag{1-11}$$

在国际单位制中，角速度的单位是 rad · s^{-1}。

对于作曲线运动的质点，一般以公式 $v=(\mathrm{d}s)/(\mathrm{d}t)$来描述它的运动速率。在圆周运动中，质点所经过的路程和所转过的角度之间的关系为 $s=r\theta$，故

$$v = \frac{\mathrm{d}s}{\mathrm{d}t} = r\frac{\mathrm{d}\theta}{\mathrm{d}t} = r\omega \tag{1-12}$$

这就是作圆周运动物体的角速度和速率之间的关系。

1.3.3 圆周运动的加速度

如图 1.8 所示，设质点在圆周上运动到 A 点时的速度为 $\boldsymbol{v}$，方向为沿 A 点的切线指向质点的运动方向。在 A 点沿切线方向取单位矢量 $\boldsymbol{\tau}$ 来表示速度的方向，则质点在 A 点处的速度可表示为

$$\boldsymbol{v} = v\boldsymbol{\tau} \tag{1-13}$$

其中，单位矢量 $\boldsymbol{\tau}$ 称为切向单位矢量，它是自然坐标系下的单位矢量，它的长度为1，方向为质点运动曲线的切线方向。$\boldsymbol{\tau}$ 的方向随质点在轨迹上的不同位置而变化，因此它一般不是一个恒矢量。

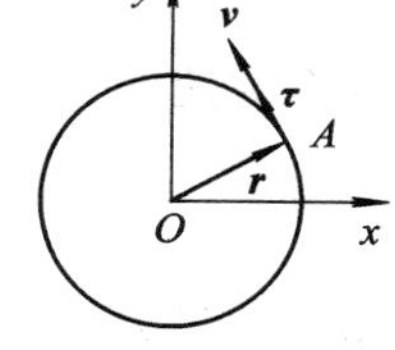

图 1.8 切向单位矢量

质点作圆周运动时，它的运动方向是不断变化的，而速率 v 也不是一个恒定值，对于加速度 $\boldsymbol{a}$ 有

$$\boldsymbol{a} = \frac{\mathrm{d}\boldsymbol{v}}{\mathrm{d}t} = \frac{\mathrm{d}v}{\mathrm{d}t}\boldsymbol{\tau} + v\frac{\mathrm{d}\boldsymbol{\tau}}{\mathrm{d}t} \tag{1-14}$$

从上式可以看出，加速度矢量 $\boldsymbol{a}$ 有两个分矢量。先来讨论第一项$\frac{\mathrm{d}v}{\mathrm{d}t}\boldsymbol{\tau}$，它是由速率的变化引起的，方向为 $\boldsymbol{\tau}$，即和速度的方向相同。定义 $\boldsymbol{a}_\tau=\frac{\mathrm{d}v}{\mathrm{d}t}\boldsymbol{\tau}$ 为质点的切向加速度，用来描述质点速率的变化。$\boldsymbol{a}_\tau$的大小为$|\boldsymbol{a}_\tau|=\left|\frac{\mathrm{d}v}{\mathrm{d}t}\boldsymbol{\tau}\right|=\frac{\mathrm{d}v}{\mathrm{d}t}$。

由 $v=\frac{\mathrm{d}s}{\mathrm{d}t}=r\frac{\mathrm{d}\theta}{\mathrm{d}t}=r\omega$ 可得

$$\frac{\mathrm{d}v}{\mathrm{d}t} = r\frac{\mathrm{d}\omega}{\mathrm{d}t}$$

定义角速度随时间的变化率$\frac{\mathrm{d}\omega}{\mathrm{d}t}$为角加速度，用 α 表示。则有

$$\alpha = \frac{\mathrm{d}\omega}{\mathrm{d}t} = \frac{\mathrm{d}^2\theta}{\mathrm{d}t^2} \tag{1-15}$$

角加速度的单位为 rad · s^{-2}。

将 $\alpha=\frac{\mathrm{d}\omega}{\mathrm{d}t}=\frac{\mathrm{d}^2\theta}{\mathrm{d}t^2}$和$\frac{\mathrm{d}v}{\mathrm{d}t}=r\frac{\mathrm{d}\omega}{\mathrm{d}t}$代入 $\boldsymbol{a}_\tau=\frac{\mathrm{d}v}{\mathrm{d}t}\boldsymbol{\tau}$ 中，可得

$$\boldsymbol{a}_\tau = r\alpha\boldsymbol{\tau} \tag{1-16}$$

此式即为物体作圆周运动的角加速度和切向加速度之间的关系。

我们再来讨论式(1-14)第二项中的$\frac{\mathrm{d}\boldsymbol{\tau}}{\mathrm{d}t}$，即切向单位矢量$\boldsymbol{\tau}$随时间的变化率。如图1.9所示，质点在$t$到$t+\Delta \mathrm{t}$的时间间隔内，由$A$点运动到$B$点，在$\Delta t$的时间间隔内，$\boldsymbol{\tau}$的增量为$\Delta\boldsymbol{\tau}=\boldsymbol{\tau}(t+\Delta t)-\boldsymbol{\tau}(t)$。图1.9中，$\boldsymbol{\tau}(t+\Delta t)$与$\boldsymbol{\tau}(t)$的夹角$\Delta\theta$等于在$\Delta t$的时间间隔内质点的位置矢量$\boldsymbol{r}$所转过的角度。在$\Delta\theta\to 0$时，有

$$|\Delta\boldsymbol{\tau}| = |\boldsymbol{\tau}|\Delta\theta = \Delta\theta$$

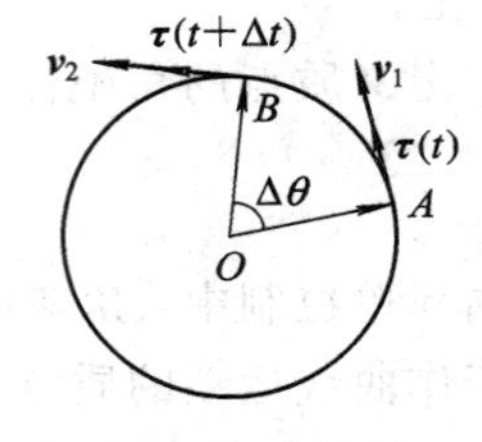

图1.9 切向单位矢量随时间的变化率

此时，$\Delta\boldsymbol{\tau}$的方向趋近于与$\boldsymbol{\tau}(t)$垂直，即趋近于指向圆心的方向。定义在A点处沿曲线的法向方向指向圆心的单位矢量$\boldsymbol{n}$为法向单位矢量，则有$\Delta\boldsymbol{\tau}=\Delta\theta\boldsymbol{n}$。在$\Delta t\to 0$时，有

$$\frac{\mathrm{d}\boldsymbol{\tau}}{\mathrm{d}t} = \lim_{\Delta t\to 0}\frac{\Delta\boldsymbol{\tau}}{\Delta t} = \lim_{\Delta t\to 0}\frac{\Delta\theta}{\Delta t}\boldsymbol{n} = \frac{\mathrm{d}\theta}{\mathrm{d}t}\boldsymbol{n}$$

因此，式(1-14)中的第二项$v\frac{\mathrm{d}\boldsymbol{\tau}}{\mathrm{d}t}$可写为

$$v\frac{\mathrm{d}\boldsymbol{\tau}}{\mathrm{d}t} = v\frac{\mathrm{d}\theta}{\mathrm{d}t}\boldsymbol{n}$$

这个加速度分量的方向沿圆周的法向方向，故称为法向加速度，用符号$\boldsymbol{a}_n$表示。即

$$\boldsymbol{a}_n = v\frac{\mathrm{d}\boldsymbol{\tau}}{\mathrm{d}t} = v\frac{\mathrm{d}\theta}{\mathrm{d}t}\boldsymbol{n} \tag{1-17a}$$

由$\omega=\frac{\mathrm{d}\theta}{\mathrm{d}t}$及$v=r\omega$可得

$$\boldsymbol{a}_n = r\omega^2\boldsymbol{n} = \frac{v^2}{r}\boldsymbol{n} \tag{1-17b}$$

由$\boldsymbol{a}_\tau=\frac{\mathrm{d}v}{\mathrm{d}t}\boldsymbol{\tau}$和$\boldsymbol{a}_n=r\omega^2\boldsymbol{n}=\frac{v^2}{r}\boldsymbol{n}$可知质点作圆周运动的加速度为

$$\boldsymbol{a} = \boldsymbol{a}_\tau + \boldsymbol{a}_n = \frac{\mathrm{d}v}{\mathrm{d}t}\boldsymbol{\tau} + \frac{v^2}{r}\boldsymbol{n} = r\alpha\boldsymbol{\tau} + r\omega^2\boldsymbol{n}$$

其中，切向加速度$\boldsymbol{a}_\tau$反映质点速度大小变化的快慢，法向加速度$\boldsymbol{a}_n$反映质点速度方向变化的快慢。

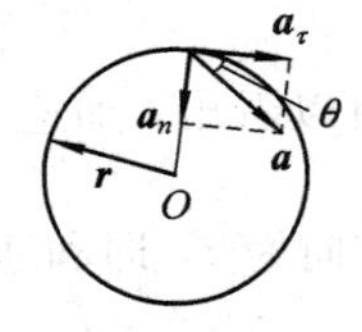

图1.10 圆周运动的加速度

根据矢量的加法法则，由图1.10可知，$\boldsymbol{a}$的大小a及方向关系式分别为

$$a = \sqrt{a_\tau^2 + a_n^2}, \quad \tan\theta = \frac{a_n}{a_\tau}$$

有关圆周运动加速度的结论，对于一般的曲线运动仍然适用，只需把曲线微元看成一段圆弧，用曲率半径代替圆的半径处理即可。

1.3.4 匀速率圆周运动和匀变速率圆周运动

1. 匀速率圆周运动

质点作圆周运动时，如果在任意相等的时间内通过的圆弧长度相等，则称这种运动为匀速率圆周运动。此时，质点的速度大小v为常量，速度方向沿该点的切线方向，其切向

加速度的大小 $a_\tau=0$，法向加速度的大小 $a_n=r\omega^2=\frac{v^2}{r}$。

设 $t=0$ 时，$\theta=\theta_0$，可得质点作匀速率圆周运动时的运动规律为

$$\theta=\theta_0+\omega t$$

2. 匀变速率圆周运动

质点作匀变速率圆周运动时，其角加速度 α 为常量，故圆周上某点的切向加速度的大小为 $a_\tau=r\alpha=$常量，而法向加速度的大小为 $a_n=r\omega^2=v^2/r$，不是常量。于是匀变速率圆周运动的加速度为

$$\boldsymbol{a}=\boldsymbol{a}_\tau+\boldsymbol{a}_n=r\alpha\boldsymbol{\tau}+r\omega^2\boldsymbol{n}$$

设 $t=0$ 时，$\theta=\theta_0$，$\omega=\omega_0$，可得质点作匀变速率圆周运动时的运动规律为

$$\omega=\omega_0+\alpha t$$

$$\theta=\theta_0+\omega_0 t+\frac{1}{2}\alpha t^2$$

【例 1.4】 如图 1.11 所示，一超音速歼击机在高空 A 点时的水平速率为 1940 km/h，沿近似于圆弧的曲线俯冲到 B 点，其速率为 2192 km/h，所经历的时间为 3 s，设圆弧 $\overset{\frown}{AB}$ 的半径约为 3.5 km，且飞机从 A 到 B 的俯冲过程可视为匀变速率圆周运动。若不计重力加速度的影响，求：(1) 飞机在 B 点的加速度；(2) 飞机由 A 点到 B 点所经历的路程。

【解】 (1) 因飞机俯冲时作匀变速率圆周运动，所以 a_τ 和 α 为常量。

对 $a_\tau=\frac{\mathrm{d}v}{\mathrm{d}t}$ 分离变量并两边同时积分，有

$$\int_{v_A}^{v_B}\mathrm{d}v=\int_0^t a_\tau\,\mathrm{d}t$$

则

$$a_\tau=\frac{v_B-v_A}{t}\approx 23.3\ (\mathrm{m\cdot s^{-2}})$$

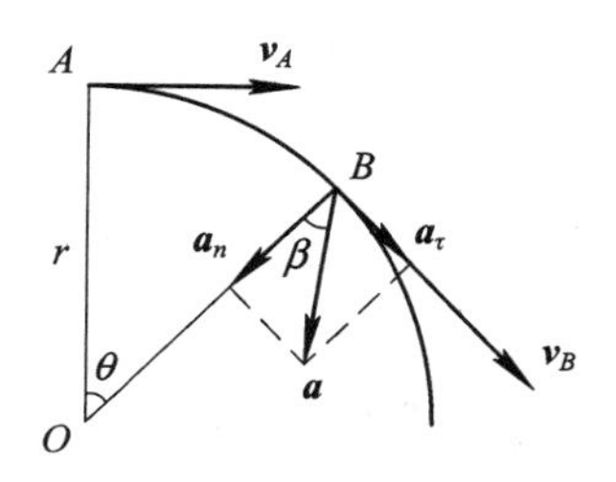

图 1.11　例 1.4 图

在点 B 的法向加速度大小为

$$a_n=\frac{v_B^2}{r}\approx 106\ (\mathrm{m\cdot s^{-2}})$$

可得飞机在点 B 的加速度大小为

$$a=\sqrt{a_\tau^2+a_n^2}\approx 109\ (\mathrm{m\cdot s^{-2}})$$

$\boldsymbol{a}$ 与法向之间夹角 β 为

$$\beta=\arctan\frac{a_\tau}{a_n}\approx 12.4^\circ$$

(2) 在时间 t 内，矢径 $\boldsymbol{r}$ 所转过的角度 θ 为

$$\theta=\omega_A t+\frac{1}{2}\alpha t^2$$

飞机经过的路程为

$$s=r\theta=v_A t+\frac{1}{2}a_\tau t^2$$

代入数据得

$$s=1722\ (\mathrm{m})$$

1.4　相对运动

前面内容提到，运动的描述是相对的，在不同的参考系中，对同一质点运动的描述是不同的。例如，在一辆沿直线轨道匀速行驶的火车中垂直向上抛起一个小球，火车上的观察者看到小球垂直上升并垂直下落，而位于地面的观察者却看到小球的轨迹为一抛物线。下面我们就来研究不同参考系对于同一质点运动的描述之间的关系。

如图 1.12 所示，设观察者 A 在地面上，以地面为参考系 S 建立坐标系 Oxy，另一位观察者位于运动的列车上，以列车为参考系 S′建立坐标系 $O'x'y'$，O'点在 Oxy 中以速度 $\boldsymbol{u}$ 作匀速直线运动。在 $t=0$ 时刻，坐标系 Oxy 与坐标系 $O'x'y'$ 重合。

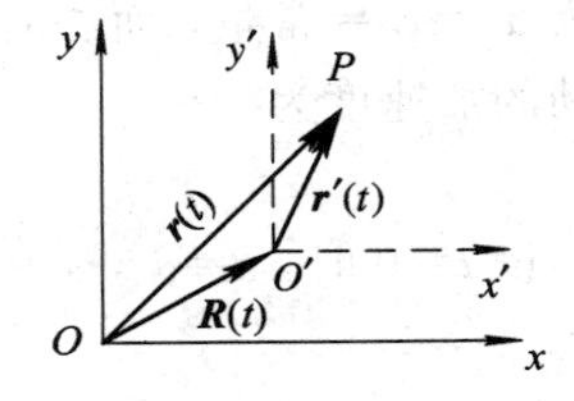

图 1.12　相对运动

在两个参考系下，同时观察同一物体的运动，设在 t 时刻，质点 P 在两个参考系下的位置矢量分别为 $\boldsymbol{r}(t)$ 和 $\boldsymbol{r}'(t)$，O'点在 Oxy 中的位置矢量为 $\boldsymbol{R}(t)$。

从图 1.12 中可以看出

$$\boldsymbol{r}(t)=\boldsymbol{r}'(t)+\boldsymbol{R}(t)$$

上式对时间求导可得

$$\frac{\mathrm{d}\boldsymbol{r}(t)}{\mathrm{d}t}=\frac{\mathrm{d}\boldsymbol{r}'(t)}{\mathrm{d}t}+\frac{\mathrm{d}\boldsymbol{R}(t)}{\mathrm{d}t}$$

即

$$\boldsymbol{v}=\boldsymbol{v}'+\boldsymbol{u} \tag{1-18}$$

其中，$\boldsymbol{v}=\frac{\mathrm{d}\boldsymbol{r}(t)}{\mathrm{d}t}$，是质点相对于参考系 S 的速度；$\boldsymbol{v}'=\frac{\mathrm{d}\boldsymbol{r}'(t)}{\mathrm{d}t}$，是质点相对于参考系 S′的速度；$\boldsymbol{u}=\frac{\mathrm{d}\boldsymbol{R}(t)}{\mathrm{d}t}$，是参考系 S′相对于参考系 S 的速度，一般称为牵连速度。通常把视为静止的参考系 S 称为基本参考系，质点相对于静止参考系的速度 $\boldsymbol{v}$ 称为绝对速度；把相对于参考系 S 运动的参考系 S′称为运动参考系，质点相对于运动参考系的速度 $\boldsymbol{v}'$称为相对速度。则上式可理解为物体相对于基本参考系的绝对速度 $\boldsymbol{v}$，等于物体相对运动参考系的相对速度 $\boldsymbol{v}'$与运动参考系相对基本参考系的牵连速度 $\boldsymbol{u}$ 的矢量和，此式也称为伽利略速度变换式。

【例 1.5】　轮船驾驶舱中的罗盘指示船头指向正北，船速计指出船速为 20 km/h。若水流向正东，流速为 5 km/h，问船对地的速度是多少？驾驶员需将船头指向何方才能使船向正北航行？

【解】　如图 1.13 所示，以正东为 x 方向，正北为 y 方向建立坐标系。

视地面为基本参考系，水流为运动参考系，则有

$$\boldsymbol{v}_{\text{水地}}=5\boldsymbol{i}\ (\mathrm{km/h})$$

$$\boldsymbol{v}_{\text{船水}}=20\boldsymbol{j}\ (\mathrm{km/h})$$

$$\boldsymbol{v}_{\text{船地}}=\boldsymbol{v}_{\text{船水}}+\boldsymbol{v}_{\text{水地}}=5\boldsymbol{i}+20\boldsymbol{j}\ (\mathrm{km/h})$$

故船对地的速度大小是

$$v_{船地} = \sqrt{5^2 + 20^2} \approx 20.6\ (\text{km/h})$$

其方向为北偏东 θ 角

$$\theta = \arctan \frac{5}{20} \approx 14°2'$$

若要船对地的速度指向正北，如图1.14所示，得此参考系下船对地的速度大小 $\boldsymbol{v}'_{船地}$ 为

$$v'_{船地} = \sqrt{\boldsymbol{v}^2_{船水} - \boldsymbol{v}^2_{水地}} = \sqrt{20^2 - 5^2} \approx 19.4\ (\text{km/h})$$

其方向为北偏西 θ' 角，为

$$\theta' = \arcsin \frac{5}{20} \approx 14°29'$$

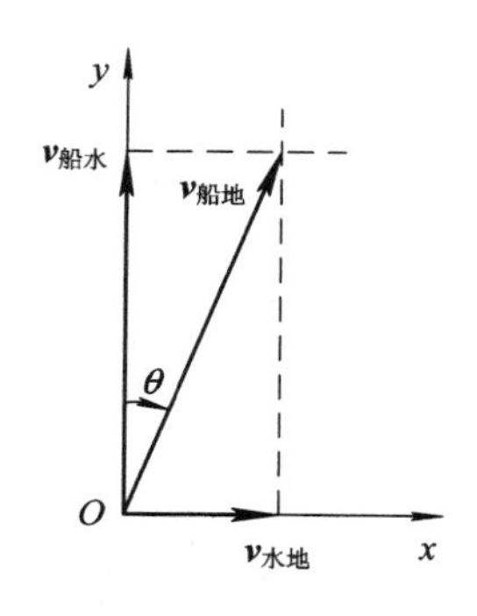

图1.13 以正东为 x 方向，正北为 y 方向建立坐标系

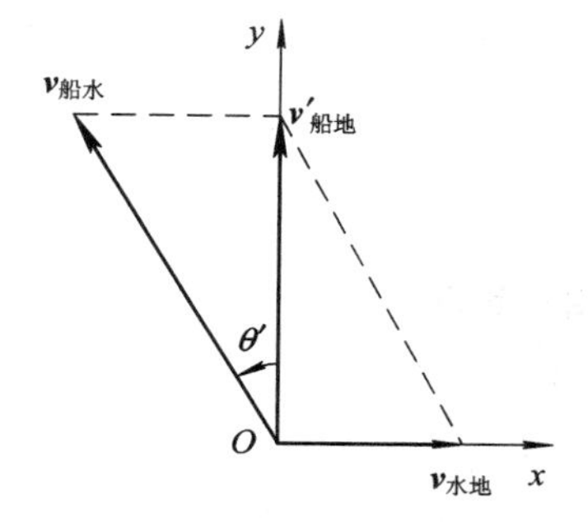

图1.14 以船对地的速度指向正北建立参考系

本章小结

本章的重点是掌握位矢、位移、速度、加速度等物理量，并借助于各种坐标系计算各量。本章的难点是运动学中各物理量的矢量性和相对性，以及将数学的微积分和矢量运算方法应用于物理学中。

1. 质点的位矢、位移

在直角坐标系中

$$\boldsymbol{r} = x\boldsymbol{i} + y\boldsymbol{j} + z\boldsymbol{k}$$

$$\Delta\boldsymbol{r} = \Delta x\boldsymbol{i} + \Delta y\boldsymbol{j} + \Delta z\boldsymbol{k}$$

质点的运动方程——描述质点运动的空间位置与时间的关系式

$$\boldsymbol{r}(t) = x(t)\boldsymbol{i} + y(t)\boldsymbol{j} + z(t)\boldsymbol{k}$$

注意位移 $\Delta\boldsymbol{r}$ 和路程 Δs 的区别，一般情况下

$$|\Delta\boldsymbol{r}| \neq \Delta s, \quad |\Delta\boldsymbol{r}| \neq \Delta r$$

2. 速度和加速度

在直角坐标系中

$$\boldsymbol{v}=\frac{\mathrm{d}\boldsymbol{r}}{\mathrm{d}t}=\frac{\mathrm{d}x}{\mathrm{d}t}\boldsymbol{i}+\frac{\mathrm{d}y}{\mathrm{d}t}\boldsymbol{j}+\frac{\mathrm{d}z}{\mathrm{d}t}\boldsymbol{k}$$

$$\boldsymbol{a}=\frac{\mathrm{d}\boldsymbol{v}}{\mathrm{d}t}=\frac{\mathrm{d}^2\boldsymbol{r}}{\mathrm{d}t^2}\quad \text{或} \quad \boldsymbol{a}=\frac{\mathrm{d}^2x}{\mathrm{d}t^2}\boldsymbol{i}+\frac{\mathrm{d}^2y}{\mathrm{d}t^2}\boldsymbol{j}+\frac{\mathrm{d}^2z}{\mathrm{d}t^2}\boldsymbol{k}$$

注意速度 $\boldsymbol{v}$ 和速率 v 的区别：$v=|\boldsymbol{v}|=\left|\frac{\mathrm{d}\boldsymbol{r}}{\mathrm{d}t}\right|$。一般情况下，$\left|\frac{\mathrm{d}\boldsymbol{r}}{\mathrm{d}t}\right|\neq\frac{\mathrm{d}r}{\mathrm{d}t}$。

3. 圆周运动

角速度：$\omega=\frac{\mathrm{d}\theta}{\mathrm{d}t}$

角加速度：$\alpha=\frac{\mathrm{d}\omega}{\mathrm{d}t}=\frac{\mathrm{d}^2\theta}{\mathrm{d}t^2}$，且有关系式：

$$v=r\omega$$

$$a_\tau=\frac{\mathrm{d}v}{\mathrm{d}t}=r\alpha$$

$$a_n=\frac{v^2}{r}=r\omega^2$$

4. 相对运动

伽利略速度变换式：$\boldsymbol{v}=\boldsymbol{v}'+\boldsymbol{u}$

习　　题

一、思考题

1-1　有人说：“分子很小，可以将其当成质点；地球很大，不能当成质点。”这句话对吗？

1-2　质点的位置矢量方向不变，质点是否作直线运动？质点沿直线运动，其位置矢量的方向是否一定不变？

1-3　若质点的速度矢量的大小改变而方向不变，质点作何种运动？速度矢量的大小不变而方向改变又作何种运动？

1-4　“瞬时速度就是很短时间内的平均速度”这一说法是否正确？如何正确表述瞬时速度？我们是否能按照瞬时速度的定义通过实验测量瞬时速度？

1-5　如果一个质点的加速度与时间的关系是线性的，那么该质点的速度和位矢与时间的关系是否也是线性的？

1-6　已知质点的运动方程为 $\boldsymbol{r}=x(t)\boldsymbol{i}+y(t)\boldsymbol{j}$，有人说其速度和加速度分别为

$$v=\frac{\mathrm{d}r}{\mathrm{d}t},\quad a=\frac{\mathrm{d}^2r}{\mathrm{d}t^2}$$

其中，$r=\sqrt{x^2+y^2}$。这种说法对吗？

1-7　下列说法是否正确？

① 质点作圆周运动时的加速度指向圆心。

② 匀速圆周运动的加速度为恒量。

③ 只有法向加速度的运动一定是圆周运动。

④ 只有切向加速度的运动一定是直线运动。

1-8 一质点作匀速率圆周运动，取其圆心为坐标原点，试问：质点的位矢与速度，位矢与加速度，速度与加速度的方向之间有何关系？

1-9 如果有两个质点分别以初速 $\boldsymbol{v}_{10}$ 和 $\boldsymbol{v}_{20}$ 抛出，$\boldsymbol{v}_{10}$ 和 $\boldsymbol{v}_{20}$ 在同一平面内且与水平面的夹角分别为 θ_1 和 θ_2。有人说，在任意时刻，两质点的相对速度是一常量，这种说法对吗？

二、选择题

1-10 一质点在平面上运动，已知质点位置矢量的表达式为 $\boldsymbol{r}=at^2\boldsymbol{i}+bt^2\boldsymbol{j}$（其中 a、b 为常量），则该质点作（　　）。

A. 匀速直线运动　　B. 变速直线运动

C. 抛物线运动　　D. 一般曲线运动

1-11 一质点作直线运动，某时刻的瞬时速度为 $v=2$ m/s，瞬时加速度为 $a=-2$ m/s^2，则1秒钟后质点的速度（　　）。

A. 等于零　　B. 等于−2 m/s　　C. 等于2 m/s　　D. 不能确定

1-12 一质点在平面上作一般曲线运动，其瞬时速度为 $\boldsymbol{v}$，瞬时速率为 v，某一段时间内的平均速度为 $\overline{\boldsymbol{v}}$，平均速率为 $\overline{v}$，它们之间的关系必定有（　　）。

A. $|\boldsymbol{v}|=v$，$|\overline{\boldsymbol{v}}|=\overline{v}$　　B. $|\boldsymbol{v}|\neq v$，$|\overline{\boldsymbol{v}}|=\overline{v}$

C. $|\boldsymbol{v}|\neq v$，$|\overline{\boldsymbol{v}}|\neq\overline{v}$　　D. $|\boldsymbol{v}|=v$，$|\overline{\boldsymbol{v}}|\neq\overline{v}$

1-13 下面对物体的速度和加速度关系的说法中正确的描述有（　　）。

A. 某时刻物体的加速度很大，它的速度也很大

B. 物体的速度为0时，它的加速度也一定为0

C. 物体有向北的速度，同时可有向东的加速度

D. 物体的速度和加速度不是同向就是反向

1-14 下述的运动形式中加速度矢量保持不变的运动是（　　）。

A. 抛体运动

B. 匀速率圆周运动

C. 单摆的运动

D. 以上三种运动都不是加速度矢量保持不变的运动

1-15 作直线运动的质点具有的性质是（　　）。

A. 位置矢量方向不变　　B. 法向加速度为0

C. 加速度减小时，速度也减小　　D. 平均速度恒等于初速和末速的平均值

1-16 乘坐在正以加速度 a 作匀加速上升的电梯里的人，不慎从手中落下一个重物，以竖直向下为正方向，则地面观察者看到重物落到地板前的加速度是（　　）。

A. g　　B. $-g$　　C. $g+a$　　D. $g-a$

1-17 若湖中有一小船，岸边有一人用绳子跨过一定滑轮用恒定的速率 v 拉船靠岸，如图1.15所示，则（　　）。

A. 船速大于 v

B. 船速小于 v

C. 船作匀速运动

D. 从定滑轮到船头的这段绳上各点的速率均相等

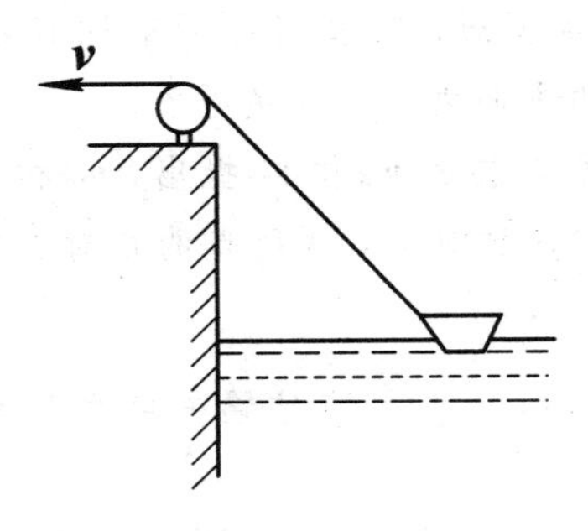

图 1.15　题 1-17 图

三、计算题

1-18　质点的运动学方程为

(1) $\boldsymbol{r}=(3+2t)\boldsymbol{i}+5\boldsymbol{j}$;

(2) $\boldsymbol{r}=(2-3t)\boldsymbol{i}+(4t-1)\boldsymbol{j}$,

求质点轨迹,并用图表示。

1-19　质点运动学方程为 $\boldsymbol{r}=4t^2\boldsymbol{i}+(2t+3)\boldsymbol{j}$。求:

(1) 质点轨迹;

(2) 自 $t=0$ 至 $t=1$ 质点的位移。

1-20　如图 1.16 所示,雷达站于某瞬时测得飞机的位置为 $R_1=4100$ m,$\theta_1=33.7°$;0.75 s 后测得 $R_2=4240$ m,$\theta_2=29.3°$。R_1,R_2 均在铅直面内,求飞机瞬时速率的近似值和飞行方向(α 角)。

1-21　一小圆柱体沿抛物线轨道运动,如图 1.17 所示。抛物线轨道为 $y=x^2/200$(长度:mm),第一次观察到圆柱体在 $x_2=249$ mm 处,经过时间 2 ms 后圆柱体移到 $x_1=234$ mm 处。求圆柱体瞬时速度的近似值。

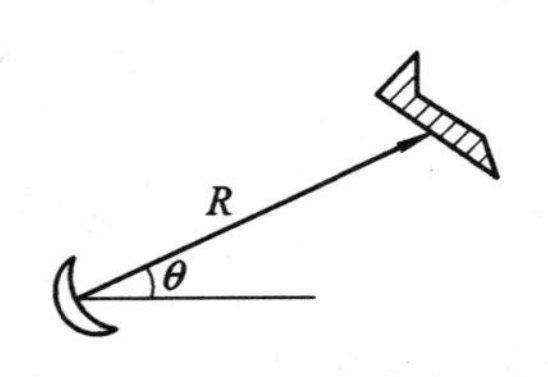

图 1.16　题 1-20 图

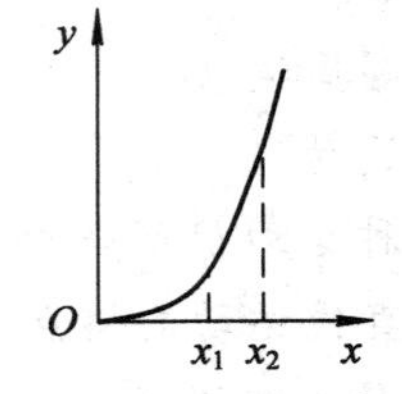

图 1.17　题 1-21 图

1-22　已知质点沿 x 轴作直线运动,其运动方程为 $x=2+6t^2-2t^3$,式中 x 的单位为 m,t 的单位为 s。求:

(1) 质点在运动开始后 4.0 s 内的位移大小;

(2) 质点在该时间内所通过的路程;

(3) $t=4$ s 时质点的速度和加速度。

1-23　质点沿直线运动,加速度 $a=4-t^2$,式中 a 的单位为 $\mathrm{m\cdot s^{-2}}$,t 的单位为 s。如果当 $t=3$ s 时,$x=9$ m,$v=2\ \mathrm{m\cdot s^{-1}}$,求质点的运动方程。

1-24　(1) $\boldsymbol{r}=R\cos t\boldsymbol{i}+R\sin t\boldsymbol{j}+2t\boldsymbol{k}$，其中 R 为正常数。分别求 $t=0$，$\frac{\pi}{2}$时的速度和加速度。

(2) $\boldsymbol{r}=3t\boldsymbol{i}-4.5t^2\boldsymbol{j}+6t^3\boldsymbol{k}$，分别求 $t=0$，1 时的速度和加速度(写出正交分解式)。

1-25　跳伞运动员的速度为

$$v=\beta\frac{1-\mathrm{e}^{-qt}}{1+\mathrm{e}^{-qt}}$$

其中，v 铅直向下，β、q 为正数常量。求其加速度。讨论当时间足够长时($t\to\infty$)，速度和加速度的变化趋势。

1-26　一质点 P 沿半径 $R=3.0$ m 的圆周作匀速率运动，运动一周所需要的时间为 20.0 s，设 $t=0$ 时，质点位于 O 点。按图中所示 Oxy 坐标系，求：

(1) 质点 P 在任意时刻的位矢；

(2) $t=5$ s 时的速度和加速度。

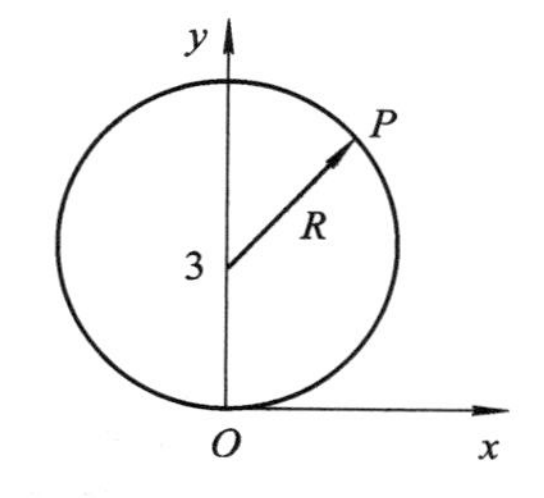

图 1.18　题 1-26 图

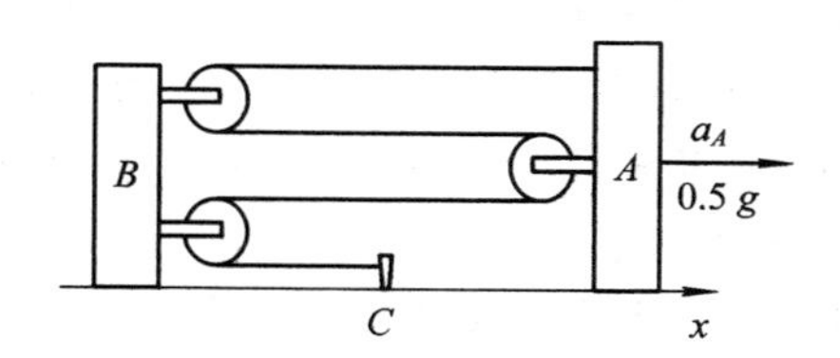

图 1.19　题 1-27 图

1-27　在水平桌面上放置 A、B 两个物体，用一根不可伸长的绳索按图 1.19 所示的装置把它们联结起来，C 点与桌面固定。已知物体 A 的加速度 $a_A=0.5g$。求物体 B 的加速度。

1-28　在同一铅直线上相隔 h 的两点以同样速率 v_0 向上抛两枚石子，但在高处的石子早 t_0 秒被抛出，这两枚石子何时何处相遇？

1-29　一质点沿半径为 R 的圆周按规律 $s=v_0t-\frac{1}{2}bt^2$ 运动，其中，v_0、b 都是常量。

(1) 求 t 时刻质点的总加速度。

(2) t 为何值时，总加速度在数值上等于 b？

(3) 当加速度达到 b 时，质点已沿圆周运动了多少圈？

1-30　在同一竖直面内的同一水平线上 A、B 两点，分别以 30°、60°为发射角同时抛出两球，如图 1.20 所示，欲使两小球相遇时都在自己的轨道的最高点，求 A、B 两点间的距离。已知小球在 A 点的发射速度 $v_A=9.8$ m/s。

1-31　迫击炮的发射角为 60°，发射速率为 150 m/s，炮弹击中倾角为 30°的山坡上的目标，发射点正在山脚，如图 1.21 所示，求弹着点到发射点的距离 OA。

1-32　列车在圆弧形轨道上自 O 点向 S 点行驶，如图 1.22 所示。在我们所讨论的范围内，其运动学方程为 $s=80t-t^2$(长度单位为 m，时间单位为 s)，$t=0$ 时，列车在图中 O 点处。此圆弧形轨道的半径 $r=1500$ m。求列车驶过 O 点以后前进至 1200 m 处的速率和加速度。

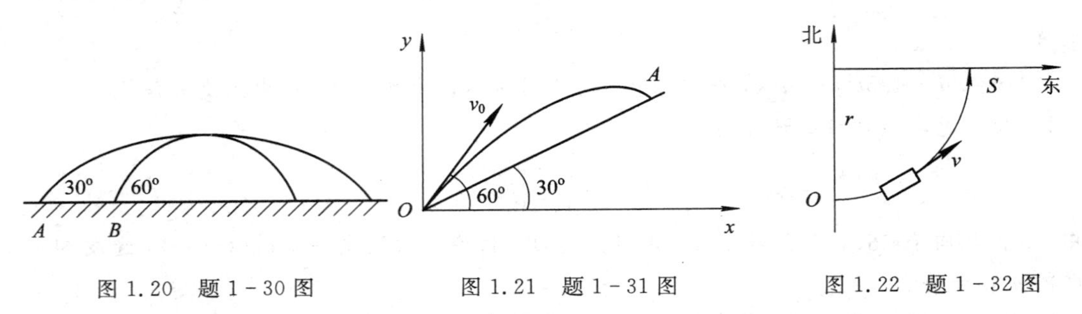

图 1.20 题 1-30 图　　图 1.21 题 1-31 图　　图 1.22 题 1-32 图

1-33 一质点在半径为 0.10 m 的圆周上运动，其角位置为 $\theta=2+4t^3$，式中 θ 的单位为 rad，t 的单位为 s。

(1) 求在 $t=2.0$ s 时，质点的法向加速度和切向加速度。

(2) 当切向加速度的大小恰等于总加速度大小的一半时，θ 值为多少？

(3) t 为多少时，法向加速度和切向加速度的值相等？

1-34 斗车在位于铅直平面内上下起伏的轨道上运动，当斗车达到图 1.23 中所示位置时，轨道曲率半径为 150 m，斗车速率为 50 km/h，切向加速度 $a_\tau=0.4g$，求斗车的加速度。

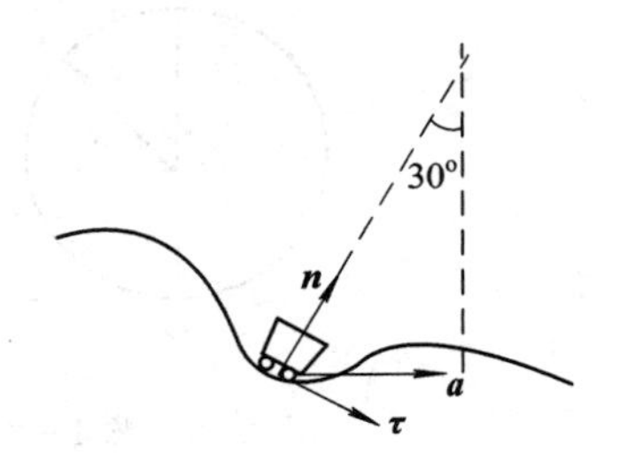

图 1.23 题 1-34 图

1-35 飞机在某高度的水平面上飞行。机身的方向是自东北向西南，与正西方向的夹角为 15°，风以 100 km/h 的速率自西南向东北方向吹来，与正南方向夹角为 45°，结果飞机向正西方向运动。求飞机相对于风的速度及相对于地面的速度。

1-36 一卡车在平直路面上以恒速度 30 m/s 行驶，从此车上射出一个抛体，要求在车前进 60 m 时，抛体仍落回到车上原抛出点，问抛体射出时，相对于卡车的初速度的大小和方向(空气阻力不计)。

1-37 河的两岸互相平行。一艘船由 A 点朝与岸垂直的方向驶去。经 10 min 后到达对岸 C 点。若船从 A 点出发仍按第一次渡河速率但垂直地到达彼岸的 B 点，需要 12.5 min。已知 $BC=120$ m，求：

(1) 河宽 l；

(2) 第二次渡河时船的速度 $\boldsymbol{u}$；

(3) 水流速度 $\boldsymbol{v}$。

1-38 如图 1.24 所示，一汽车在雨中沿直线行驶，其速率为 v_1，下落雨滴的速度方向偏于竖直方向之前 θ 角，速率为 v_2。若车后有一长方形物体，问车速 v_1 多大时，此物体正好不被雨水淋湿？

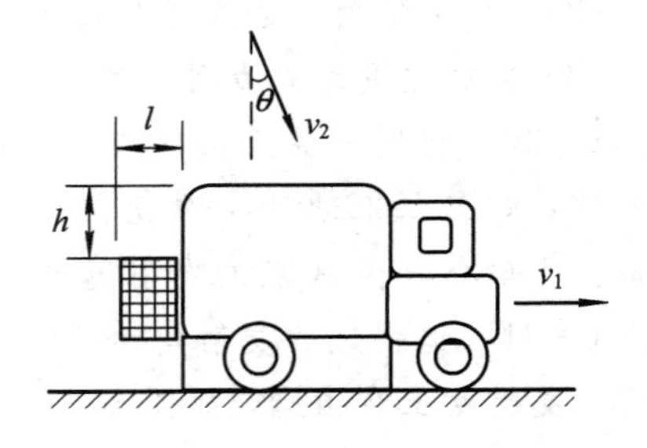

图 1.24 题 1-38 图

第 2 章　牛顿运动定律

上一章我们用位移、速度来描述质点的运动状态，用加速度来描述质点运动状态的改变，但没有分析物体运动状态发生变化的原因。质点运动状态的改变是由物体间的相互作用引起的，即和作用在物体上的力有关。这一章我们将研究物体在力的作用下的运动规律，即动力学。自牛顿发表《自然哲学的数学原理》以来，牛顿三定律就成为动力学的基础。本章将对牛顿定律做简要说明，并介绍其在质点运动方面的初步应用。

2.1　牛顿运动定律简介

2.1.1　牛顿运动定律

在中学物理课程中我们已经学习了一些简单、特殊情况下物体的运动规律，在大学物理中将用矢量及微积分的知识来研究物体的一般运动。下面先概括介绍牛顿三定律的内容。

1686 年，牛顿在他的名著《自然哲学的数学原理》中提出了著名的牛顿三定律。

牛顿第一定律：任何物体都保持静止或匀速直线运动状态，直到外力迫使它改变这种运动状态为止。

牛顿第二定律：物体运动量的改变与所加的力成正比，其方向沿着该作用力的作用方向。

牛顿第三定律：两物体之间的相互作用力大小相等，方向相反，沿同一直线，分别作用在两个物体上。

这三条定律是相互关联的。牛顿第一定律是牛顿第二定律在外力为零时的结果，牛顿将其单独提出，是为了强调第一定律的重要性。牛顿第一定律表明物体有保持运动状态不变的一个重要属性——惯性。因此，牛顿第一定律也称为惯性定律。牛顿第二定律概括了两个力学的基本概念——力和质量。牛顿第二定律把运动量定义为质量和速度的乘积，定律中所说的改变是对时间的改变，即$\frac{\mathrm{d}(m\boldsymbol{v})}{\mathrm{d}t}$。近代物理证明，当物体的速度 v 远小于光速时，物体的质量 m 可认为是常量，所以有

$$\boldsymbol{F}=\frac{\mathrm{d}(m\boldsymbol{v})}{\mathrm{d}t}=m\frac{\mathrm{d}\boldsymbol{v}}{\mathrm{d}t}=m\boldsymbol{a}\tag{2-1}$$

设两个物体的质量分别为 m_1、m_2，在相同外力的作用下有

$$\frac{m_1}{m_2}=\frac{a_2}{a_1} \tag{2-2}$$

式(2-2)说明，在相同外力的作用下，质量大的物体加速度小，即反抗运动变化的能力强，也就是惯性大。这样度量的质量叫做惯性质量。

应用牛顿第二定律时应注意：合外力 $\boldsymbol{F}$ 与加速度 $\boldsymbol{a}$ 都是矢量，方向相同，它们之间的关系是瞬时对应关系，力一旦去掉，加速度也立即消失；力是物体产生加速度的原因，而不是物体具有速度的原因；力是可以叠加的，当有几个外力同时作用时，合外力 $\boldsymbol{F}$ 所产生的加速度 $\boldsymbol{a}$ 是每个外力 $\boldsymbol{F}_i$ 所产生的加速度 $\boldsymbol{a}_i$ 的矢量和。

另外，牛顿第二定律只适用于质点的运动。对于平动的物体，它上面各点的运动状态相同，把它可当做质点来处理。当物体不能作为质点时，可以把它看成由许多足够小的部分组成，每一部分作为一个质点，把物体当做一个质点系处理。关于质点系的知识将在下一章介绍。

运用牛顿第三定律分析物体受力情况时必须注意：作用力和反作用力是互相以对方为自己存在的条件，同时产生，同时消失，任何一方都不能孤立存在，并分别作用在两个物体上；他们属于同种性质的力。例如，作用力是库仑力，那么反作用力也一定是库仑力。

2.1.2 惯性系

牛顿运动定律研究的是机械运动的规律，而研究机械运动首先要选择一个参考系。在运动学中，我们选择的参考系是任意的，但在动力学中要应用牛顿定律，这时应该选择惯性参考系。如果在某个参考系中，物体不受其它物体的作用而保持静止或匀速直线运动，这个参考系称为惯性参考系(简称惯性系)。

一个参考系是否是惯性系，鉴别唯一的方法是通过实验来判断。至今尚未找到绝对的、理想的惯性系，但已找到很多近似的惯性系。大量的观察和实验表明，研究地球表面附近的许多现象有相当高的实验精度，因此认为地球是惯性系。然而，从更高的精度来看，地球并不是严格的惯性系。讨论某些问题时，以地球为惯性系会出现明显的偏差。如，讨论人造地球卫星运动时，一般选择以地心为原点，坐标轴指向恒星的地心的参考系——恒星参考系，它的精确度比地球惯性系的高。在研究行星等天体运动时，可选择以太阳中心为原点，坐标轴指向其它恒星的中心的参考系——恒星参考系，这是更精确的惯性系。

显然，凡是相对于任意惯性系做匀速直线运动的参考系也是惯性系。若一参考系相对于某惯性系做加速运动，则这个参考系是非惯性系。例如，若选地球为惯性系，那么在一平直轨道上做匀速直线运动的火车可以看做是惯性系，而加速运动的火车就是非惯性系。也可以说，牛顿定律适用的参考系叫做惯性系，不适用的参考系叫做非惯性系。

2.1.3 伽利略相对性原理

设有两个参考系 $S(Oxyz)$ 和 $S'(O'x'y'z')$，如图 2.1 所示。

它们对应的坐标轴都相互平行。其中 S 为惯性系，S′相对于 S 以恒定速度 $\boldsymbol{u}$ 运动，则 S′也是惯性系。若有一质点 A 相对 S′的速度为 $\boldsymbol{v}'$，相对 S 的速度为 $\boldsymbol{v}$，则由 1.4 节相关知识可知：

$$\boldsymbol{v}=\boldsymbol{v}'+\boldsymbol{u}$$

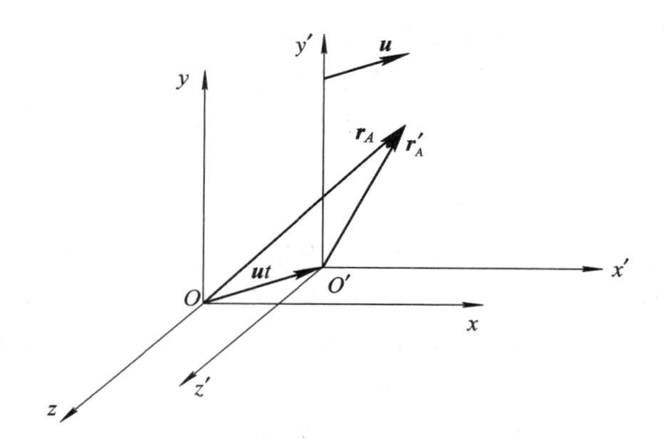

图 2.1　相互作匀速直线运动的两个参考系

将上式对时间 t 求导，由于 $\boldsymbol{u}$ 为常量，故可得

$$\frac{\mathrm{d}\boldsymbol{v}}{\mathrm{d}t}=\frac{\mathrm{d}\boldsymbol{v}'}{\mathrm{d}t}$$

即

$$\boldsymbol{a}=\boldsymbol{a}' \tag{2-3}$$

上式表明，当惯性系 S′相对于 S 以恒定速度 $\boldsymbol{u}$ 运动时，质点在两个惯性系中的加速度是相同的。在惯性系 S′中，质点所受到的力 $\boldsymbol{F}'=m'\boldsymbol{a}'$，对于经典力学，在不同惯性系中测出的质量相同，即 $m=m'$，又由 $\boldsymbol{a}=\boldsymbol{a}'$可得

$$\boldsymbol{F}'=m'\boldsymbol{a}'=m\boldsymbol{a}=\boldsymbol{F}$$

由此可知，牛顿第二定律的数学表达式在两个惯性系中有相同的形式，即

$$\boldsymbol{F}=m\boldsymbol{a}$$

对于两个相对速度为 $\boldsymbol{u}$ 的惯性系，牛顿第二定律方程的形式不变。对于描述力学规律来说，一切惯性系都是等价的；不能借助在惯性系中所做的力学实验来确定该参考系做匀速直线运动的速度。这叫做力学相对性原理或伽利略相对性原理。

到 20 世纪，爱因斯坦建立了狭义和广义相对论，把伽利略相对性原理推广到全部物理学。

2.2　单位制和量纲

2.2.1　单位制

在物理学中，说明某个物理量的数值时，必须同时说明它的单位，否则这个物理量没有意义。当选取的单位不同时，同一规律所对应的物理公式会有区别，这主要体现在公式的常数因子上。

我国现行的单位制在 1960 年第 11 届国际计量大会上通过了国际单位制(SI)，为国家技术监督局于 1993 年颁布的中华人民共和国国家标准，这个标准是以国际单位制为基础制定的。

国际单位制规定的力学部分的基本量为长度、质量和时间，其单位分别为 m(米)、kg(千克)和 s(秒)。这三个单位是力学部分的基本单位，其它单位为导出单位。如，速度的单位为“米每秒”，记为“m/s”。本书所涉及的物理量和单位，将在具体的内容中给出。

2.2.2 量纲

导出单位取决于基本单位的选择，以及导出量与基本量之间的关系式。导出单位与基本单位之间的关系式称为该导出量的量纲。力学部分的长度、质量和时间的量纲分别用 L、M 和 T 表示。对于力学部分国际制中任意的物理量 A，它的量纲表示为

$$\mathrm{dim}A = \mathrm{L}^p\mathrm{M}^q\mathrm{T}^n$$

其中 p、q 和 n 为量纲指数。如，速度的量纲为 $\mathrm{dim}v=\mathrm{LT}^{-1}$，加速度的量纲为 $\mathrm{dim}a=\mathrm{LT}^{-2}$，力的量纲为 $\mathrm{dim}F=\mathrm{LMT}^{-2}$ 等。

只有量纲相同的物理量才能相加或相减，等式两边的量纲必须相同。如从理论上推导出匀变速直线运动的公式为

$$S = v_0 t + \frac{1}{2}at^2$$

从量纲上判断，等式两边的量纲均为 L，则这个等式在量纲上是正确的，可以继续通过其它方法验证其正确性。若得出的等式两边量纲不同，则它一定是错误的。

2.3 主动力和被动力

自然界中有四种最基本的力，它们可以分为两类。一类是万有引力和电磁力，它们在物体相距较远时仍发挥作用，叫做长程力。万有引力在天体层次的运动中起着重要的作用；电磁力在宏观现象和微观现象中都发挥作用。另一类是强相互作用力和弱相互作用力，它们的作用距离很短，叫做短程力，短程力只在微观现象中才能发挥明显的作用。强相互作用力能使像中子、质子这样的粒子集合在一起，是保持在原子核里边的力；弱相互作用力产生于放射性衰变过程和其它一些“基本”粒子衰变等过程中。经典力学通常处理的是万有引力、电磁力和在微观机制上属于电磁力的弹性力和摩擦力。为了便于进行力学分析，下面将力分为主动力和被动力两类进行讨论。

2.3.1 主动力

万有引力、弹性力、静电力和洛伦兹力等有其“独立自主”的方向和大小，不受质点所受其它力的影响，处于“主动”地位，把它们称为主动力。本节中只讨论万有引力和弹性力，静电力和洛伦兹力将在后续章节中讨论。

1. 万有引力

17 世纪初，德国天文学家开普勒(Johannes. Kepler，1571～1630 年)利用第谷(Tycho Brahe，1546～1601 年)多年积累的观测资料，发现了行星沿椭圆轨道运行，并且提出了行星运动三定律(即开普勒定律)。牛顿在前人研究的基础上，提出了著名的万有引力定律。该定律指出，大到天体，小到微观粒子，所有物体与物体之间都存在着一种相互吸引的力，

这种相互吸引的力叫做万有引力。万有引力定律表述为：两个质量分别为 m 和 m' 的质点之间的距离为 r，它们之间的万有引力方向沿着它们的连线，其大小与它们的质量乘积成正比，与它们之间的距离 r 的平方成反比，即

$$F = G\frac{mm'}{r^2} \tag{2-4a}$$

式(2－4a)中的 G 为引力常数，它最早是由英国科学家卡文迪什(Henry Cavendish，1731—1810)于 1798 年从实验中测得的。它的取值 $G=6.67\times10^{-11}\ \mathrm{N\cdot m^2\cdot kg^{-2}}$。

万有引力定律的矢量形式为

$$\boldsymbol{F} = -G\frac{mm'}{r^2}\boldsymbol{e}_r \tag{2-4b}$$

上式表示 m' 受到 m 对它的万有引力大小为 $G\frac{mm'}{r^2}$，方向由 m' 指向 m。其中 $\boldsymbol{e}_r$ 为由 m 指向 m' 方向的单位矢量。

通常把地面附近物体受到地球的万有引力称为重力 $\boldsymbol{P}$，其方向垂直地面向下，指向地球中心。重力的大小称为重量。在重力的作用下，任何物体产生的加速度都是重力加速度 $\boldsymbol{g}$，由牛顿第二定律得

$$\boldsymbol{g} = \frac{\boldsymbol{P}}{m}$$

对地球表面质量为 m 的物体，它受到地球的万有引力大小为

$$F = G\frac{mm_E}{R^2}$$

其中，m_E 为地球的质量，取值为 5.98×10^{24} kg；R 为地球的近似半径，取值为 6.37×10^6 m。经过计算，可得 g 的数值为 $9.80\ \mathrm{m\cdot s^{-2}}$。

在经典力学中，质量为常量，但重力与重力加速度密切相关。重力加速度因高度的不同而不同，例如在珠穆朗玛峰上的重力加速度比海平面处的约少 3/1000。此外，因地球呈微扁球形，故重力加速度还与纬度有关。地球各部分不同的地质构造也会使各处的重力加速度不同。

2. 弹性力

如图 2.2 所示，水平放置的弹簧一端固定，另一端与质点相连。在弹簧处于平衡位置时，以质点的位置为坐标原点，沿弹簧轴线建立 Ox 轴。x 表示质点坐标，用 F_x 表示作用于

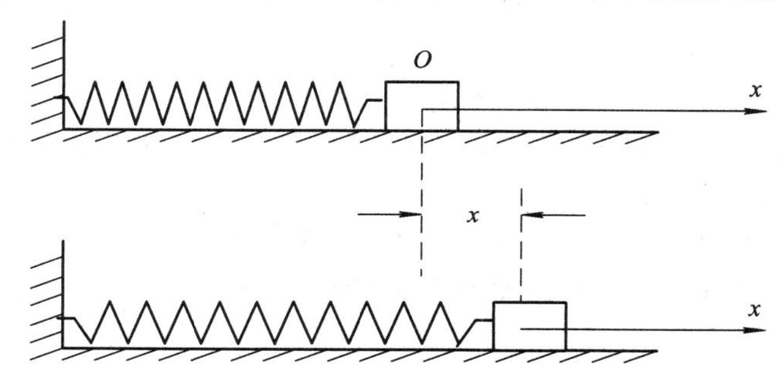

图 2.2　质点离开平衡位置时所受到的弹性力

质点的弹性力在 x 轴上的投影。在弹簧的线性区域内，有

$$F_x = -kx \tag{2-5}$$

式(2－5)表明弹簧弹性力的大小与物体相对于平衡位置的位移成正比，负号表示力的方向与质点位移的方向相反。比例系数 k 叫做弹簧的劲度系数，它与弹簧的匝数、材料、直径和线径等有关。

2.3.2 被动力

绳内的张力、物体间的挤压力和摩擦力常常没有自己“独立自主”的方向和大小，而由质点所受到的主动力和它的运动状态决定，它们一般处于被动地位，这种力称为被动力，也称为约束反作用力。如电梯内的人或物体受到的支撑力由重力和电梯的运动状态决定。在力学中，被动力一般作为未知力出现。

1. 绳内的张力

在紧绷绳索上任意位置做与绳垂直的假想截面，将绳分成两侧，这两侧的相互拉力即为该处绳的张力。张力是由绳索的拉伸变形产生的，但绳的伸长量与绳的原长相比非常小。在处理实际问题时，一般忽略绳的伸长量。

2. 物体间的挤压力

当两个物体相互接触并压紧时，它们会因挤压而产生形变，形变后的物体均企图恢复原状而相互施加挤压弹性力。重物对支撑面的压力和支撑面对重物的支撑力都属于这种力。对于相互压紧的两个物体，可将它们的相互作用力分为沿接触面切向方向的摩擦力和垂直接触面的正压力。若两个物体的接触面为理想的光滑平面，则仅有与接触面垂直的正压力或支撑力。物体和支撑面的形变一般非常小，对受力情况基本没有影响，通常忽略不计。

3. 摩擦力

固体间的摩擦力叫做干摩擦力。干摩擦力包括静摩擦力和滑动摩擦力。

两个相互接触的物体间有相对滑动的趋势但尚未相互滑动时，在接触面上便产生阻碍相互滑动的力，这个力称为静摩擦力。将一物体置于水平面上，用力 $\boldsymbol{F}$ 沿水平方向作用于物体上，在 $\boldsymbol{F}$ 较小时，物体不发生滑动，这时静摩擦力 $\boldsymbol{F}_{f0}$ 与外力 $\boldsymbol{F}$ 大小相等、方向相反。随着 $\boldsymbol{F}$ 的增大，静摩擦力 $\boldsymbol{F}_{f0}$ 也相应增大。当 $\boldsymbol{F}$ 增大到一定数值，物体即将滑动时，静摩擦力达到最大值 $\boldsymbol{F}_{f0m}$，该力称为最大静摩擦力。实验证明，最大静摩擦力 $\boldsymbol{F}_{f0m}$ 与物体对水平面的正压力 $\boldsymbol{F}_N$ 成正比，即

$$\boldsymbol{F}_{f0m} = \mu_0 \boldsymbol{F}_N \tag{2-6}$$

其中，μ_0 为静摩擦系数。静摩擦系数与相互接触的两个物体的材料性质和接触面的粗糙程度有关，与接触面的大小无关。

当外力 $\boldsymbol{F}$ 大于最大静摩擦力 $\boldsymbol{F}_{f0m}$ 时，物体在平面上开始滑动，此时物体所受到的摩擦力叫做滑动摩擦力，用 $\boldsymbol{F}_f$ 表示。滑动摩擦力的方向与物体的运动方向相反，大小与物体的正压力 $\boldsymbol{F}_N$ 成正比，即

$$\boldsymbol{F}_f = \mu \boldsymbol{F}_N \tag{2-7}$$

其中，μ 为滑动摩擦系数。滑动摩擦系数与相互接触的两个物体的材料性质、接触面的粗

糙程度、温度、干湿度等有关，还与接触物体的相对速度有关。一般情况下，可近似认为 μ 略小于 μ_0。

无论多么光滑的表面，在显微镜下都显得凹凸不平。要使两个相互接触的物体沿接触面相对运动，就需要超越此类的相互阻隔。这种超越可能不破坏表面的凸起，但会发生轻微的跳跃；也可能使凸起断裂，由此产生的碎末可能起到润滑的作用，从而使摩擦减小。另外，当表面非常光滑时，两表面间分子的吸引作用也会增加摩擦力。例如，将两块打磨得非常光滑的金属块放在一起，要使它们相对滑动会很困难。

综上所述，绳内的张力可以牵引物体一起运动或使物体保持静止；支撑面对物体的支撑力保证物体不下落；摩擦力使物体静止或阻碍物体运动。这些被动力的共同特点是使物体受到某种限制或约束，故又称为约束反作用力。

2.4　牛顿运动定律应用举例

【例 2.1】 如图 2.3 所示，质量为 m 的物体放置在升降机内，当升降机以加速度 $\boldsymbol{a}$ 运动时，求物体对升降机地板的压力。

【解】 (1) 确定研究对象：以物体为研究对象。

(2) 进行受力分析：物体受到重力和地板对物体的弹性力(设为 N)的作用。

(3) 选择坐标系：选向上为正方向。

(4) 列方程：根据牛顿第二定律得 $N-mg=ma$。

(5) 解方程得：$N=m(g+a)$。

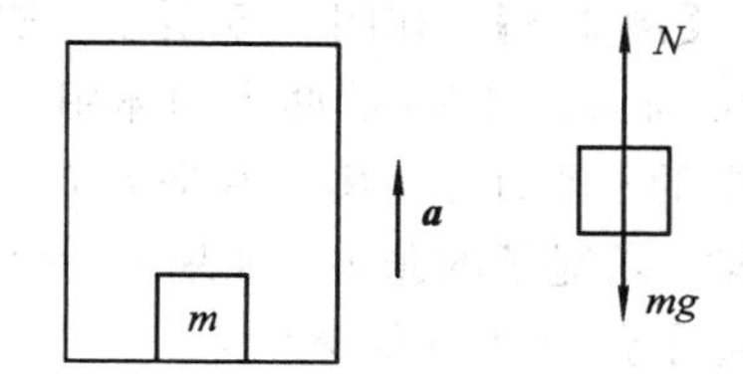

图 2.3　例 2.1 图

由牛顿第三定律可知，物体对地板的压力为 $N'=m(g+a)$，方向向下。

(6) 得出结论：当升降机向上加速或向下减速时，$a>0$，$N>mg$，物体处于超重状态；
当升降机向上减速或向下加速时，$a<0$，$N<mg$，物体处于失重状态。

当升降机自由降落时，物体对地板的压力为 0，此时物体处于完全失重状态。

【例 2.2】 如图 2.4 所示，长为 l 的轻绳，一端系一质量为 m 的小球，另一端系于定点 O。开始时小球处于最低位置。若使小球获得如图所示的初速度 $\boldsymbol{v}_0$，小球将在竖直平面内作圆周运动。求小球在任意位置的速率及绳的张力。

【解】 以小球为研究对象，在任意 θ 位置，小球受到重力和绳的张力的作用。根据牛顿第二定律可以写出小球的法向和切向运动方程

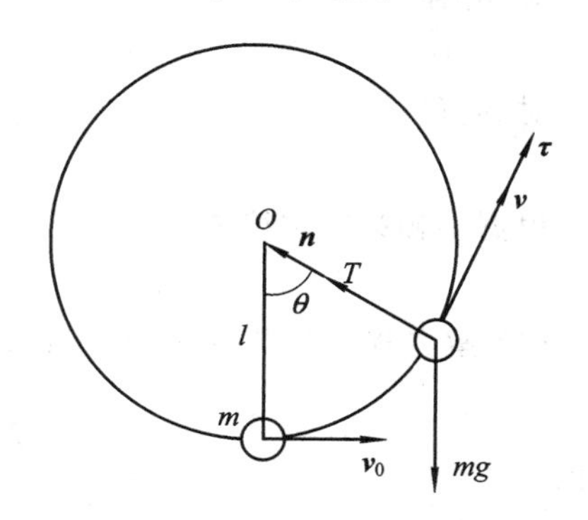

图 2.4　例 2.2 图

$$T-mg\cos\theta=ma_n=m\frac{v^2}{l} \qquad (2-8)$$

$$-mg\sin\theta=ma_\tau=m\frac{\mathrm{d}v}{\mathrm{d}t} \qquad (2-9)$$

由式(2-9)可得

$$\frac{\mathrm{d}v}{\mathrm{d}t} = -g\sin\theta \tag{2-10}$$

又因为

$$\frac{\mathrm{d}v}{\mathrm{d}t} = \frac{\mathrm{d}v}{\mathrm{d}\theta}\frac{\mathrm{d}\theta}{\mathrm{d}t} = \omega\frac{\mathrm{d}v}{\mathrm{d}\theta} = \frac{v}{l}\frac{\mathrm{d}v}{\mathrm{d}\theta}$$

于是，式(2-10)可写成

$$v\,\mathrm{d}v = -gl\sin\theta\,\mathrm{d}\theta \tag{2-11}$$

由初始条件，对式(2-11)积分，得

$$\int_{v_0}^{v} v\,\mathrm{d}v = \int_0^{\theta} -gl\sin\theta\,\mathrm{d}\theta$$

解得

$$v = \sqrt{v_0^2 + 2gl(\cos\theta - 1)}$$

将其代入式(2-8)，得

$$T = m\left(\frac{v_0^2}{l} - 2g + 3g\cos\theta\right)$$

由上式可知，小球在上升过程中，小球速率减小，绳的拉力逐渐减小；小球在下降过程中，小球速率增大，绳的拉力逐渐增大。

【例 2.3】 如图 2.5 所示，质量分别为 $m_1=4$ kg 与 $m_2=1$ kg 的两个物体用一轻绳相连，放在光滑的水平面上，用一水平力 $F=10$ N 拉 m_1 向右运动，求绳子的张力。如果 $m_1=1$ kg，$m_2=4$ kg，则绳子张力又为多少？

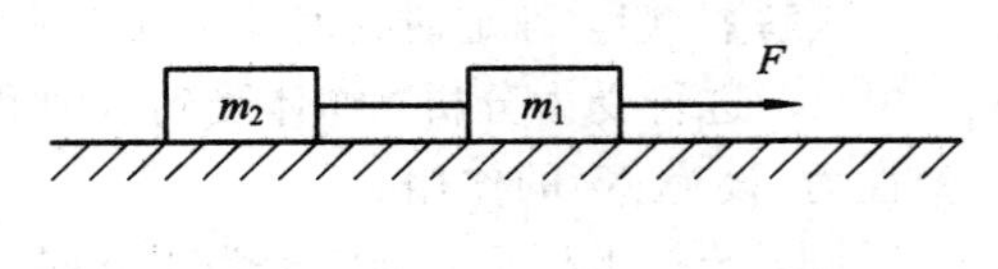

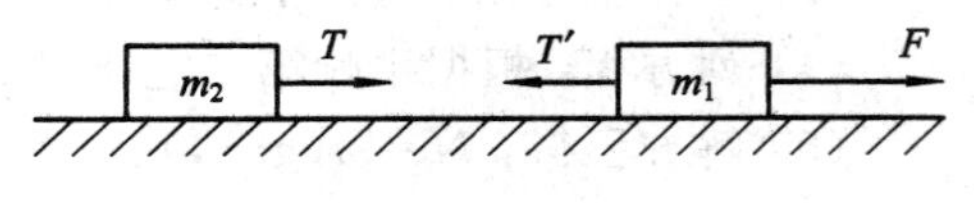

图 2.5　例 2.3 图

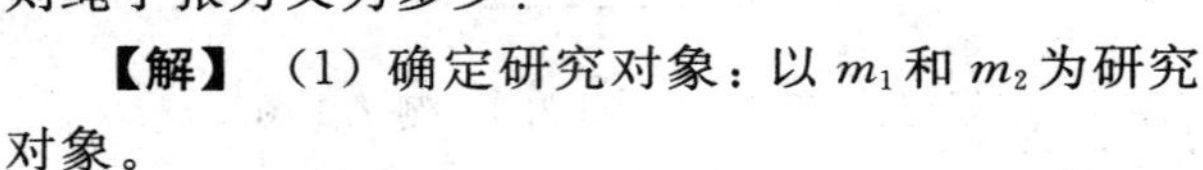

【解】 (1) 确定研究对象：以 m_1 和 m_2 为研究对象。

(2) 进行受力分析：用隔离体法分析 m_1 和 m_2 的受力情况。m_1：拉力 F、张力 T'；m_2：张力 T。

(3) 列方程：设 m_1 和 m_2 以加速度 a 运动。

对 m_1 有

$$F - T' = m_1 a$$

对 m_2 有

$$T = m_2 a$$

根据牛顿第三定律得

$$T = T'$$

(4) 解方程：由于 m_1 和 m_2 均以加速度 a 运动，由牛顿第二定律可得：

$$F = (m_1 + m_2)a$$

所以

$$a = \frac{F}{m_1 + m_2} = \frac{10}{4+1} = 2\ (\mathrm{m\cdot s^{-2}})$$

因而绳子的张力为

$$T = m_2 a = 1 \times 2 = 2\ (\mathrm{N})$$

(5) 若 $m_1=1$ kg，$m_2=4$ kg，则

$$T = m_2 a = 4 \times 2 = 8\ (\mathrm{N})$$

由上述可知，如果前面的物体质量大，绳子的拉力减小。

下面讨论物体在黏滞流体中的运动情况。

物体在流体中运动时，要受到流体阻力的作用。一般来说，流体阻力的大小与物体的尺寸、形状、速率以及流体的性质有关。当速率不太大时，流体阻力主要是黏滞阻力。对于球形的物体，当其速率不太大时，黏滞阻力可由下述 Stokes 公式给出

$$f = 6\pi r\eta v$$

阻力的方向与物体运动的方向相反，式中 r 为球形物体的半径；v 为其速率；η 为流体的黏滞系数，η 与流体本身的性质和温度有关，当温度增加时，液体的 η 降低，气体的 η 升高。

【例 2.4】 一个质量为 m，半径为 r 的球形容器，由水面静止释放，试求此容器的下沉速度与时间的关系。假设容器竖直下沉，其路径为直线。

【解】 容器受到三个力的作用(见图 2.6)：

重力：$P=mg$，方向竖直向下；

浮力：$B=m'g$，大小为物体所排开水的重量，方向竖直向上；

黏滞阻力：$f=6\pi r\eta v=bv$，方向竖直向上。

重力与浮力的合力 $F_0=mg-m'g$ 为恒量，根据牛顿第二定律，可得

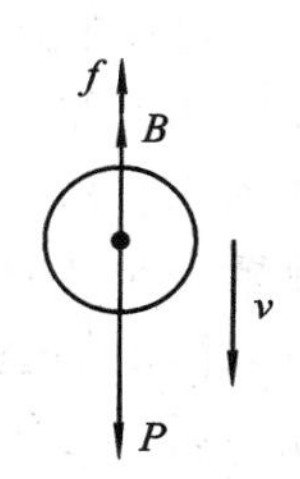

图 2.6　例 2.4 图

$$F_0 - f = ma$$

即

$$F_0 - bv = m\frac{\mathrm{d}v}{\mathrm{d}t}$$

因而有

$$\frac{\mathrm{d}v}{\mathrm{d}t} = -\frac{b}{m}\left(v - \frac{F_0}{b}\right)$$

分离变量得

$$\frac{\mathrm{d}v}{v - \dfrac{F_0}{b}} = -\frac{b}{m}\,\mathrm{d}t \tag{2-12}$$

由于容器是由静止释放的，即 $t=0$ 时，$v_0=0$。

由初始条件对式(2-12)积分得

$$\int_0^v \frac{\mathrm{d}v}{v - \dfrac{F_0}{b}} = \int_0^t -\frac{b}{m}\,\mathrm{d}t$$

$$v = \frac{F_0}{b}\left[1 - \mathrm{e}^{-(b/m)t}\right] \tag{2-13}$$

按照式(2-13)所示的速度—时间函数，可作出如图 2.7 所示的速度和时间关系曲线。从式(2-13)和图 2.7 可以看出，容器下沉的速度随时间的增加而增大；当 $t\to\infty$时，下沉速度趋向极限 $v_L=\dfrac{F_0}{b}$。

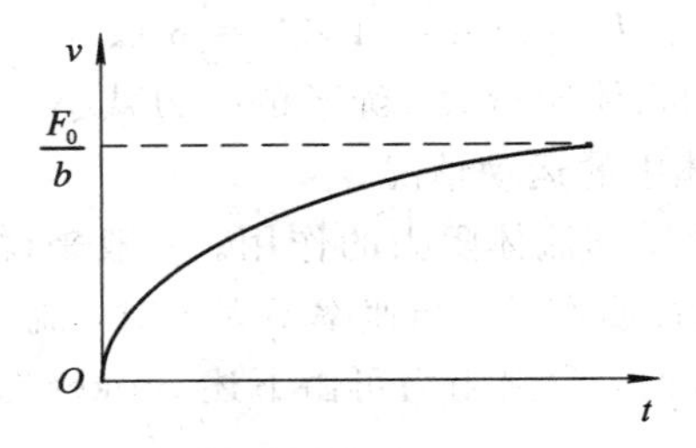

图 2.7　例 2.4 中速度和时间关系曲线

2.5　非惯性系和惯性力

牛顿定律的适用范围是惯性系。物理学家总希望以最简单的方程概括最多的现象。本节将介绍如何在非惯性系中运用牛顿运动定律。

如图 2.8 所示，在火车车厢内的光滑桌面上放置一个小球，当车厢相对于地面这个惯性系以恒定加速度 $\boldsymbol{a}_0$ 向前运动时，车厢为一非惯性系。在车厢内的观察者 A 会看到小球以加速度 $-\boldsymbol{a}_0$ 相对车厢运动，而在地面的观察者 B 则认为小球在水平方向上不受任何力的作用，小球依然保持原来的运动状态，做加速运动的只是车厢。

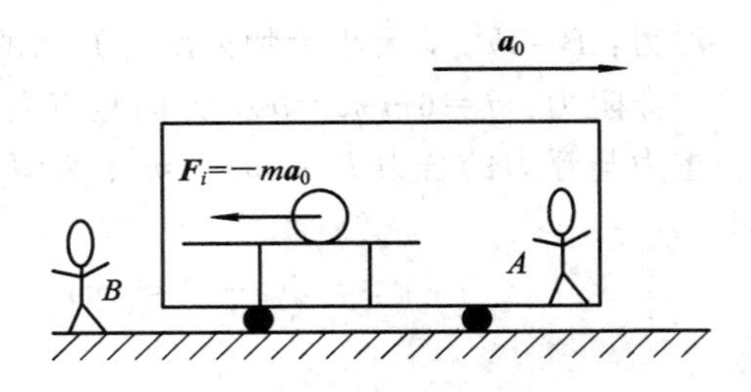

图 2.8　物体在非惯性系中所受到的惯性力

显然，从处于非惯性系中的观察者 A 来看，小球在水平方向上不受外力的作用却有一个和车厢加速度方向相反的加速度 $-\boldsymbol{a}_0$，牛顿定律在这里不适用。在处理这类非惯性系的问题时，为了仍可方便地运用牛顿定律解决问题，人们引入了惯性力的概念。

设想以加速度 $\boldsymbol{a}_0$ 运动的非惯性系中的所有物体都受到一个惯性力，对于质量为 m 的物体，它所受到的惯性力为

$$\boldsymbol{F}_i = -m\boldsymbol{a}_0 \tag{2-14}$$

即惯性力的大小为 ma_0，方向与 $\boldsymbol{a}_0$ 的方向相反。

因此，在非惯性系中牛顿第二定律的数学表达式为

$$\boldsymbol{F} + \boldsymbol{F}_i = m\boldsymbol{a} \tag{2-15a}$$

或

$$\boldsymbol{F} - m\boldsymbol{a}_0 = m\boldsymbol{a} \tag{2-15b}$$

其中，$\boldsymbol{a}_0$ 是非惯性系相对惯性系的加速度；$\boldsymbol{a}$ 是物体相对非惯性系的加速度；$\boldsymbol{F}$ 是物体所受到的除惯性力以外的合外力。

【例 2.5】　如图 2.9(a)所示的三棱柱以加速度 $\boldsymbol{a}$ 沿水平面向左运动，它的斜面是光滑的，若质量为 m 的物体恰好能静止于斜面上，求物体对斜面的压力。

【解法 1】　以地面为参考系，物体受到重力和支持力的作用，如图 2.9(b)所示。根据牛顿第二定律，在 y 轴方向上有

$$N\cos\theta - mg = 0$$

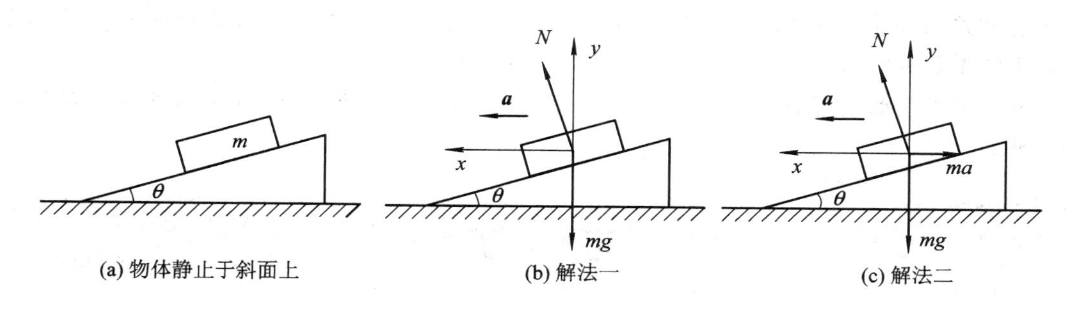

图 2.9　例 2.5 图

在 x 轴方向上有

$$N\sin\theta = ma$$

由上述两式可得

$$N = m\sqrt{g^2 + a^2}$$

【解法 2】 以三棱柱为参考系，它是一个非惯性系，物体除了受到重力和支持力的作用外，还受到惯性力的作用，在这三种力的作用下，物体相对于三棱柱处于静止状态，如图 2.9(c)所示。根据牛顿第二定律，在 y 轴方向上有

$$N\cos\theta - mg = 0$$

在 x 轴方向上有

$$N\sin\theta - ma = 0$$

同样可得

$$N = m\sqrt{g^2 + a^2}$$

本章小结

本章主要介绍牛顿运动定律及其应用，重点是运用牛顿定律正确求解质点动力学的问题，本章的难点是受力分析(尤其是摩擦力的分析)，以及在变力作用下牛顿定律的应用。

牛顿运动定律可归结为下表，它们适用于惯性参考系。

牛顿第一定律	$\boldsymbol{F} = 0$
牛顿第二定律	$\boldsymbol{F} = m\boldsymbol{a}$
牛顿第三定律	$\boldsymbol{F}_{12} = -\boldsymbol{F}_{21}$

牛顿第一定律阐明任何物体都具有保持运动状态不变的特性，即惯性。牛顿第二定律是牛顿定律的核心，它阐明了力对物体的瞬时效应，即力与加速度同时存在，有合外力就有相应的加速度；合外力为零时，加速度为零。牛顿第三定律说明物体间相互作用的关系。

牛顿运动定律所说的物体虽然是指质点，但可以由此出发，研究诸如固体、液体和气体等更复杂的物体运动及其规律。因此，牛顿定律是经典力学的基础。

应用牛顿运动定律求解质点动力学问题的首要步骤是正确分析物体受力情况；然后按牛顿第二定律 $\boldsymbol{F} = m\boldsymbol{a}$ 列出运动方程(矢量形式)，再在选定的坐标系中进行正交分解，具体计算相应的分量。但这时必须注意力和加速度各分量的正负根据所选取的坐标轴正方向，并使各量的单位一致。

在研究非惯性参考系中物体的运动时，引入了非惯性力 $\boldsymbol{F}_i=-m\boldsymbol{a}_0$，对牛顿运动定律加以修正。

习　题

一、思考题

2-1　有人说："人推动了车是因为推车的力大于车反推人的力。"这句话对吗？为什么？

2-2　在忽略空气阻力的情况下，质量不相等的两个物体在地球表面附近从同一高处自由下落。亚里士多德认为："重的物体应比轻的物体先落地"。对于亚里士多德的这一观点，你觉得对吗？为什么？

2-3　摩擦力是否一定阻碍物体运动？

2-4　将一质量忽略不计的轻绳，跨过无摩擦的定滑轮。一只猴子抓住绳的一端，绳的另一端悬挂一个质量和高度均与猴子相等的镜子。开始时，猴子与镜子在同一水平面上。猴子为了不看到镜中的猴像，它做了下面三项尝试：

(1) 向上爬。

(2) 向下爬。

(3) 松开绳子自由下落。

这样，猴子是否就看不到它在镜中的像了呢？

2-5　回答下列问题：

(1) 物体受到多个力的作用时，是否一定产生加速度？

(2) 若物体的速度很大，是否意味着其它物体对它作用的合外力也一定很大？

(3) 物体运动的方向与合外力的方向总是相同的，此结论是否正确？

(4) 物体运动时，如果它的速率不改变，它所受的合外力是否为零？

2-6　绳的一端系着一个金属小球，以手握其另一端使金属小球作圆周运动。

(1) 当每秒的转数相同时，长的绳子容易断还是短的绳子容易断？为什么？

(2) 当小球运动的线速度相同时，长的绳子容易断还是短的绳子容易断？为什么？

2-7　用绳子系一物体，使其在竖直平面内作圆周运动，当物体达到最高点时，判断下列说法是否正确。

(1) 这时物体受到三个力：重力、绳子的拉力及向心力。

(2) 重力、绳子的拉力及向心力的方向都是向下的，但物体不下落，可见物体还受到一个方向向上的离心力，它和这些力平衡。

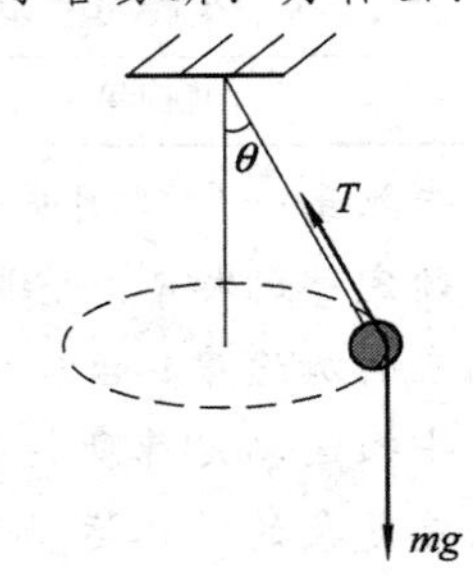

图 2.10　题 2-8 图

2-8　如图 2.10 所示，一个悬挂着的物体在水平面上作匀速圆周运动，一个人在重力 mg 的方向上求合力，从而写出

$$T\cos\theta-mg=0$$

另一人沿绳子拉力 $\boldsymbol{T}$ 的方向求合力，写出

$$T - mg\cos\theta = 0$$

显然两者不能同时成立。请指出哪一个式子是错误的，为什么？

2-9　惯性力是怎样产生的？它有没有反作用力？为什么要引入惯性力？惯性力的方向和数值取决于哪些因素？

二、选择题

2-10　如图 2.11 所示，一个质量为 m 的小猴，原来抓住一根用绳吊在天花板上的质量为 M 的直杆，悬线突然断开，小猴继续沿直杆竖直向上爬并保持离地面的高度不变，此时直杆下落的加速度为(　　　)。

A. g　　B. mg/M　　C. $(M+m)g/M$

D. $(M+m)g/(M-m)$　　E. $(M-m)g/M$

2-11　如图 2.12 所示，竖立的圆筒形转笼半径为 R，绕中心轴 OO' 转动，物块 A 紧靠在圆筒的内壁上，物块与圆筒间的摩擦系数为 μ，要使物块 A 不下落，圆筒的角速度 ω 至少应为(　　　)。

A. $\sqrt{\dfrac{\mu g}{R}}$　　B. $\sqrt{\mu g}$　　C. $\sqrt{\dfrac{g}{\mu R}}$　　D. $\sqrt{\dfrac{g}{R}}$

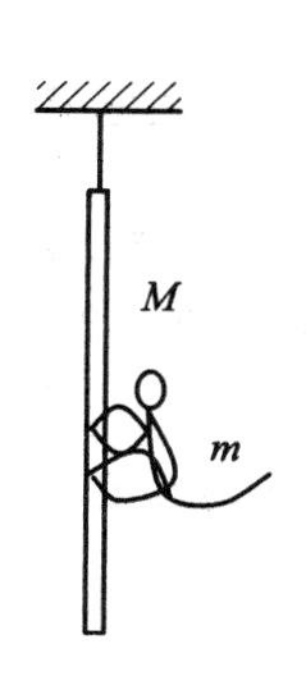

图 2.11　题 2-10 图

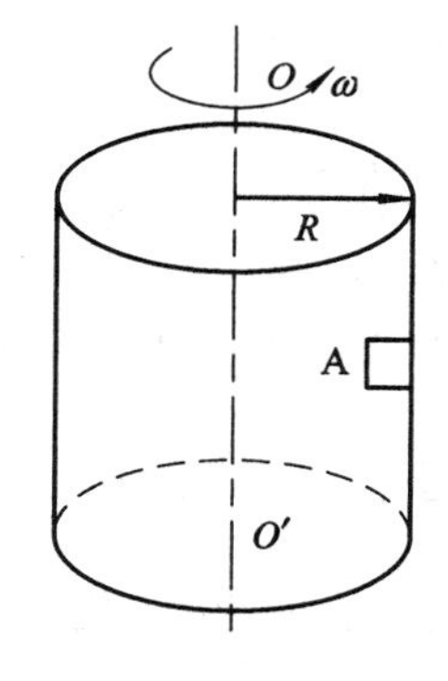

图 2.12　题 2-11 图

2-12　已知水星的半径是地球半径的 0.4 倍，质量为地球的 0.04 倍。设地球表面的重力加速度为 g，则水星表面的重力加速度为(　　　)。

A. $0.1g$　　B. $0.25g$

C. $4g$　　D. $2.5g$

2-13　如图 2.13 所示，物体沿着铅直面上圆弧轨道下滑，轨道是光滑的，在从 A 至 C 的下滑过程中，下面说法正确的是(　　　)。

A. 它的加速度方向永远指向圆心

B. 它的速率均匀增加

C. 它的合外力大小变化，方向永远指向圆心

D. 它的合外力大小不变

E. 轨道支持力大小不断增加

2－14　如图 2.14 所示，一光滑的内表面半径为 10 cm 的半球形碗，以匀角速度 ω 绕其对称轴旋转。已知放在碗内表面上的一个小球 P 相对碗静止，其位置高于碗底 4 cm，由此可推知碗旋转的角速度约为(　　)。

A. 13 rad/s　　B. 17 rad/s　　C. 10 rad/s　　D. 18 rad/s

2－15　质量为 M 的斜面原来静止于光滑水平面上，将一质量为 m 的木块轻轻放于斜面上，如图 2.15 所示，当木块沿斜面加速下滑时，斜面将(　　)。

A. 保持静止　　B. 向右加速运动

C. 向右匀速运动　　D. 如何运动将由斜面倾角 θ 决定

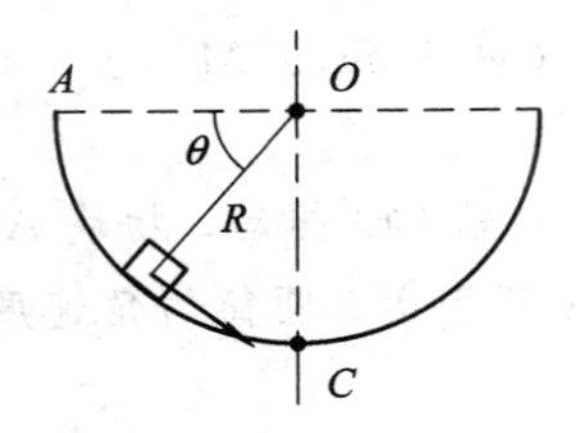

图 2.13　题 2－13 图

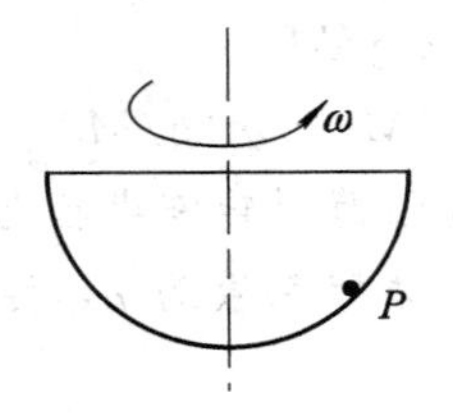

图 2.14　题 2－14 图

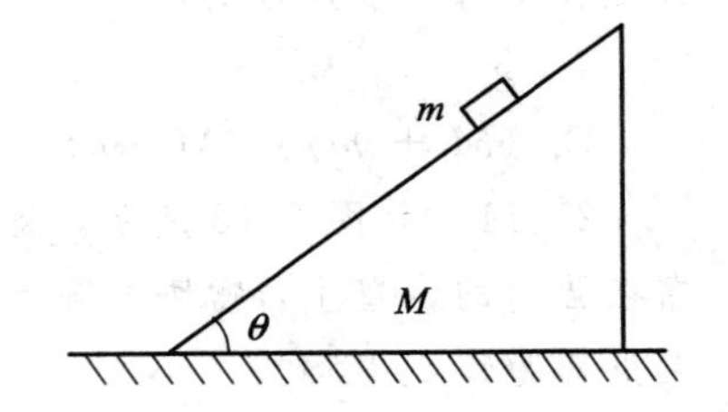

图 2.15　题 2－15 图

2－16　如图 2.16 所示，滑轮、绳子质量忽略不计，忽略一切摩擦阻力，物体 A 的质量 m_A 大于物体 B 的质量 m_B。在 A、B 运动过程中，弹簧秤的读数是(　　)。

A. $(m_A+m_B)g$　　B. $(m_A-m_B)g$　　C. $\dfrac{2m_Am_B}{m_A+m_B}g$　　D. $\dfrac{4m_Am_B}{m_A+m_B}g$

2－17　水平地面上放一物体 A，它与地面间的滑动摩擦系数为 μ，现加一恒力 $\boldsymbol{F}$，如图 2.17 所示。欲使物体 A 有最大加速度，则滑动摩擦系数 μ 与水平方向夹角 θ 应满足(　　)。

A. $\sin\theta=\mu$　　B. $\cos\theta=\mu$　　C. $\tan\theta=\mu$　　D. $\cot\theta=\mu$

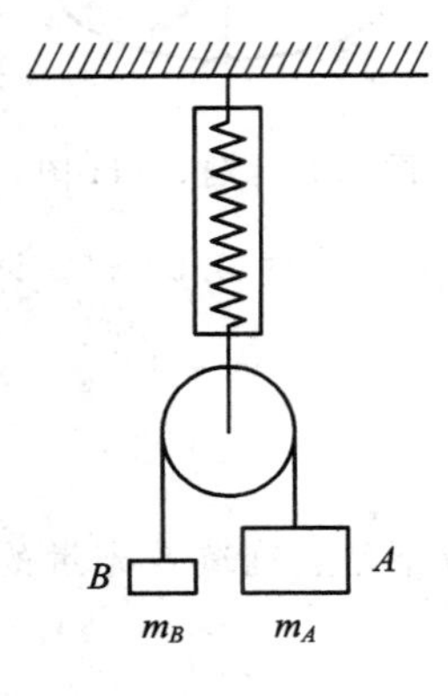

图 2.16　题 2－16 图

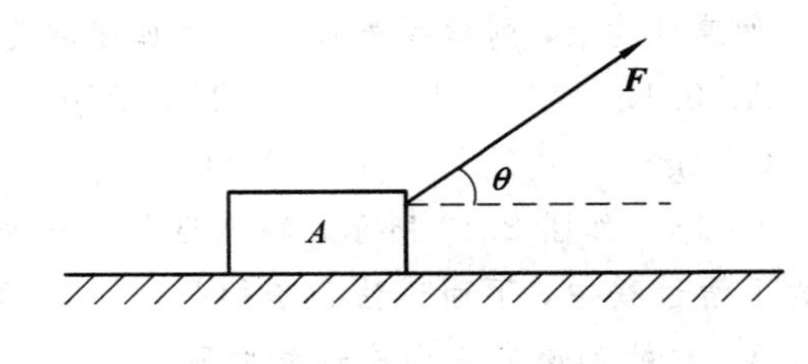

图 2.17　题 2－17 图

三、计算题

2－18　如图 2.18 所示，绳 CO 与竖直方向成 30°角，O 为一定滑轮，物体 A 与 B 用跨过定滑轮的细绳相连，处于平衡态。已知 B 的质量为 10 kg，地面对 B 的支持力为 80 N，若不考虑滑轮的大小，求：

(1) 物体 A 的质量。

(2) 物体 B 与地面的摩擦力。

(3) 绳 CO 的拉力(取 $g=10\ m/s^2$)。

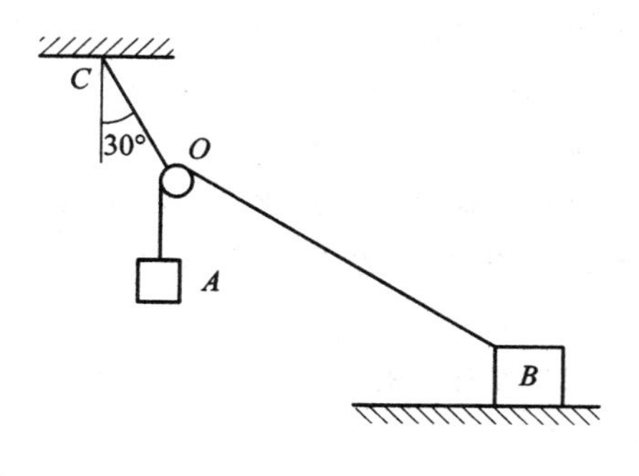

图 2.18　题 2-18 图

2-19　质量为 m' 的长平板以速度 v' 在光滑平面上作直线运动，现将质量为 m 的木块轻轻平稳地放在长平板上，板与木块之间的滑动摩擦系数为 μ，求木块在长平板上滑行多远才能与板取得共同速度？

2-20　如图 2.19 所示的斜面倾角为 α，底边 AB 长 $l=2.1\ m$，质量为 m 的物体从斜面顶端由静止开始向下滑动，斜面的摩擦系数 $\mu=0.14$。试问，当 α 为何值时，物体在斜面上下滑的时间最短？其数值为多少？

2-21　如图 2.20 所示，已知两物体 A、B 的质量 m 均为 3.0 kg，物体 A 以加速度 $a=1.0\ m\cdot s^{-2}$ 运动，求物体 B 与桌面间的摩擦力(滑轮与连接绳的质量不计)。

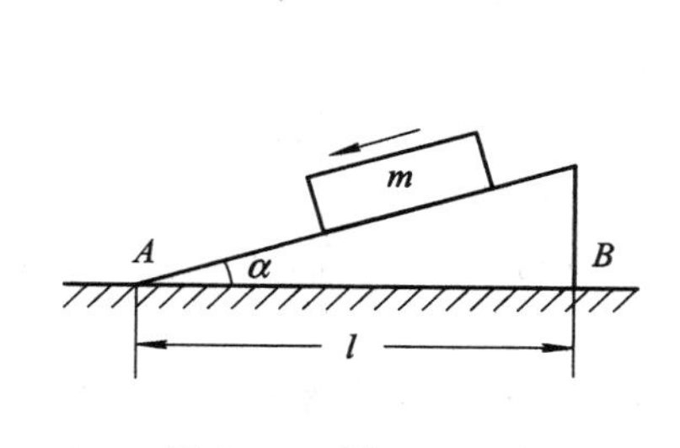

图 2.19　题 2-20 图

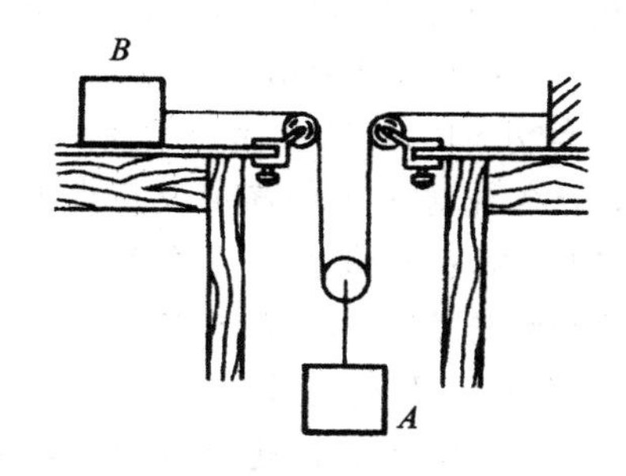

图 2.20　题 2-21 图

2-22　一质量为 m 的小球最初位于如图 2.21 所示的 A 点，然后沿半径为 r 的光滑圆轨道 $ADCB$ 滑动。试求小球到达 C 点时的角速度和对圆轨道的作用力。

2-23　光滑的水平桌面上放置一半径为 R 的固定圆环，物体紧贴环的内侧作圆周运动，其摩擦系数为 μ。开始时物体的速率为 v_0，求：

(1) t 时刻物体的速率。

(2) 当物体速率从 v_0 减少到 $\frac{1}{2}v_0$ 时，物体所经历的时间及经过的路程。

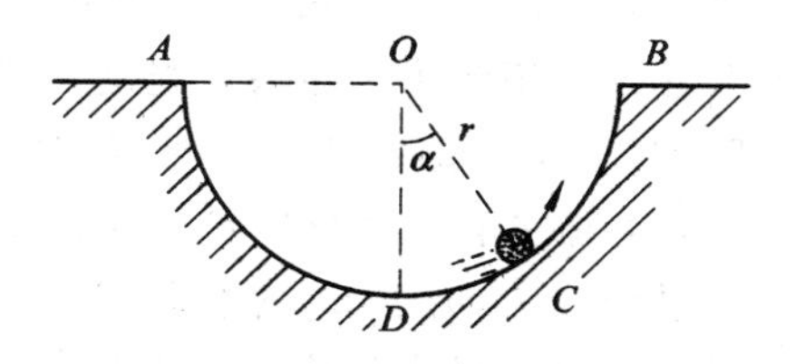

图 2.21　题 2-22 图

2-24　一质量为 10 kg 的质点在力 $F=120t+40$ 作用下，沿 x 轴作直线运动。在 $t=0$ 时，质点位于 $x_0=5.0\ m$ 处，其速率 $v_0=6.0\ m\cdot s^{-1}$，求质点在任意时刻的速度和位置。

2-25　一物体自地球表面以速率 v_0 竖直上抛。假定空气对物体阻力的值 F_r 为 kmv^2，其中 m 为物体的质量，k 为常量。试求：

(1) 该物体能上升的最大高度。

(2) 物体返回地面时速度的值(设重力加速度为常量)。

2-26　一木块能在与水平面成 θ 角的斜面上匀速下滑。若使它以初速率 v_0 沿此斜面向上滑动，试证明它能沿该斜面向上滑动的距离为 $v_0{}^2/(4g\sin\theta)$。

2－27 如图 2.22 所示，质量 $m=0.50$ kg 的小球挂在倾角 $\theta=30°$的光滑斜面上。

(1) 当斜面以加速度 $a=2.0\ \text{m/s}^2$ 水平向右运动时，绳中的张力及小球对斜面的正压力各是多少？

(2) 当斜面的加速度至少为多大时，小球将脱离斜面？

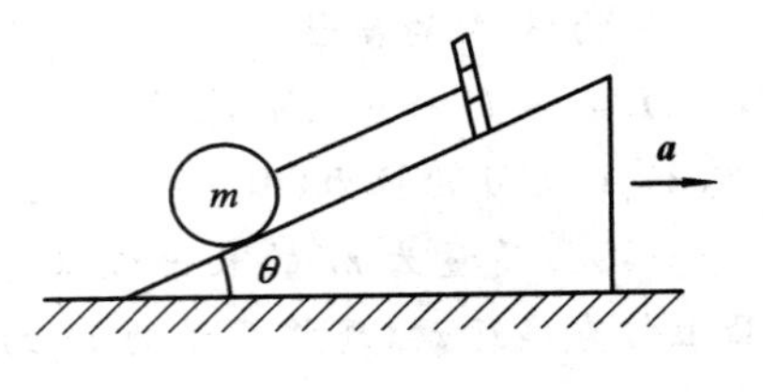

图 2.22 题 2－27 图

2－28 在水平面上一辆汽车以速率 v 行驶，当汽车与前面一堵墙相距为 d 时，司机才发现自己必须制动或拐弯。设车辆与地面之间的静摩擦系数为 μ_s。问若司机制动停车(不拐弯)，他需要的最小距离 d_1 为多大？若他不制动而做 90°拐弯(做圆弧形行驶)，他需要的最小距离 d_2 又有多大？哪种办法比较安全？

2－29 月球的质量是地球质量的$\dfrac{1}{81}$，月球的半径为地球半径的$\dfrac{3}{11}$。不计自转的影响，试计算地球上体重为 600 N 的人在月球上时体重为多少？

2－30 一枚质量为 3.03×10^3 kg 的火箭，放在与地面成 58°倾角的发射架上，点火后发动机以恒力 61.2 kN 作用于火箭，火箭轨迹始终与地面成 58°的夹角。飞行 48 s 后关闭发动机，计算此时火箭的高度及距发射点的距离(忽略燃料质量和空气阻力)。

2－31 质量为 m 的质点在外力 F 的作用下沿 x 轴运动。已知当 $t=0$ 时，质点位于原点，且初始速度为零，力 F 随距离线性地减小。$x=0$ 时，$F=F_0$；$x=L$ 时，$F=0$。试求质点在 $x=L$ 处的速率。

2－32 质量为 m 的跳水运动员，从 10.0 m 高台上由静止跳下落入水中。高台与水面距离为 h，把跳水运动员视为质点，忽略空气阻力。运动员入水后垂直下沉，水对其阻力为 bv^2，其中 b 为一常量。若以水面上一点为坐标原点 O，竖直向下为 Oy 轴，求：

(1) 运动员在水中的速率 v 与 y 的函数关系。

(2) 若 $b/m=0.40\ \text{m}^{-1}$，跳水运动员在水中的浮力与所受的重力大小恰好相等，跳水运动员在水中下沉多少距离才能使其速率 v 减少到落水速率 v_0 的 1/10？

2－33 如图 2.23 所示，电梯相对地面以加速度 $\boldsymbol{a}$ 竖直向上运动，电梯中有一滑轮固定在电梯顶部，滑轮两侧用轻绳悬挂着质量分别为 m_1 和 m_2 的物体 A 和 B，且 $m_1>m_2$。设滑轮的质量和滑轮与绳索间的摩擦均忽略不计。如果以电梯为参考系，求物体相对地面的加速度和绳的张力。

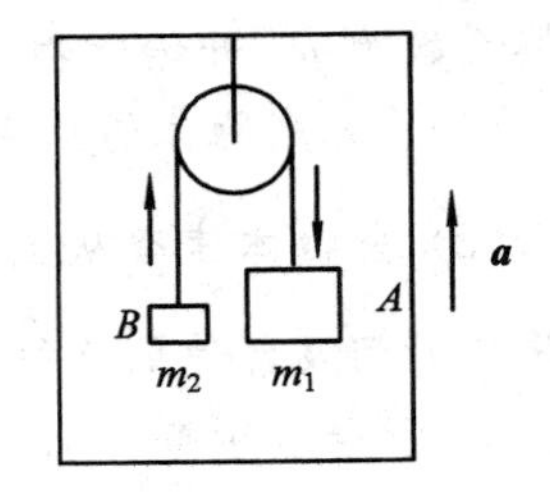

图 2.23 题 2－33 图

2－34 在光滑水平面上放一质量为 m' 的三棱柱 A，它的斜面的倾角为 α。现把一质量为 m 的滑块 B 放在三棱柱的光滑斜面上。试求：

(1) 三棱柱相对于地面的加速度。

(2) 滑块相对于地面的加速度。

(3) 滑块与三棱柱之间的正压力。

第 3 章　动量守恒定律和能量守恒定律

牛顿第二定律指出，在外力的作用下，质点会获得加速度使运动状态发生变化。这里考虑的主要是力的瞬时效果，即产生的瞬时加速度。然而，力不仅作用于质点，还作用于质点系，且外力作用于质点或质点系往往还持续一段时间，或者持续一段距离。这时要考虑的不是力的瞬时作用，而是力对时间的积累作用和力对空间的积累作用。在这两种积累作用中，质点或质点系的动量、动能或能量将发生变化或转移。在一定条件下，质点系的动量或能量将保持守恒。动量守恒定律和能量守恒定律不仅适用于力学，而且能通过某些扩展或修改，成为物理学中各种运动形式所遵守的规律。动量守恒定律和能量守恒定律是自然界中已知的基本守恒定律。

本章的主要内容有：质点和质点系的动量定理与动能定理、外力与内力、保守力与非保守力等概念，以及动量守恒定律、机械能守恒定律和能量守恒定律。

3.1　质点和质点系的动量定理

3.1.1　冲量与质点的动量定理

牛顿在研究碰撞过程中所建立起来的牛顿第二定律并不是大家熟知的 $\boldsymbol{F}=m\boldsymbol{a}$ 这种形式。他给出的公式是

$$\boldsymbol{F}=\frac{\mathrm{d}}{\mathrm{d}t}(m\boldsymbol{v}) \tag{3-1}$$

因为在牛顿力学中，质量 m 是一个常数，$\boldsymbol{F}=m\boldsymbol{a}$ 才在形式上与式(3-1)等价。通过近代物理知识可知，惯性质量与物体的运动状态有关，所以不能把质量 m 看成常数。从近代物理观点来看，式(3-1)具有更广泛的适应性。

牛顿采取式(3-1)，是因为他认为“$m\boldsymbol{v}$”是一个独立的物理量，即乘积 $m\boldsymbol{v}$ 是由质量和速度联合确定的。如果引进 $\boldsymbol{P}=m\boldsymbol{v}$，式(3-1)可写成

$$\boldsymbol{F}=\frac{\mathrm{d}\boldsymbol{P}}{\mathrm{d}t} \tag{3-2}$$

将式(3-2)分离变量，对两边积分得

$$\int_0^t \boldsymbol{F}\,\mathrm{d}t=\int_{\boldsymbol{P}_0}^{\boldsymbol{P}}\mathrm{d}\boldsymbol{P}=\boldsymbol{P}-\boldsymbol{P}_0=m\boldsymbol{v}-m\boldsymbol{v}_0 \tag{3-3}$$

式(3-3)表明力对时间的积累作用使物体的 $m\boldsymbol{v}$ 发生了变化，牛顿称 $m\boldsymbol{v}$ 为“运动的量”，我们通常把它简称为动量。

动量是一个矢量，它的方向与物体的运动方向一致。动量是一个相对量，与参考系的选择有关。在SI制中，动量的单位为 $kg\cdot m\cdot s^{-1}$。

若将式(3-3)中对时间的积分 $\int_0^t \boldsymbol{F}\,dt$ 称为力的冲量，并记为 $\boldsymbol{I}$，即 $\boldsymbol{I}=\int_0^t \boldsymbol{F}\,dt$，则式(3-3)又可写成

$$\boldsymbol{I}=\boldsymbol{P}-\boldsymbol{P}_0 \tag{3-4}$$

式(3-4)表明作用于物体上的合外力的冲量等于物体动量的增量，这就是质点的动量定理。式(3-2)是动量定理的微分形式。

在直角坐标系中，动量定理的分量式为

$$\boldsymbol{I}_x=\int_0^t \boldsymbol{F}_x\,dt=m\boldsymbol{v}_x-m\boldsymbol{v}_{0x}$$

$$\boldsymbol{I}_y=\int_0^t \boldsymbol{F}_y\,dt=m\boldsymbol{v}_y-m\boldsymbol{v}_{0y}$$

$$\boldsymbol{I}_z=\int_0^t \boldsymbol{F}_z\,dt=m\boldsymbol{v}_z-m\boldsymbol{v}_{0z}$$

其实，动量的概念早在牛顿定律建立之前，已经由笛卡尔(R. Descartes)于1644年引入了。动量是描述物体机械运动的一个物理量。我们知道，要使速度相同的两辆车停下来，质量大的比质量小的要困难，同样要使质量相同的两辆车停下来，速度快的要比速度慢的困难。由此可见，在研究物体机械运动状态的改变时，必须同时考虑质量和速度这两个因素。为此，引入了动量的概念。动量定理使人们认识到：力在一段时间内的积累作用等于物体产生动量的增量。要产生同样的动量增量，力大力小都可以。力大时，需要的时间短；力小时，需要的时间长。只要力的时间积累量即冲量一样，就能产生同样的动量增量。

冲量是矢量。在恒力作用的情况下，冲量的方向与恒力的方向相同；在变力情况下，Δt 时间内的冲量是各个瞬时冲量 $\boldsymbol{F}\,dt$ 的矢量和，即这时的冲量是由 $\int_0^t \boldsymbol{F}\,dt$ 决定的。但无论过程多复杂，Δt 时间的冲量总是等于这段时间内质点动量的增量。

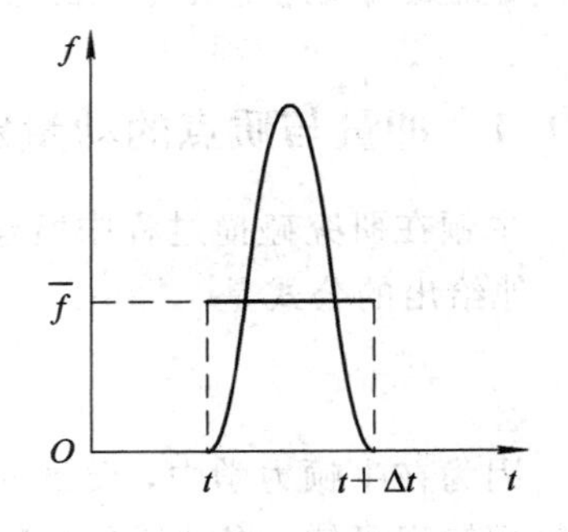

图 3.1　冲力示意图

动量定理在冲击和碰撞等问题中起着重要的作用。两个物体在碰撞瞬间的相互作用力称为冲力。由于冲击碰撞的作用时间极短，冲力的值变化迅速，所以较难准确地测量冲力的瞬时值，如图3.1所示。但是，两个物体在碰撞前后的动量和作用持续时间都较容易测定，这样就可根据动量定理求出冲力的平均值 $\bar{f}$，然后根据实际需要再乘以一个保险系数就可以估算冲力。

3.1.2　质点系的动量定理

如果被研究的对象是多个质点，则称该对象为质点系。在许多问题中，需研究质点系的动量变化与作用在质点系的力之间的关系。

如图3.2所示，在系统S内有两个质点1和2，它们的质量分别是 m_1 和 m_2。外界对系统内质点的作用力称为外力，系统内质点间的相互作用力称为内力。设作用在两个质点上

的外力分别是 $\boldsymbol{F}_1$ 和 $\boldsymbol{F}_2$，而两个质点相互作用的内力分别是 $\boldsymbol{F}_{12}$ 和 $\boldsymbol{F}_{21}$。在 $\Delta t = t_2 - t_1$ 时间内，根据质点的动量定理，可得

$$\int_{t_1}^{t_2} (\boldsymbol{F}_1 + \boldsymbol{F}_{12})\mathrm{d}t = m_1 \boldsymbol{v}_1 - m_1 \boldsymbol{v}_{10}$$

$$\int_{t_1}^{t_2} (\boldsymbol{F}_2 + \boldsymbol{F}_{21})\mathrm{d}t = m_2 \boldsymbol{v}_2 - m_2 \boldsymbol{v}_{20}$$

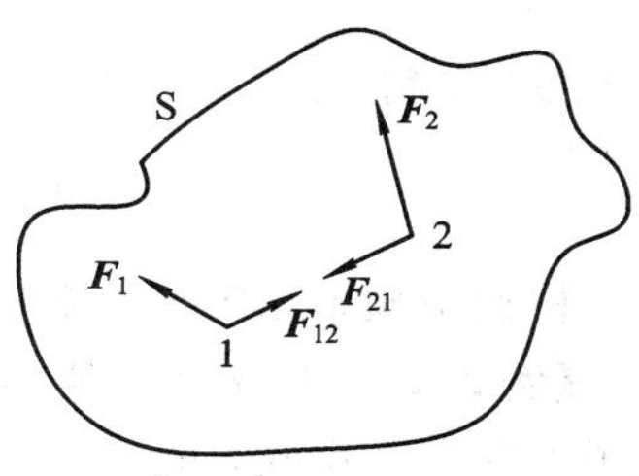

图 3.2　质点系的内力和外力

将两式相加，得

$$\int_{t_1}^{t_2} (\boldsymbol{F}_1 + \boldsymbol{F}_2)\mathrm{d}t + \int_{t_1}^{t_2} (\boldsymbol{F}_{12} + \boldsymbol{F}_{21})\mathrm{d}t = (m_1 \boldsymbol{v}_1 + m_2 \boldsymbol{v}_2) - (m_1 \boldsymbol{v}_{10} + m_2 \boldsymbol{v}_{20})$$

由牛顿第三定律知 $\boldsymbol{F}_{12} = -\boldsymbol{F}_{21}$，故上式可写为

$$\int_{t_1}^{t_2} (\boldsymbol{F}_1 + \boldsymbol{F}_2)\mathrm{d}t = (m_1 \boldsymbol{v}_1 + m_2 \boldsymbol{v}_2) - (m_1 \boldsymbol{v}_{10} + m_2 \boldsymbol{v}_{20})$$

上式表明，作用于两个质点组成的系统的合外力的冲量等于系统内两个质点动量之和的增量(即系统的动量增量)。

上述结论容易推广到由多个质点组成的系统。考虑到内力总是成对出现的，且每一对内力总是大小相等且方向相反，其矢量和必为零，即 $\sum_{i=1}^{n} \boldsymbol{F}_i^{in} = \boldsymbol{0}$。若作用于系统的合外力用 $\boldsymbol{F}^{ex}$ 表示，系统的初动量和末动量各为 $\boldsymbol{P}_0$ 和 $\boldsymbol{P}$，则作用于系统的合外力的冲量与系统动量的增量之间的关系为

$$\int_{t_1}^{t_2} \boldsymbol{F}^{ex}\,\mathrm{d}t = \sum_{i=1}^{n} m_i \boldsymbol{v}_i - \sum_{i=1}^{n} m_i \boldsymbol{v}_{i0} = \boldsymbol{P} - \boldsymbol{P}_0 \tag{3-5}$$

式(3－5)表明，作用于系统的合外力的冲量等于系统动量的增量，这就是质点系的动量定理。

需要注意：作用于系统的合外力是作用于系统内每一个质点的外力的矢量和。只有外力才能使系统的动量发生变化，而系统内力(系统内各质点间的相互作用力)不能改变整个系统的动量，这是牛顿第三定律的直接结果。在质点系内部动量的传递和交换中，是内力起作用。

【例 3.1】　一个弹性球，质量 $m=0.2$ kg，速度 $v=6$ m/s，与墙壁碰撞后跳回，如图 3.3 所示。设跳回时速度的大小不变，碰撞前后的方向与墙壁的法线的夹角都是 $\alpha=60°$，碰撞的时间为 $\Delta t=0.03$ s。求在碰撞时间内，球对墙壁的平均作用力。

【解】　以球为研究对象，设墙壁对球的作用力为 $\overline{\boldsymbol{F}}$，球在碰撞过程前后的速度为 $\boldsymbol{v}_1$ 和 $\boldsymbol{v}_2$，由动量定理得

$$\overline{\boldsymbol{F}}\Delta t = m\boldsymbol{v}_2 - m\boldsymbol{v}_1$$

建立如图 3.3 所示的坐标系，则上式写成标量形式为

$$\overline{F}_x \Delta t = mv_{2x} - mv_{1x}$$

$$\overline{F}_y \Delta t = mv_{2y} - mv_{1y}$$

即

$$\overline{F}_x \Delta t = mv\cos\alpha - (-mv\cos\alpha) = 2mv\cos\alpha$$

$$\overline{F}_y \Delta t = mv\sin\alpha - mv\sin\alpha = 0$$

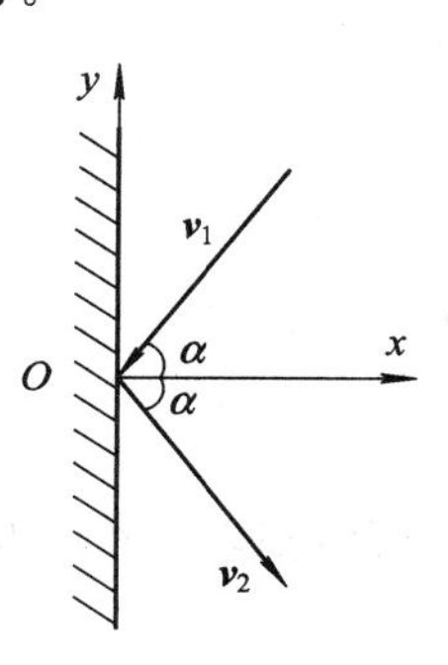

图 3.3　例 3.1 图

因而
$$\bar{F}_x = \frac{2mv\cos\alpha}{\Delta t}, \quad \bar{F}_y = 0$$

代入数据，得

$$\bar{F}_x = 2\times 0.2\times 6\times \frac{\cos 60^\circ}{0.03} = 40\ (\mathrm{N})$$

根据牛顿第三定律，球对墙壁的作用力为 40 N，方向向左。

【例 3.2】 如图 3.4 所示，一柔软链条长为 l，单位长度的质量为 λ。链条放在桌子上，桌子上有一个小孔，链条一端位于小孔处，其余部分堆在小孔周围。受到某种扰动后，链条由于自身的重量开始下落。求链条的下落速度与落下的距离之间的关系。设链条与各处的摩擦均不计，且认为链条柔软得可以自由伸开。

【解】 如图 3.4 所示，选桌面上一点为坐标原点 O，竖直向下为 Oy 轴正方向。设在某时刻，链条下落部分长度 y，此时在桌面上的链条长度为 $l-y$，它们之间的作用力为内力。作用于系统的外力有：下落部分链条所受的重力 m_1g，桌面上的链条所受的重力 m_2g 和支持力 N，且 $N=-m_2g$，故作用在系统上的外力为

$$F = m_1 g = \lambda y g$$

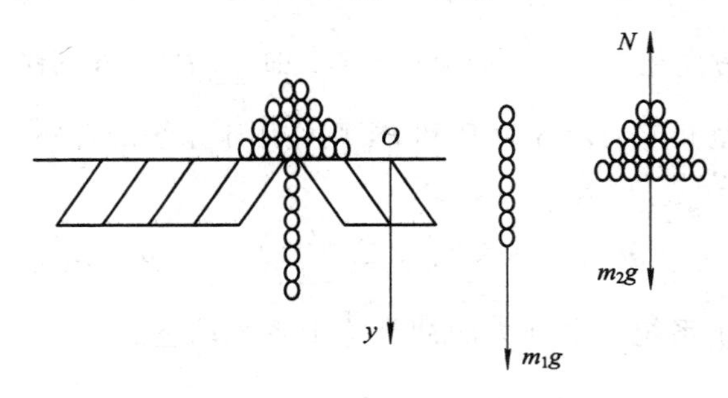

图 3.4　例 3.2 图

由动量定理可得

$$F\,\mathrm{d}t = m_1 g\,\mathrm{d}t = \lambda y g\,\mathrm{d}t = \mathrm{d}P$$

下面求 $\mathrm{d}P$ 的表达式。设在 t 时刻，链条下落的长度为 y，下落速度为 v，则链条的动量为

$$P = m_1 v = \lambda y v$$

因而

$$\mathrm{d}P = \lambda\,\mathrm{d}(yv)$$

故

$$\lambda y g\,\mathrm{d}t = \lambda\,\mathrm{d}(yv)$$

于是

$$yg = \frac{\mathrm{d}(yv)}{\mathrm{d}t}$$

两边同时乘以 $y\,\mathrm{d}y$，得

$$y^2 g\,\mathrm{d}y = y\frac{\mathrm{d}y}{\mathrm{d}t}\mathrm{d}(yv) = yv\,\mathrm{d}(yv)$$

对等式两边积分，得

$$\int_0^y y^2 g\,\mathrm{d}y = \int_0^{yv} yv\,\mathrm{d}(yv)$$

$$\frac{1}{3}gy^3 = \frac{1}{2}(yv)^2$$

因而链条下落的速度和落下的距离的关系为

$$v = \left(\frac{2}{3}gy\right)^{1/2}$$

3.2　动量守恒定律

由质点系动量定理可知，当系统所受合外力为零(即 $\boldsymbol{F}^{ex}=\mathbf{0}$)时，系统的总动量的增量也为零，这时系统的总动量保持不变，即

$$\boldsymbol{P} = \sum_{i=1}^{n} m_i \boldsymbol{v}_i = \text{恒矢量} \tag{3-6}$$

这就是动量守恒定律，它可表述为：当系统所受合外力为零时，系统的总动量保持不变。式(3-6)是动量守恒定律的矢量式。在直角坐标系中，其分量式为

$$\boldsymbol{P}_x = \sum_{i=1}^{n} m_i \boldsymbol{v}_{ix} = \boldsymbol{C}_1 (\boldsymbol{F}_x^{ex} = \mathbf{0})$$

$$\boldsymbol{P}_y = \sum_{i=1}^{n} m_i \boldsymbol{v}_{iy} = \boldsymbol{C}_2 (\boldsymbol{F}_y^{ex} = \mathbf{0})$$

$$\boldsymbol{P}_z = \sum_{i=1}^{n} m_i \boldsymbol{v}_{iz} = \boldsymbol{C}_3 (\boldsymbol{F}_z^{ex} = \mathbf{0})$$

其中，$\boldsymbol{C}_1$、$\boldsymbol{C}_2$、$\boldsymbol{C}_3$ 均为恒矢量。

关于动量守恒定律，应特别注意以下四点：

(1) 在动量守恒定律中，由于动量是矢量，故系统的总动量不变是指系统内各物体动量的矢量和不变，而不是指其中某一个物体的动量不变。此外，各物体的动量还必须都对应于同一惯性参考系。

(2) 系统的动量守恒是有条件的，即系统所受的合外力必须为零。然而，有时系统所受的合外力并不为零，但与系统的内力比较，外力远小于内力，这时可以忽略外力对系统的作用，认为系统的动量是守恒的。像碰撞、打击、爆炸等这类问题，一般都这样处理。

(3) 如果系统所受外力的矢量和不为零，但合外力在某个坐标轴上的分量为零，此时系统的总动量并不守恒，但在该坐标轴的分动量是守恒的。

(4) 近代物理表明：在自然界中，大到天体间的相互作用，小到微观粒子之间的相互作用，都遵守动量守恒定律。

【例 3.3】 水平光滑铁轨上有一个车子，长为 l，质量为 m_2，车的一端有一人(包括所骑自行车)，质量为 m_1，人和车原来都静止不动。当人从车的一端走到另一端时，人和车各移动了多少距离？

【解】 以人、车为系统，该系统在水平方向上不受外力作用，因此该系统在水平方向上动量守恒。建立如图 3.5 所示的坐标轴，有

$$m_1 v_1 + m_2 v_2 = 0 \quad 或 \quad v_2 = -m_1 v_1 / m_2$$

人相对于车的速度 $\boldsymbol{u} = v_1 - v_2 = (m_1 + m_2) v_1 / m_2$，设人在时间 t 内从车的一端走到另一端，则有

$$l = \int_0^t u \, \mathrm{d}t = \int_0^t \frac{m_1 + m_2}{m_2} v_1 \, \mathrm{d}t = \frac{m_1 + m_2}{m_2} \int_0^t v_1 \, \mathrm{d}t$$

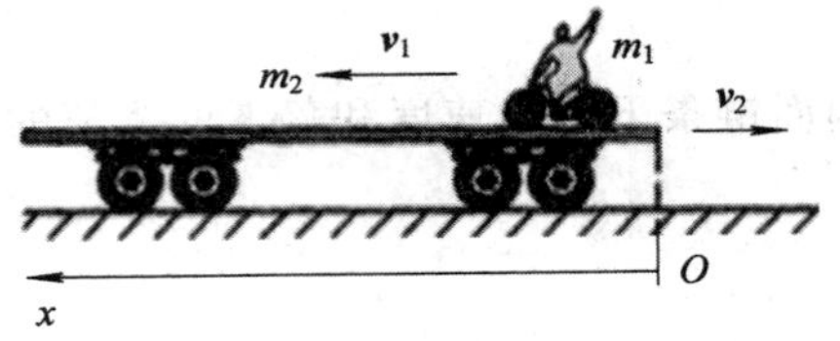

图 3.5 例 3.3 图

在这段时间内，人相对于地面的位移为

$$x_1 = \int_0^t v_1 \, \mathrm{d}t = \frac{m_2}{m_1 + m_2} l$$

小车相对于地面的位移为

$$x_2 = -l + x_1 = -\frac{m_1}{m_1 + m_2} l$$

【例 3.4】 一枚返回式火箭以 $2.5 \times 10^3 \ \mathrm{m \cdot s^{-1}}$ 的速率相对地面沿水平方向飞行。设空气阻力不计。现由控制系统使火箭分离为两部分，前方部分是质量为 100 kg 的仪器舱，后方部分是质量为 200 kg 的火箭容器。若仪器舱相对火箭容器的水平速率为 $1.0 \times 10^3 \ \mathrm{m \cdot s^{-1}}$，求仪器舱和火箭容器相对于地面的速度。

【解】 如图 3.6 所示，以地面为惯性系 $S(Oxyz)$，设 $\boldsymbol{v}$ 为火箭分离前火箭相对惯性系 S 的速度，$\boldsymbol{v}_1$ 和 $\boldsymbol{v}_2$ 为火箭分离后仪器舱和火箭容器相对于惯性系 S 的速度，$\boldsymbol{v}'$ 为分离仪器舱相对于火箭容器的速度。取火箭容器为惯性系 $S'(O'x'y'z')$，S' 沿 xx' 轴以速度 $\boldsymbol{v}_2$ 相对 S 运动，由相对运动的速度公式，有

$$\boldsymbol{v}_1 = \boldsymbol{v}_2 + \boldsymbol{v}'$$

由于 $\boldsymbol{v}_1$、$\boldsymbol{v}_2$ 和 $\boldsymbol{v}'$ 都在同一方向上，故上式的标量形式可表示为

$$v_1 = v_2 + v'$$

在火箭分离前后，它在 xx' 轴上没有受到外力作用，所以沿 xx' 轴动量守恒，有

$$(m_1 + m_2) v = m_1 v_1 + m_2 v_2$$

解得

$$v_2 = v - \frac{m_1}{m_1 + m_2} v'$$

代入数据，得

$$v_2 = 2.17 \times 10^3 (\mathrm{m \cdot s^{-1}})$$
$$v_1 = 3.17 \times 10^3 (\mathrm{m \cdot s^{-1}})$$

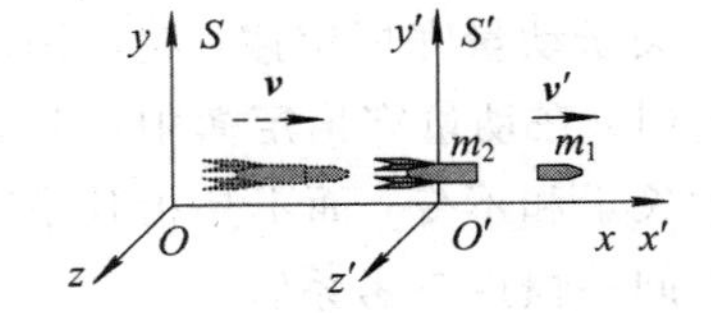

图 3.6 例 3.4 图

v_1 和 v_2 都为正值，表明它们的速度方向相同，且与 $\boldsymbol{v}$ 同向，只不过仪器舱经火箭推动后其速率变大，相反，火箭容器的速率却变慢了，从而实现了动量的转移。

3.3 动能定理

我们知道，任何过程都是在时间和空间内进行的，因此对运动过程的研究离不开时间和空间。前面我们研究了力的时间积累作用，从而得出了牛顿第二定律的一种积分形式，即动量定理。在本节中，我们将研究力的空间积累作用，得出牛顿第二定律的另一种积分形式，即动能定理。

3.3.1　功

一质点在力的作用下沿路径 AB 运动，如图 3.7 所示，在力 $\boldsymbol{F}$ 的作用下，发生一无限小的位移 $\mathrm{d}\boldsymbol{r}$，$\boldsymbol{F}$ 与 $\mathrm{d}\boldsymbol{r}$ 之间的夹角为 θ，则功的定义为：力在位移方向的分量与该位移的大小的乘积。故力 $\boldsymbol{F}$ 所做的元功为

$$\mathrm{d}W = F|\mathrm{d}\boldsymbol{r}|\cos\theta$$

或

$$\mathrm{d}W = \boldsymbol{F}\cdot\mathrm{d}\boldsymbol{r} \qquad (3-7)$$

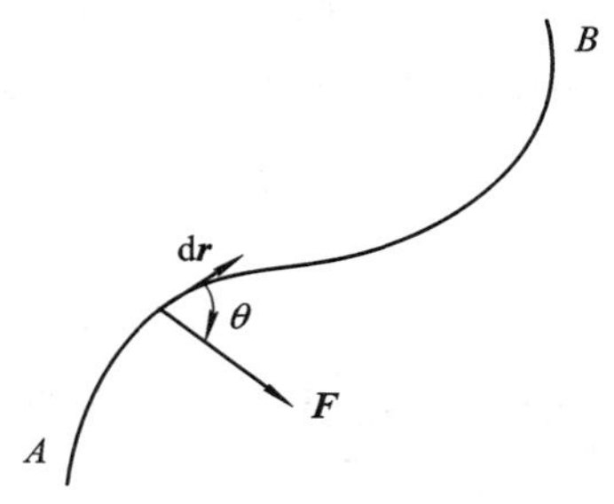

图 3.7　功的定义

从式(3－7)可以看出，功的定义是：功等于力和位移的标积。功是标量，它没有方向，但有正负。当 $0°<\theta<90°$时，功为正值，即力对质点做正功；当 $90°<\theta<180°$时，功为负值，即力对质点做负功。

质点从点 A 运动到点 B 时，变力所做的功等于力在每一段位移上所做元功的代数和，即

$$W = \int \mathrm{d}W = \int_A^B \boldsymbol{F}\cdot\mathrm{d}\boldsymbol{r} \qquad (3-8)$$

式(3－8)为变力所做功的表达式。

如果建立了直角坐标系，有

$$\boldsymbol{F} = F_x\boldsymbol{i} + F_y\boldsymbol{j} + F_z\boldsymbol{k}$$
$$\mathrm{d}\boldsymbol{r} = \mathrm{d}x\boldsymbol{i} + \mathrm{d}y\boldsymbol{j} + \mathrm{d}z\boldsymbol{k}$$

所以有

$$W = \int_A^B (F_x\,\mathrm{d}x + F_y\,\mathrm{d}y + F_z\,\mathrm{d}z) = \int_{x_0}^{x} F_x\,\mathrm{d}x + \int_{y_0}^{y} F_y\,\mathrm{d}y + \int_{z_0}^{z} F_z\,\mathrm{d}z$$

当质点同时受到若干个力 $\boldsymbol{F}_1$，$\boldsymbol{F}_2$，…，$\boldsymbol{F}_n$的作用时，由力的叠加原理可知，合力对质点所做的功等于每个分力所做的功的代数和，即

$$W = W_1 + W_2 + \cdots + W_n$$

在国际单位制中，力的单位是 N，位移的单位是 m，功的单位是 N·m。我们把这个单位叫做焦耳，用 J 表示。功的量纲为 $\mathrm{ML^2T^{-2}}$。

在生产实践中，知道功对时间的变化率非常重要。我们把力在单位时间内所做的功定义为功率，用 P 表示，则有

$$P = \frac{\mathrm{d}W}{\mathrm{d}t}$$

由式(3－7)可得

$$P = \frac{\mathrm{d}W}{\mathrm{d}t} = \frac{\boldsymbol{F}\cdot\mathrm{d}\boldsymbol{r}}{\mathrm{d}t} = \boldsymbol{F}\cdot\boldsymbol{v}$$

上式可表述为：力对质点的瞬时功率等于作用力与质点在该时刻的速度的标积。在国际单位制中，功率的单位为瓦特，用 W 表示。

3.3.2　质点的动能定理

现在讨论力对物体做功后物体的运动状态是否发生变化。如图 3.8 所示，有一质点的

质量为 m，在合外力 $\boldsymbol{F}$ 的作用下，自点 A 沿曲线移动到点 B，它在点 A 和点 B 的速率分别为 v_1 和 v_2。

力 $\boldsymbol{F}$ 为作用在质点上的合外力，对质点所做的元功为

$$\mathrm{d}W = \boldsymbol{F}\cdot\mathrm{d}\boldsymbol{r} = F\cos\theta\,|\,\mathrm{d}\boldsymbol{r}\,| \tag{3-9}$$

由牛顿第二定律及切向加速度 a_τ 的定义，得

$$F\cos\theta = ma_\tau = m\frac{\mathrm{d}v}{\mathrm{d}t}$$

故

$$\mathrm{d}W = m\frac{\mathrm{d}v}{\mathrm{d}t}\,|\,\mathrm{d}\boldsymbol{r}\,| = mv\,\mathrm{d}v$$

从点 A 到点 B 合外力做的总功为

$$W = \int \mathrm{d}W = \int_{v_1}^{v_2} mv\,\mathrm{d}v = \frac{1}{2}mv_2^2 - \frac{1}{2}mv_1^2 \tag{3-10}$$

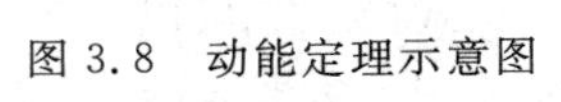

图 3.8　动能定理示意图

可见，合外力对质点做的功使得 $\frac{1}{2}mv^2$ 这个量获得了增量。把 $\frac{1}{2}mv^2$ 叫做质点的动能，用 E_k 表示，则有

$$W = E_{k2} - E_{k1} \tag{3-11}$$

上式表明：合外力对质点所做的功等于质点动能的增量，这就是质点的动能定理。

关于动能定理还应注意以下两点：

(1) 功和动能之间的联系和区别。只有合外力对质点做功时，才能使质点的动能发生变化。功是能量变化的度量，它与外力作用下的质点的位置移动过程相联系，所以功是一个过程量。而动能则决定于质点的运动状态，所以它是运动状态的函数。

(2) 与牛顿第二定律一样，动能定理也适用于惯性系。不同的惯性系中，质点的位移和速度不同，但动能定理的形式相同。

【例 3.5】 一个质点沿如图 3.9 所示的路径运行，求力

$$\boldsymbol{F} = (4-2y)\boldsymbol{i}$$

分别沿 ODC 路径和沿 OBC 路径对该质点所做的功。

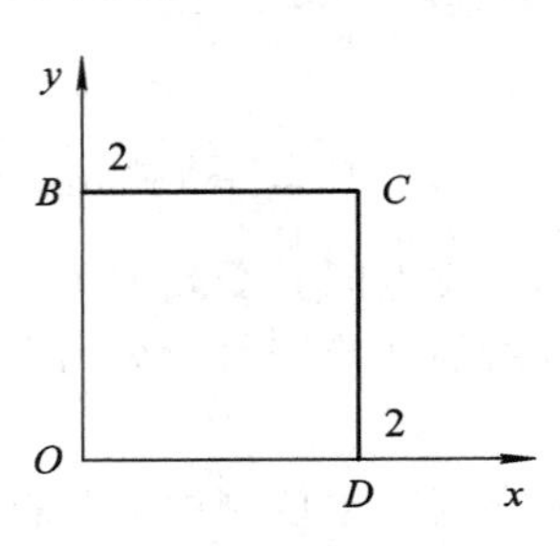

图 3.9　例 3.5 图

【解】 由 $\boldsymbol{F}=(4-2y)\boldsymbol{i}$ 可知

$$F_x = 4-2y,\quad F_y = 0$$

(1) 对 OD 段：$y=0$，$\mathrm{d}y=0$，对 DC 段：$x=2$，$F_y=0$。

$$W_{ODC} = \int_{OD}\boldsymbol{F}\cdot\mathrm{d}\boldsymbol{r} + \int_{DC}\boldsymbol{F}\cdot\mathrm{d}\boldsymbol{r} = \int_0^2 (4-2\times 0)\mathrm{d}x + 0 = 8(\mathrm{J})$$

(2) 对 OB 段：$F_y=0$，对 BC 段：$y=2$。

$$W_{OBC} = \int_{OB}\boldsymbol{F}\cdot\mathrm{d}\boldsymbol{r} + \int_{BC}\boldsymbol{F}\cdot\mathrm{d}\boldsymbol{r} = \int_0^2 (4-2\times 2)\mathrm{d}x + 0 = 0$$

由上述结果可知，力做的功与路径有关，即力沿不同的路径所做的功是不同的。

【例 3.6】 力 $\boldsymbol{F}$ 作用在质量为 1.0 kg 的质点上，已知在此力作用下质点的运动方程为 $x=3t-4t^2+t^3$，求在 0 到4 s 内，力 $\boldsymbol{F}$ 对质点所做的功。

【解】 由运动方程可得质点的速度为

$$v = \frac{\mathrm{d}x}{\mathrm{d}t} = \frac{\mathrm{d}}{\mathrm{d}t}(3t-4t^2+t^3) = 3-8t+3t^2$$

$t=0$ 时，有

$$v_0 = 3 - 8\times 0 + 3\times 0^2 = 3\ (\mathrm{m\cdot s^{-1}})$$

$t=4$ s 时，有

$$v = 3 - 8\times 4 + 3\times 4^2 = 19\ (\mathrm{m\cdot s^{-1}})$$

因而质点始末状态的动能分别为

$$E_{k0} = \frac{1}{2}mv_0^2 = \frac{1}{2}\times 1\times 3^2 = 4.5(\mathrm{J})$$

$$E_k = \frac{1}{2}mv^2 = \frac{1}{2}\times 1\times 19^2 = 180.5(\mathrm{J})$$

根据质点的动能定理，可知力对质点所做的功为

$$W = E_k - E_{k0} = 180.5 - 4.5 = 176(\mathrm{J})$$

3.4　保守力和非保守力、势能

上一节介绍了作为机械能之一的动能。本节将介绍另一种机械能——势能。为此，将从万有引力、弹性力以及摩擦力做功的特点出发，引出保守力和非保守力的概念。然后介绍引力势能、弹性势能和重力势能。

3.4.1　万有引力、弹性力做功特点

1. 万有引力做功

如图 3.10 所示，有两个质量分别为 m 和 m' 的质点，其中质点 m' 固定不动，m 经任一路径由点 A 运动到点 B，如取 m' 的位置为坐标原点，A、B 两点对 m' 的距离分别为 r_A 和 r_B。设某一时刻质点 m 距质点 m' 的距离为 r，其位矢为 $\boldsymbol{r}$，$\boldsymbol{e}_r$ 为沿 $\boldsymbol{r}$ 方向的单位矢量，这时质点 m 受到质点 m' 的万有引力为

$$\boldsymbol{F} = -G\frac{mm'}{r^2}\boldsymbol{e}_r$$

当 m 沿路径移动位移元 $\mathrm{d}\boldsymbol{r}$ 时，万有引力做的功为

$$\mathrm{d}W = \boldsymbol{F}\cdot\mathrm{d}\boldsymbol{r} = -G\frac{mm'}{r^2}\boldsymbol{e}_r\cdot\mathrm{d}\boldsymbol{r}$$

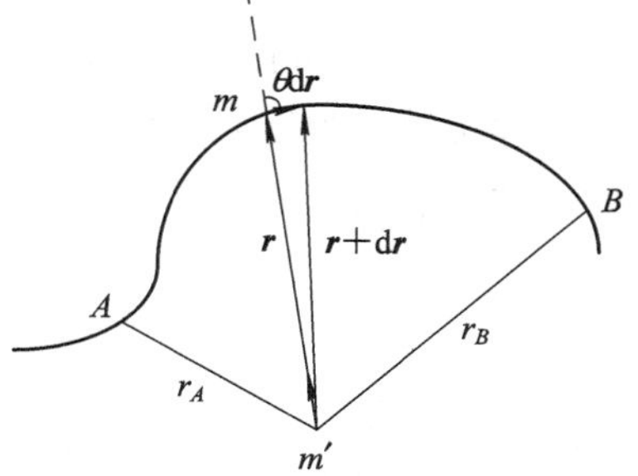

图 3.10　万有引力做功

从图 3.10 可以看出

$$\boldsymbol{e}_r\cdot\mathrm{d}\boldsymbol{r} = |\mathrm{d}\boldsymbol{r}|\cos\theta = \mathrm{d}r$$

此时 $\mathrm{d}r$ 是径向分量，于是有

$$\mathrm{d}W = -G\frac{mm'}{r^2}\mathrm{d}r$$

所以，质点 m 从点 A 沿任一路径到达点 B 的过程中，万有引力做的功为

$$W = \int_A^B \mathrm{d}W = -Gmm'\int_{r_A}^{r_B}\frac{1}{r^2}\,\mathrm{d}r$$

得

$$W = Gmm'\left(\frac{1}{r_B} - \frac{1}{r_A}\right) \tag{3-12}$$

上式表明，当质点 m 和 m'给定时，万有引力做的功只取决于质点 m 的起始和终止位置，而与所经过的路径无关。这是万有引力做功的一个重要特点。

2. 弹性力做功

如图 3.11 所示，一弹簧放置在光滑平面上，弹簧的一端固定，另一端与一质量为 m 的物体相连接。当弹簧在水平方向上不受外力作用时，它将不发生形变，此时物体位于点 O(即位于 $x=0$ 处)，这个位置叫做平衡位置。现以平衡位置 O 为坐标原点，向右为 Ox 轴正向。

若物体受到沿 Ox 轴正向的外力 $\boldsymbol{F}$ 作用，弹簧将沿 Ox 轴正向被拉长，弹簧的伸长量即其位移 x。根据胡克定律，在弹性限度内，弹簧的弹性力 $\boldsymbol{F}$ 与弹簧的伸长量 x 之间的关系为

$$\boldsymbol{F} = -kx\boldsymbol{i}$$

式中，k 称为弹簧的劲度系数。在弹簧被拉长的过程中，弹性力是变力。弹簧位移为 $\mathrm{d}\boldsymbol{x}$ 时的弹性力 $\boldsymbol{F}$ 可近似看成是不变的。于是，弹簧位移为 $\mathrm{d}x$ 时，弹性力所做的元功为

$$\mathrm{d}W = \boldsymbol{F}\cdot\mathrm{d}\boldsymbol{x} = -kx\boldsymbol{i}\cdot\mathrm{d}x\boldsymbol{i} = -kx\,\mathrm{d}x\boldsymbol{i}\cdot\boldsymbol{i}$$

有

$$\mathrm{d}W = -kx\,\mathrm{d}x$$

这样，弹簧的伸长量由 x_1变到 x_2时，弹性力所做的功就等于各个元功之和。数值上等于图 3.12 所示的梯形的面积，由积分计算可得

$$W = \int \mathrm{d}W = -k\int_{x_1}^{x_2} x\,\mathrm{d}x$$

得

$$W = -\left(\frac{1}{2}kx_2^2 - \frac{1}{2}kx_1^2\right) \tag{3-13}$$

从式(3-13)可以看出，对在弹性限度内具有给定劲度系数的弹簧来说，弹性力所做的功只由弹簧起始和终止的位置 x_1 和 x_2 决定，而与弹性形变的过程无关，这一特点与万有引力做功的特点是相同的。

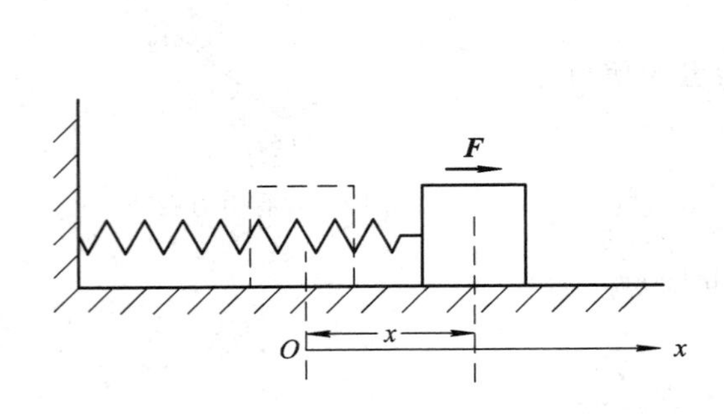

图 3.11 弹簧的伸长

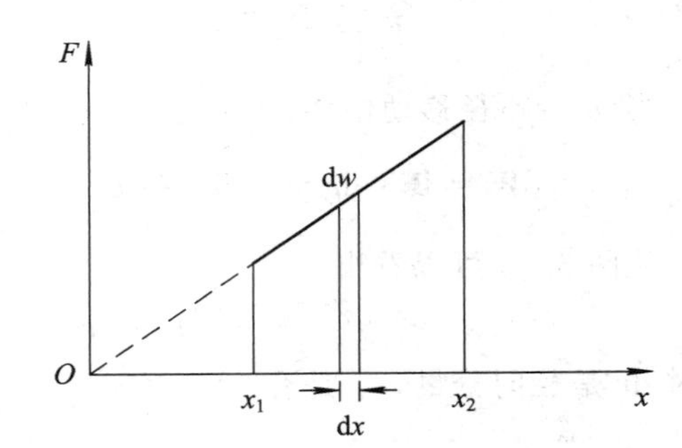

图 3.12 弹性力做的功

3.4.2 保守力与非保守力及保守力做功的特点

从万有引力和弹性力做功的过程可以看出，它们所做的功只与质点的始末位置有关，

而与路径无关。我们把具有这种特点的力叫做保守力。除了上面所讲的万有引力和弹性力是保守力外，电荷间相互作用的库仑力和原子间相互作用的分子力也是保守力。

如图 3.13(a)所示，设一质点在保守力作用下自点 A 沿路径 ACB 到达点 B，或自点 A 沿路径 ADB 到达点 B。根据保守力做功与路径无关的特点，有

$$W_{ACB}=W_{ADB}=\int_{ACB}\boldsymbol{F}\cdot\mathrm{d}\boldsymbol{r}=\int_{ADB}\boldsymbol{F}\cdot\mathrm{d}\boldsymbol{r} \tag{3-14}$$

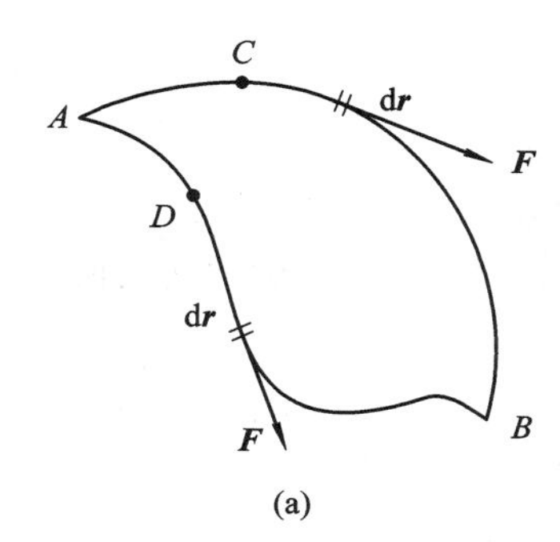

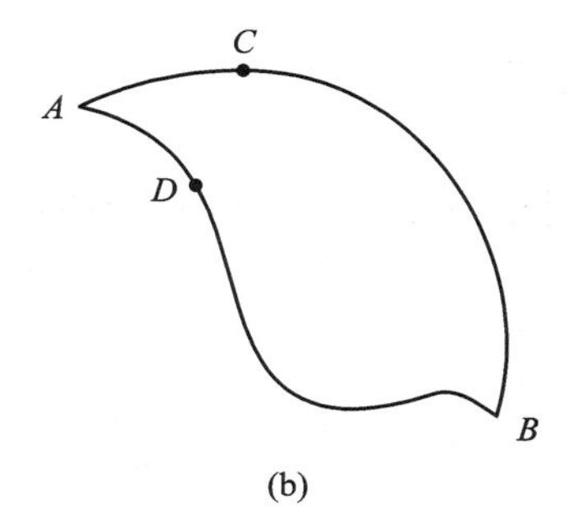

图 3.13　保守力做功

显然，式(3－14)的积分结果只是 A、B 两点位置的函数。如果质点沿如图 3.13(b)所示的 $ACBDA$ 闭合路径运动一周，保守力对质点做的功为

$$W=\oint_{l}\boldsymbol{F}\cdot\mathrm{d}\boldsymbol{r}=\int_{ACB}\boldsymbol{F}\cdot\mathrm{d}\boldsymbol{r}+\int_{BDA}\boldsymbol{F}\cdot\mathrm{d}\boldsymbol{r}$$

由于

$$\int_{BDA}\boldsymbol{F}\cdot\mathrm{d}\boldsymbol{r}=-\int_{ADB}\boldsymbol{F}\cdot\mathrm{d}\boldsymbol{r}$$

由式(3－14)得

$$W=\oint_{l}\boldsymbol{F}\cdot\mathrm{d}\boldsymbol{r}=0 \tag{3-15}$$

上式表明，质点沿任意闭合路径运动一周时，保守力对它所做的功为零。式(3－15)是反应保守力做功特点的数学表达式。无论是万有引力、弹性力、库仑力和分子力，它们沿闭合路径做的功都符合式(3－15)。所以可以说，保守力做功与路径无关的特点与保守力沿任意闭合路径一周做功为零的特点是一致的。

然而，物理学中并非所有的力都有所做的功与路径无关的特点，如摩擦力，它所做的功是与路径有关的，路径越长，摩擦力做的功越大。显然，摩擦力就不具备保守力做功的特点。再如，磁场对电流作用的安培力所做的功也与路径有关。我们把这种做功与路径有关的力叫做非保守力。对非保守力来说，式(3－15)不适用。

3.4.3　势能

前面描述质点运动状态使用的参量是位置矢量 $\boldsymbol{r}$ 和速度 $\boldsymbol{v}$。对应于状态参量 $\boldsymbol{v}$ 引入了动能 E_k，那么对应于状态参量 $\boldsymbol{r}$ 可以引入什么样的能量形式呢？

从上面的讨论中，我们知道保守力做功只与质点的始末位置有关，为此引入势能的概念。我们把与质点位置有关的能量称为质点的势能，用符号 E_p 表示。我们已经接触了以下

三种势能。

(1) 引力势能

$$E_p = -G\frac{mm'}{r} \tag{3-16a}$$

(2) 弹性势能

$$E_p = \frac{1}{2}kx^2 \tag{3-16b}$$

(3) 重力势能

$$E_p = mgy \tag{3-16c}$$

在前面的讨论中可知，保守力所做的功与质点运动的路径无关，仅取决于相互作用的两物体初态和末态的相对位置。如重力、万有引力和弹性力所做的功的值分别为

$$W_{重} = -(mgy - mgy_0)$$

$$W_{引} = -\left[\left(-G\frac{mm'}{r_B}\right) - \left(-G\frac{mm'}{r_A}\right)\right]$$

$$W_{弹} = -\left(\frac{1}{2}kx^2 - \frac{1}{2}kx_0^2\right)$$

这三个式子可统一写成

$$W = -(E_{p2} - E_{p1}) = -\Delta E_p \tag{3-17}$$

式(3-17)表明，保守力做的功等于质点势能增量的负值。

在一维情况下，由式(3-15)可得

$$\int_x^{x+\Delta x} F(x)\,\mathrm{d}x = -\Delta E_p = -[E_p(x+\Delta x) - E_p(x)]$$

对足够小的 Δx 来说，在积分范围内 $F(x)$ 可视为恒定的，于是有

$$F(x) = -\frac{\Delta E_p(x)}{\Delta x}$$

在 $\Delta x \to 0$ 的情况下，得

$$F(x) = -\frac{\mathrm{d}E_p(x)}{\mathrm{d}x} \tag{3-18}$$

式(3-18)表明，作用于质点的在 Ox 轴上的保守力等于势能对坐标 x 的导数的负值。

有关势能的说明如下：

(1) 势能是相对量，其值与零势能参考点的选择有关，一般选地面的重力势能为零。当然，势能零点可以任意选择，选取不同的势能零点，物体的势能不同。所以，通常说势能具有相对意义。但也应当注意，任意两点间的势能之差具有绝对性。

(2) 势能是状态函数，在保守力作用下，只要质点的起始和终止位置确定了，保守力做的功也就确定了，它与经过的路径无关。所以说，势能是坐标的函数，也是状态的函数，即

$$E_p = E_p(x, y, z)$$

(3) 势能属于系统。势能是由于系统内各物体间具有保守力作用而产生的，因而它属于系统。单独谈某个质点的势能没有意义。应当注意，在平常叙述时，常将地球和质点系统的重力势能说成是质点的重力势能，这只是叙述上的简化，其实该势能是属于地球和质点系统的，质点的引力势能和弹性势能也是这样的。

3.4.4 势能曲线

将势能随相对位置变化的函数关系用一条曲线描绘出来，得到的曲线就是势能曲线。图 3.14(a)、(b)和(c)分别给出的是重力势能、弹性势能及引力势能曲线。

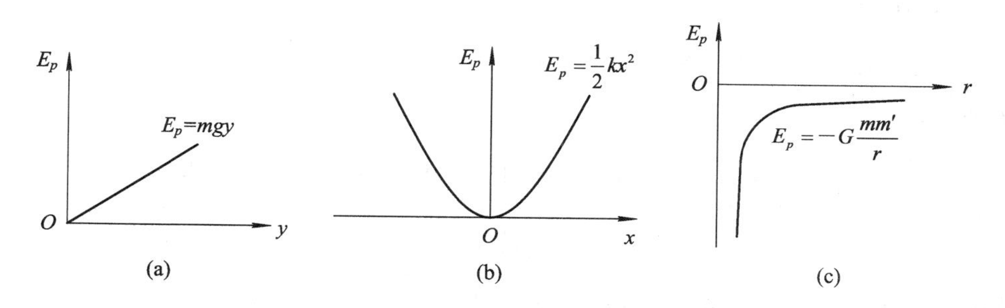

图 3.14　势能曲线

势能曲线可提供以下几种信息：

(1) 质点在轨道上任一位置时，质点系所具有的势能值。

(2) 势能曲线上任一点的斜率($\mathrm{d}E_p/\mathrm{d}l$)的负值，表示质点在该处所受的保守力。

设有一保守系统，其中一质点沿 x 方向作一维运动，则由式(3-18)可知，凡势能曲线有极限值时，即曲线斜率为零处，其受力为零。这些位置即为平衡位置，进一步的理论指出，势能曲线有极大值的位置点是不稳定平衡位置，势能曲线有极小值的位置点是稳定平衡位置。

若质点作三维运动，则有

$$\boldsymbol{F}=F_x\boldsymbol{i}+F_y\boldsymbol{j}+F_z\boldsymbol{k}=-\left(\frac{\partial E_p}{\partial x}\boldsymbol{i}+\frac{\partial E_p}{\partial y}\boldsymbol{j}+\frac{\partial E_p}{\partial z}\boldsymbol{k}\right) \tag{3-19}$$

式(3-19)是直角坐标系中由势能函数求保守力的一般式。

3.5 功能原理、机械能守恒定律

前面讨论了质点机械运动的能量——动能和势能，以及合外力做功引起质点动能改变的动能定理。可是在许多实际问题中，需要研究由许多质点构成的系统。这时，系统内的质点既要受到系统内各质点之间相互作用的内力，又可能受到系统外的质点对系统内质点作用的外力。下面分析质点系的动能变化与它所受的力做功的关系。

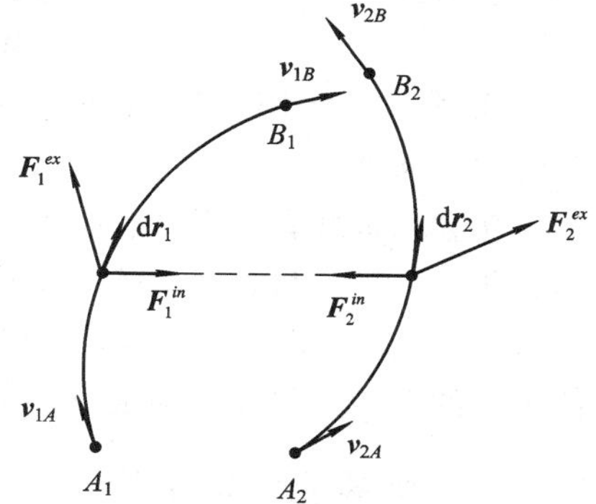

图 3.15　质点系的动能定理示意图

3.5.1 质点系的动能定理

如图 3.15 所示，m_1、m_2分别表示两个质点的质量，$\boldsymbol{F}_1^{ex}$和$\boldsymbol{F}_2^{ex}$分别表示它们所受到的外力，$\boldsymbol{F}_1^{in}$和$\boldsymbol{F}_2^{in}$分别表示它们所受到的内力，$\boldsymbol{v}_{1A}$、$\boldsymbol{v}_{2A}$和$\boldsymbol{v}_{1B}$、$\boldsymbol{v}_{2B}$分别表示它们

在始末态 A 和 B 的速度。由质点的动能定理可得下述结论。

对 m_1，有

$$\int_{A_1}^{B_1} \boldsymbol{F}_1^{ex} \cdot \mathrm{d}\boldsymbol{r}_1 + \int_{A_1}^{B_1} \boldsymbol{F}_1^{in} \cdot \mathrm{d}\boldsymbol{r}_1 = \frac{1}{2}m_1 v_{1B}^2 - \frac{1}{2}m_1 v_{1A}^2$$

对 m_2，有

$$\int_{A_2}^{B_2} \boldsymbol{F}_2^{ex} \cdot \mathrm{d}\boldsymbol{r}_2 + \int_{A_2}^{B_2} \boldsymbol{F}_2^{in} \cdot \mathrm{d}\boldsymbol{r}_2 = \frac{1}{2}m_2 v_{2B}^2 - \frac{1}{2}m_2 v_{2A}^2$$

两式相加，得

$$\int_{A_1}^{B_1} \boldsymbol{F}_1^{ex} \cdot \mathrm{d}\boldsymbol{r}_1 + \int_{A_1}^{B_1} \boldsymbol{F}_1^{in} \cdot \mathrm{d}\boldsymbol{r}_1 + \int_{A_2}^{B_2} \boldsymbol{F}_2^{ex} \cdot \mathrm{d}\boldsymbol{r}_2 + \int_{A_2}^{B_2} \boldsymbol{F}_2^{in} \cdot \mathrm{d}\boldsymbol{r}_2$$
$$= \frac{1}{2}m_1 v_{1B}^2 + \frac{1}{2}m_2 v_{2B}^2 - \left(\frac{1}{2}m_2 v_{2A}^2 + \frac{1}{2}m_1 v_{1A}^2\right)$$

等式左边是外力对质点系做功和内力对质点系做功之和，等式右边是质点系末动能与初动能之差，即

$$W_{外} + W_{内} = E_{kB} - E_{kA} \tag{3-20}$$

式(3－20)说明，质点系动能的增量等于作用于质点系所有外力和内力做功的总和，这一结论可推广到任意多个质点组成的系统，这就是质点系的动能定理。

3.5.2　质点系的功能原理

前面已经指出，作用于质点系的力有保守力和非保守力。因此内力做的功 $W_{内}$ 可分为保守内力做的功和非保守内力做的功，即

$$W_{内} = W_{保内} + W_{非保内}$$

由式(3－17)可知，保守内力做的功等于相应势能增量的负值，即

$$W_{保内} = -(E_{pB} - E_{pA})$$

所以

$$W_{外} + W_{内} = W_{外} + W_{非保内} - (E_{pB} - E_{pA}) = E_{kB} - E_{kA}$$

经整理，得

$$W_{外} + W_{非保内} = (E_{kB} + E_{pB}) - (E_{kA} + E_{pA})$$

系统动能和势能之和叫做系统的机械能，用 E 表示，则有

$$E = E_k + E_p$$

以 E_A 和 E_B 分别表示系统初态和末态的机械能，则有

$$W_{外} + W_{非保内} = E_B - E_A \tag{3-21}$$

式(3－21)表明，质点系的机械能的增量等于外力和非保守内力做功之和，这就是质点系的功能原理。

功和能量既有联系又有区别，功总是和能量的变化与转化过程相联系。功是能量变化与转化的一种度量，而能量代表质点系统在一定状态下所具有的做功本领，它和质点系统的状态有关，对机械能来说，它与质点系统的机械运动状态(即位置和速度)有关。由于动能定理的基础是牛顿运动定律，故功能原理也只适用于惯性系。

3.5.3　机械能守恒定律

从式(3－21)可以看出，当 $W_{外} + W_{非保内} = 0$ 时，有

$$E_B = E_A \tag{3-22}$$

它的物理意义是，当作用于质点系的外力和非保守内力不做功时，质点系的总机械能是守恒的，这就是机械能守恒定律。

机械能守恒定律的数学表达式还可以写成

$$E_{kB} + E_{pB} = E_{kA} + E_{pA}$$

整理得

$$E_{kB} - E_{kA} = -(E_{pB} - E_{pA})$$

即

$$\Delta E_k = -\Delta E_p \tag{3-23}$$

式(3-23)表明，在满足机械能守恒定律的条件 $W_{外} + W_{非保内} = 0$ 时，质点系内的动能和势能可以相互转换，但动能和势能之和不变。质点系内的动能和势能之间的转换是通过质点系的保守力做功来实现的。

【例3.7】 如图3.16所示，用一弹簧把两块质量分别为 m_1 和 m_2 的板连接起来。问在 m_1 上需要加多大的压力 $\boldsymbol{F}$，使力停止作用后，才能使 m_1 在跳起时 m_2 稍被提起。弹簧的质量忽略不计。

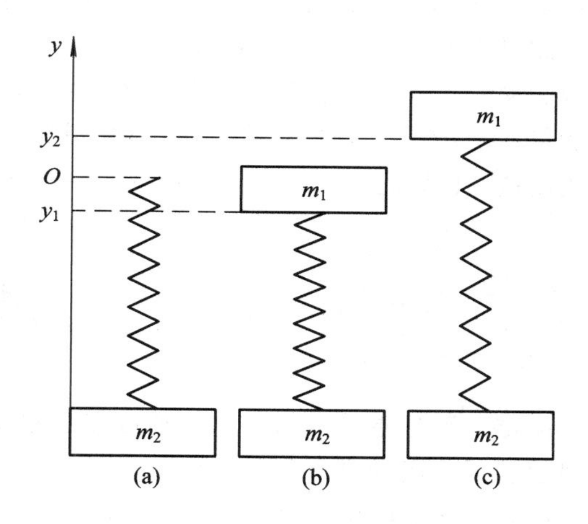

图3.16　例3.7图

【解】 取弹簧的原长处 O 为重力势能和弹性势能的零点，并以此点为坐标轴的原点，如图3.16(a)所示。当在弹簧上加上 m_1 和外力 $\boldsymbol{F}$ 后，弹簧被压缩到 y_1 处，如图3.16(b)所示；当外力 $\boldsymbol{F}$ 撤去后，弹簧被推到 y_2 处，如图3.16(c)所示。在此过程中，只有重力和弹性力做功，故系统的机械能守恒，设弹簧的劲度系数为 k，则有

$$\frac{1}{2}ky_1^2 - m_1gy_1 = \frac{1}{2}ky_2^2 + m_1gy_2$$

整理得

$$k(y_1 - y_2) = 2m_1g$$

即

$$ky_1 - m_1g = m_1g + ky_2 \tag{3-24}$$

由图3.16(b)得

$$F = ky_1 - m_1g \tag{3-25}$$

由图3.16(c)可知，欲使 m_2 跳离地面，必须满足

$$ky_2 \geqslant m_2g \tag{3-26}$$

把式(3-25)和式(3-26)代入式(3-24)，得

$$F = m_1g + ky_2 \geqslant m_1g + m_2g$$

所以

$$F \geqslant (m_1 + m_2)g$$

3.6　能量转换与守恒定律

从上节中知道，如果外力和非保守内力都不做功，系统内动能和势能之间可以相互转化，其和是守恒的。但是如果系统内部还有摩擦力等非保守力做功，那么系统的机械能就要与其它形式的能量发生转换。

大量事实证明，在孤立系统内，若系统的机械能发生了变化，必然伴随着等值的其它形式能量(如内能、电磁能、化学能、生物能及核能等)的增加或减少。这说明能量既不能消失也不能创造，只能从一种形式转换成另一形式，或从一个物体上转移到另一个物体上。也就是说，在一个孤立系统中，不论发生何种变化过程，各种形式的能量之间无论怎样转换，但系统的总能量将保持不变，这就是能量转换与守恒定律。能量转换与守恒定律是自然界中的普遍规律，它不仅适用于物质的机械运动、热运动、电磁运动、核子运动等物理运动形式，而且适用于化学运动、生物运动等运动形式。由于运动是物质的存在形式，而能量又是物质运动的度量。因此，能量转换与守恒定律的深刻含义是运动既不能产生也不能创造，它只能由一种形式转换为另一种形式。

3.7　碰　　撞

碰撞一般是指两个物体在运动过程中相互靠近或发生接触时，在相对较短的时间内发生强烈相互作用的过程。“碰撞”的含义比较广泛，除了球的碰撞、打桩、锻铁外，分子、原子、原子核等微观粒子的相互作用过程也都是碰撞过程。人从车上跳下，子弹打入墙壁等现象，在一定条件下也可以看做是碰撞过程。由于碰撞时物体之间相互作用的内力较之其它物体对它们作用的外力要大得多，因此可将其它物体作用的外力忽略不计，这一系统应遵从动量守恒定律。

碰撞过程可分为完全弹性碰撞、完全非弹性碰撞和非弹性碰撞三种，下面我们以两个物体碰撞为例进行讨论。

设两个物体的质量分别为 m_1 和 m_2，沿一直线分别以 $\boldsymbol{v}_{10}$ 和 $\boldsymbol{v}_{20}$ 的速度运动，发生对心碰撞之后，二者的速度方向沿着碰前运动的直线方向，用 $\boldsymbol{v}_1$ 和 $\boldsymbol{v}_2$ 表示两个物体碰撞后的速度，如图 3.17 所示。

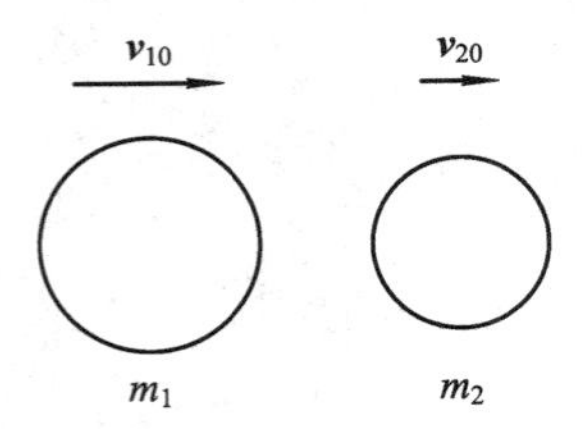

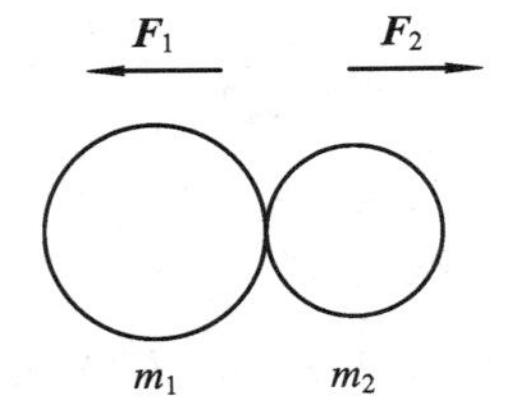

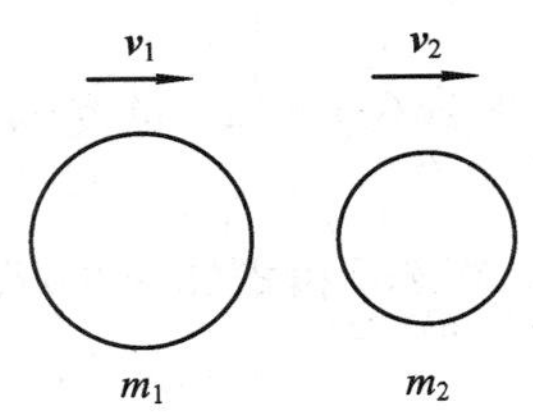

图 3.17　对心碰撞

若碰撞前后两个物体的动能之和没有损失，这种碰撞就是完全弹性碰撞，这时有

$$m_1 \boldsymbol{v}_{10} + m_2 \boldsymbol{v}_{20} = m_1 \boldsymbol{v}_1 + m_2 \boldsymbol{v}_2$$

$$\frac{1}{2}m_1 v_{10}^2 + \frac{1}{2}m_2 v_{20}^2 = \frac{1}{2}m_1 v_1^2 + \frac{1}{2}m_2 v_2^2$$

若两个物体碰撞之后不再分开，这样的碰撞就是完全非弹性碰撞，这时有

$$m_1 \boldsymbol{v}_{10} + m_2 \boldsymbol{v}_{20} = (m_1 + m_2)\boldsymbol{v}$$

一般情况下，两个物体相碰发生的形变不能完全恢复，存在能量损失，机械能不守恒。

【例 3.8】 设在宇宙中有密度为 ρ 的尘埃，这些尘埃相对惯性参考系是静止的，有一质量为 m_0 的宇宙飞船以初速 $\boldsymbol{v}_0$ 穿过宇宙尘埃，由于尘埃粘贴在飞船上，致使飞船的速度发生变化，求飞船的速度与其在尘埃中飞行时间的关系，为便于计算，设飞船的外形是面积为 S 的圆柱体，如图 3.18 所示。

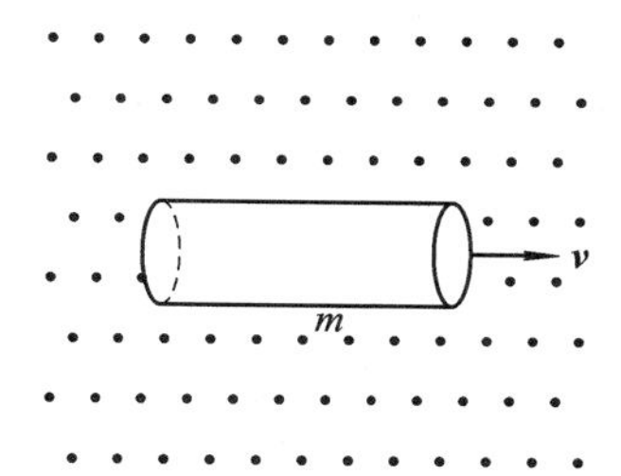

图 3.18　例 3.8 图

【解】 由题意可认为尘埃与飞船作完全非弹性碰撞，把尘埃与飞船作为一个系统，考虑到飞船在自由空间飞行，无外力作用在这个系统上，因此系统的动量守恒。如果以 m_0 和 $\boldsymbol{v}_0$ 为飞船进入尘埃前的质量和速度，m 和 $\boldsymbol{v}$ 为飞船在尘埃中的质量和速度，那么由动量守恒有

$$m_0 \boldsymbol{v}_0 = m\boldsymbol{v}$$

此外，在 $t \sim t+\Delta t$ 时间内，由于飞船在尘埃间作完全非弹性碰撞，而粘贴在宇宙飞船上尘埃的质量即飞船所增加的质量，即

$$\mathrm{d}m = \rho S v \ \mathrm{d}t = -\frac{m_0 v_0}{v^2} \ \mathrm{d}v$$

从而得

$$\rho S v \ \mathrm{d}t = -\frac{m_0 v_0}{v^2}\mathrm{d}v$$

由已知条件对上式积分，得

$$-\int_{v_0}^{v} \frac{\mathrm{d}v}{v^3} = \frac{\rho S}{m_0 v_0} \int_0^t \mathrm{d}t$$

$$\frac{1}{2}\left(\frac{1}{v^2} - \frac{1}{v_0^2}\right) = \frac{\rho S}{m_0 v_0}t$$

$$v = \left(\frac{m_0}{2\rho S v_0 t + m_0}\right)^{\frac{1}{2}} v_0$$

显然，飞船在尘埃中飞行的时间愈长，其速度就愈低。

*3.8　质心与质心运动定律

3.8.1　质心

研究多个质点组成的运动系统时，质心是十分重要的概念。如将一由刚性轻杆相连的

两个质点组成的简单系统斜向抛出，如图 3.19 所示，该系统在空间的运动是很复杂的，每个质点的轨道都不是抛物线，但两质点连线的某点 C 却仍然作抛物线运动。C 点的运动规律就像两质点的质量都集中在 C 点，全部外力也像是作用于 C 点一样，这个特殊的点就是系统的质心。在图 3.20 所示的直角坐标系中，由几个质点组成一质点系，如果用 m_i 和 $\boldsymbol{r}_i$ 分别表示质点系中第 i 个质点的质量和位矢，质心的位矢 $\boldsymbol{r}_C$ 由下式确定

$$\boldsymbol{r}_C = \frac{\sum m_i \boldsymbol{r}_i}{\sum m_i} \tag{3-27}$$

式(3-27)中，$\sum m_i$ 为质点系各质点的质量总和。

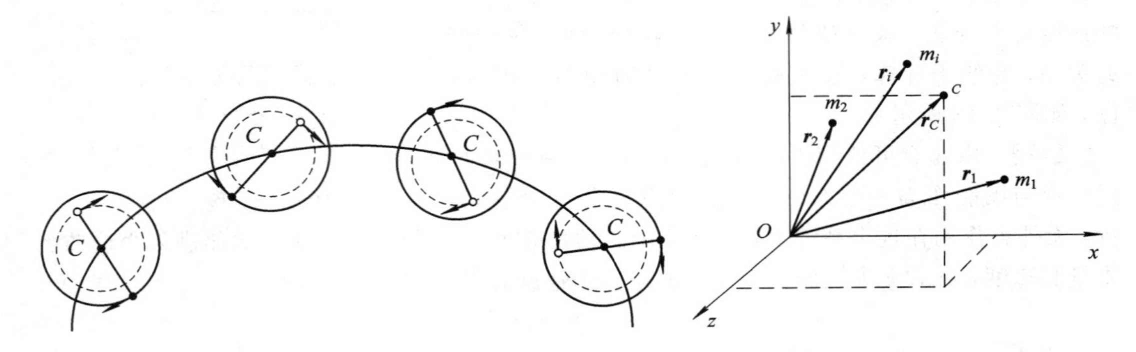

图 3.19　质心的运动轨迹　　　　图 3.20　质心位置的确定

质心的坐标分别为

$$x_C = \frac{\sum m_i x_i}{\sum m_i},\quad y_C = \frac{\sum m_i y_i}{\sum m_i},\quad z_C = \frac{\sum m_i z_i}{\sum m_i} \tag{3-28}$$

对于连续分布质量为 M 的物体，可把它分成许多质量元 $\mathrm{d}m$，式(3-28)中的 $\sum m_i x_i$ 可用积分 $\int x\ \mathrm{d}m$ 来代替，质心的坐标为

$$x_C = \frac{\int x\ \mathrm{d}m}{M},\quad y_C = \frac{\int y\ \mathrm{d}m}{M},\quad z_C = \frac{\int z\ \mathrm{d}m}{M} \tag{3-29}$$

对于密度均匀、形状对称的物体，其质心都在它的几何中心处。例如，圆环的质心在环心处，球的质心在球心处。

【例 3.9】 求半径为 R 的匀质半薄球壳的质心。

【解】 选如图 3.21 所示的坐标轴，由于球壳对 Oy 轴对称，质心显然位于图中的 Oy 轴上，在半球壳上取一圆环，圆环的平面与 Oy 轴垂直。

圆环的面积为

$$\mathrm{d}s = 2\pi R\ \sin\theta R\ \mathrm{d}\theta$$

设匀质薄球壳的质量面密度为 σ，圆环的质量为

$$\mathrm{d}m = \sigma 2\pi R^2\ \sin\theta\ \mathrm{d}\theta$$

由图 3.21 可知，匀质薄球壳的质心处于

$$y_C = \int \frac{y\,\mathrm{d}m}{m'} = \frac{\int y\sigma 2\pi R^2 \sin\theta\,\mathrm{d}\theta}{\sigma 2\pi R^2}$$

由于 $y=R\cos\theta$，所以上式为

$$y_C = \int_0^{\frac{\pi}{2}} R\cos\theta\sin\theta\,\mathrm{d}\theta = \frac{1}{2}R$$

即质心位于 $y_C=R/2$ 处，其位置矢量为 $\boldsymbol{r}=\frac{R}{2}\boldsymbol{j}$。

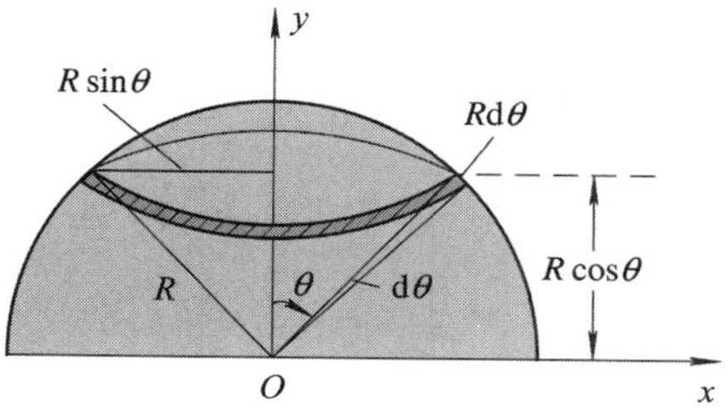

图 3.21　例 3.9 图

3.8.2　质心运动定律

将式(3-27)中的 $\boldsymbol{r}_C$ 对时间求导，可得质心运动的速度为

$$\boldsymbol{v}_C = \frac{\mathrm{d}\boldsymbol{r}_C}{\mathrm{d}t} = \frac{\sum m_i \frac{\mathrm{d}\boldsymbol{r}_i}{\mathrm{d}t}}{\sum m_i} = \frac{\sum m_i \boldsymbol{v}_i}{M}$$

其中 M 为质点系的总质量，由此可得

$$M\boldsymbol{v}_C = \sum m_i \boldsymbol{v}_i$$

上述等式左边为质点系的总动量 $\boldsymbol{P}$，其值为

$$\boldsymbol{P} = M\boldsymbol{v}_C \tag{3-30}$$

即质点系的总动量等于它的总质量与质心速度的乘积，这一动量对时间的变化率为

$$\frac{\mathrm{d}\boldsymbol{P}}{\mathrm{d}t} = M\frac{\mathrm{d}\boldsymbol{v}_C}{\mathrm{d}t} = M\boldsymbol{a}_C \tag{3-31}$$

式中 $\boldsymbol{a}_C$ 是质心运动的加速度，因为系统内各质点间相互作用的内力的矢量和为零，所以作用在系统上的合力等于合外力。由式(3-30)可得质点系质心的运动和该质点系所受合外力的关系为

$$\boldsymbol{F} = \frac{\mathrm{d}\boldsymbol{P}}{\mathrm{d}t} = M\boldsymbol{a}_C \tag{3-32}$$

式(3-32)表明，作用于系统的合外力等于系统的总质量与系统质心加速度的乘积，这就是质心运动定律。它与牛顿第二定律在形式上完全相同，相当于系统的质量集中于质心，在合外力的作用下，质心以加速度 $\boldsymbol{a}_C$ 运动。

本 章 小 结

本章的重点是掌握动量、功和能等概念及其物理规律，并掌握这些规律的应用条件和方法。本章的难点是所研究的系统的划分和选取、守恒定律条件的审核、综合性力学问题的分析求解。

1. 动量定理

质点动量定理

$$\int_{t_1}^{t_2}\boldsymbol{F}\,\mathrm{d}t=\boldsymbol{P}_2-\boldsymbol{P}_1=m\boldsymbol{v}_2-m\boldsymbol{v}_1$$

质点系动量定理

$$\int_{t_1}^{t_2}\boldsymbol{F}^{ex}\,\mathrm{d}t=\boldsymbol{P}_2-\boldsymbol{P}_1=\sum_{i=1}^{n}m_i\boldsymbol{v}_i-\sum_{i=1}^{n}m_i\boldsymbol{v}_{i0}$$

或

$$\boldsymbol{F}=\frac{\mathrm{d}\boldsymbol{P}}{\mathrm{d}t}$$

2. 动量守恒定律

当系统所受合外力为零时，即 $\boldsymbol{F}^{ex}=\boldsymbol{0}$ 时，系统的总动量保持不变。

即

$$\boldsymbol{P}=\sum_{i=1}^{n}m_i\boldsymbol{v}_i=\text{恒矢量}$$

3. 功

功

$$W=\int_A^B\boldsymbol{F}\cdot\mathrm{d}\boldsymbol{r}=\int_A^B F\cos\theta\mathrm{d}r$$

在直角坐标系中

$$W=\int_A^B(F_x\mathrm{d}x+F_y\mathrm{d}y+F_z\mathrm{d}z)$$

4. 动能定理

质点

$$W=\frac{1}{2}mv_2^2-\frac{1}{2}mv_1^2=E_{k2}-E_{k1}$$

5. 保守力、势能

保守力：做功时只与始末位置有关，与经历的路径无关的力。

势能：

重力势能 $E_p=mgh$ （地面为势能零点）

弹簧的弹性势能 $E_p=\frac{1}{2}kx^2$ （弹簧原长处为势能零点）

万有引力势能 $E_p=-G\frac{m'm}{r}$ （m'为与 m 相距无限远处为势能零点）

6. 质点系功能原理、机械能守恒定律

质点系功能原理：质点系的机械能的增量等于外力和非保守内力做功之和。

以 E_A和 E_B分别表示系统初态和末态的机械能，则有 $W_{外}+W_{非保内}=E_B-E_A$。

机械能守恒定律：当作用于质点系的外力和非保守内力不做功时，质点系的总机械能是守恒的，即

$$E_{kB}+E_{pB}=E_{kA}+E_{pA}$$

7. 碰撞

对于完全弹性碰撞，碰撞前后动量和能量均守恒。

$$m_1\boldsymbol{v}_{10}+m_2\boldsymbol{v}_{20}=m_1\boldsymbol{v}_1+m_2\boldsymbol{v}_2$$

$$\frac{1}{2}m_1v_{10}^2+\frac{1}{2}m_2v_{20}^2=\frac{1}{2}m_1v_1^2+\frac{1}{2}m_2v_2^2$$

对于完全非弹性碰撞，碰撞前后动量守恒，动能不守恒。

$$m_1\boldsymbol{v}_{10}+m_2\boldsymbol{v}_{20}=(m_1+m_2)\boldsymbol{v}$$

8. 质心、质心运动定律

质心　$$\boldsymbol{r}_C=\frac{\sum m_i\boldsymbol{r}_i}{\sum m_i}$$

坐标　$$x_C=\frac{\sum m_ix_i}{\sum m_i},\quad y_C=\frac{\sum m_iy_i}{\sum m_i},\quad z_C=\frac{\sum m_iz_i}{\sum m_i}$$

质心运动定律　$$\boldsymbol{F}=\frac{\mathrm{d}\boldsymbol{P}}{\mathrm{d}t}=M\boldsymbol{a}_C$$

习　题

一、思考题

3-1　棒球运动员在接球时为何要戴厚而软的手套？篮球运动员接急球时往往接球后缩手，这是为什么？

3-2　跳伞运动员临着陆时用力向下拉降落伞，这是为什么？

3-3　质点系动量守恒的条件是什么？在什么情况下，即使外力不为零，也可用动量守恒方程求近似解？

3-4　质点的动量和动能是否与惯性系的选取有关？功是否与惯性系有关？质点的动量定理和动能定理是否与惯性系有关？请举例说明。

3-5　质点系的动量守恒，是否意味着该系统中，一部分质点的速率变大时，另一部分质点的速率一定会变小？

3-6　在大气中，打开充气气球下方的塞子，让空气从球中冲出，气球可在大气中上升。如果在真空中打开气球的塞子，气球也会上升吗？说明其道理。

3-7　两个物体系于轻绳的两端，绳跨过一个定滑轮。若把两物体和绳视为一个系统，对该系统来说，哪些力是外力？哪些力是内力？

3-8　把物体抛向空气中，有哪些力对它做功，这些力是否都是保守力？

3-9　举例说明，分别用能量方法和用牛顿定律求解哪些力学问题较方便？求解哪些力学问题不方便？

3-10　在弹性碰撞中，有哪些量保持不变，在非弹性碰撞中又有哪些量保持不变？

3-11　在质点系的质心处，一定存在一个质点吗？

3-12　假设在宇宙空间站外面，有两位宇航员甲和乙漂浮在太空中。一开始甲将扳手扔给乙，过后，乙又将此扳手扔还给甲。试问它们的质心如何运动？

3-13　“质心的定义是质点系质量集中的一点，它的运动即代表了质点系的运动，若掌握质点系质心的运动，质点系的运动状况就一目了然了。”这句话对不对？

3-14　悬浮在空气中的气球下面吊有软梯，有一人站在软梯上。最初，气球、软梯和人均处于静止，后来人开始向上爬，问气球是否运动？

二、选择题

3-15　如图 3.22 所示，一个小球先后两次从 P 点由静止开始，分别沿着光滑的固定斜面 l_1 和弧面 l_2 下滑，则小球滑到两面的底端 Q 时的(　　)。

A. 动量相同，动能也相同　　B. 动量相同，动能不同

C. 动量不同，动能也不同　　D. 动量不同，动能相同

3-16　一质点在外力作用下运动时，下述说法中正确的是(　　)。

A. 质点的动量改变时，质点的动能一定改变

B. 质点的动能不变时，质点的动量也一定不变

C. 如果外力的冲量是零，外力做的功一定为零

D. 如果外力做的功为零，外力的冲量一定为零

3-17　已知两个物体 A 和 B 的质量以及它们的速率都不相同，若物体 A 的动量在数值上比物体 B 的大，则 A 的动能 E_{kA} 与 B 的动能 E_{kB} 之间的关系为(　　)。

A. E_{kB} 一定大于 E_{kA}　　B. E_{kB} 一定小于 E_{kA}

C. $E_{kB}=E_{kA}$　　D. 不能判定谁大谁小

3-18　一质点受力 $\boldsymbol{F}=3x^2\boldsymbol{i}$ 的作用，沿 x 轴正方向运动。从 $x=0$ 到 $x=2$ m 的过程中，力 $\boldsymbol{F}$ 做的功为(　　)。

A. 8J　　B. 12J　　C. 16J　　D. 24J

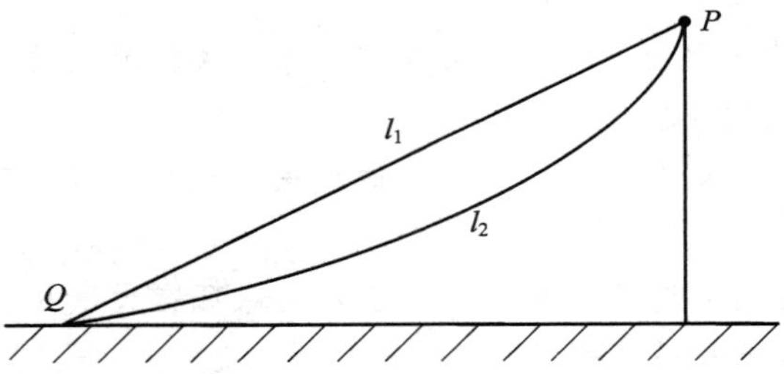

图 3.22　题 3-15 图

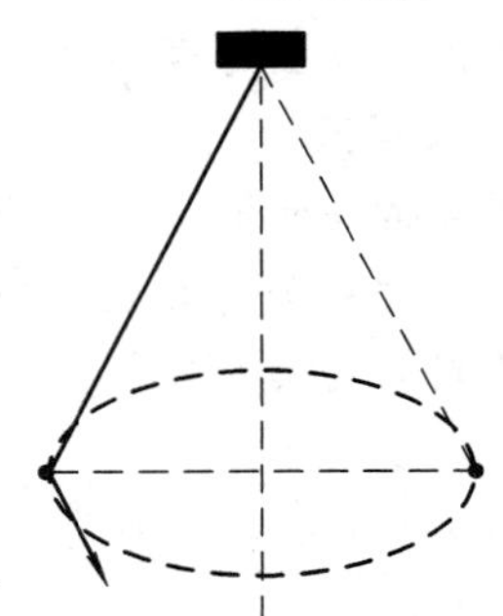

图 3.23　题 3-19 图

3-19　如图 3.23 所示，圆锥摆尾端的小球在水平面内作匀速率圆周运动，下列说法中正确的是(　　)。

A. 重力和绳子的张力对小球都不做功

B. 重力和绳子的张力对小球都做功

C. 重力对小球做功，绳子张力对小球不做功

D. 重力对小球不做功，绳子张力对小球做功

三、计算题

3-20　如图 3.24 所示，质量 $m=2.0$ kg 的质点，受合力 $\boldsymbol{F}=12t\boldsymbol{i}$ 的作用，沿 Ox 轴作直线运动。已知 $t=0$ 时，$x_0=0$，$v_0=0$，则从 $t=0$ 到 $t=3s$ 这段时间内，求合力 $\boldsymbol{F}$ 的冲量 $\boldsymbol{I}$、质点的末速度。

3-21　一小球在弹簧的作用下振动，如图 3.25 所示，弹力 $F=-kx$，而位移 $x=$

$A\cos\omega t$，其中 k、A、ω 都是常量。求在 $t=0$ 到 $t=\pi/(2\omega)$ 的时间间隔内弹力施于小球的冲量。

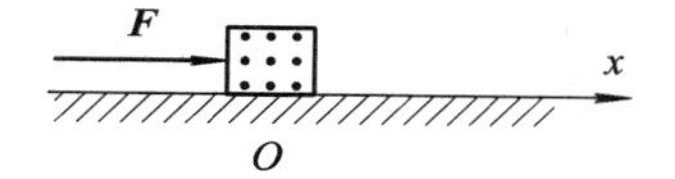

图 3.24 题 3-20 图

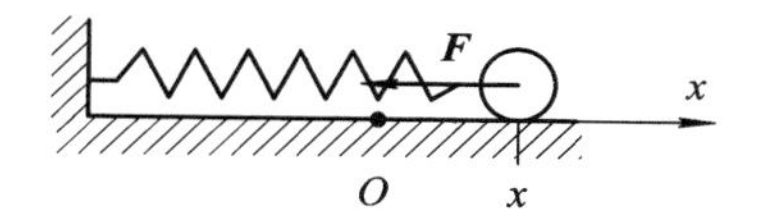

图 3.25 题 3-21 图

3-22 一圆锥摆的摆球在水平面上作匀速圆周运动。如图 3.26 所示，已知摆球的质量为 m，圆的半径为 R，摆球的速率为 v，当摆球在轨道上运动一周时，求作用在摆球上重力冲量的大小。

3-23 $F_x=30+4t$ 的合外力作用在质量 $m=10$ kg 的物体上，试求：

(1) 在开始 2 s 内，此力的冲量 I。

(2) 若冲量 $I=300$ N·s，此力作用的时间。

(3) 若物体的初速度 $v_1=10\ \mathrm{m\cdot s^{-1}}$，方向与 F_x 相同，在 $t=6.86$ s，此物体的速度 v_2。

3-24 高空作业时，系安全带是非常必要的。假如一质量为 51.0 kg 的人，在操作时不慎从高空竖直跌落下来，由于安全带的保护，最终使他被悬挂起来。已知此时人离原处的距离为 2.0 m，安全带弹性缓冲作用时间为 0.5 s，求安全带对人的平均冲力。

3-25 质量为 m' 的人手里拿着一个质量为 m 的物体，此人用与水平面成 α 角的速率 v_0 向前跳去。当他达到最高点时，他将物体以相对于人为 u 的水平速率向后抛出，问：由于人抛出物体，他跳跃的距离增加了多少？(假设人可视为质点)

3-26 质点在力 $\boldsymbol{F}=2y^2\boldsymbol{i}+3x\boldsymbol{j}$ 的作用下沿图 3.27 所示的路径运动。则力 $\boldsymbol{F}$ 在路径 Oa、ab、Ob、$OcbO$ 上做的功分别是多少？

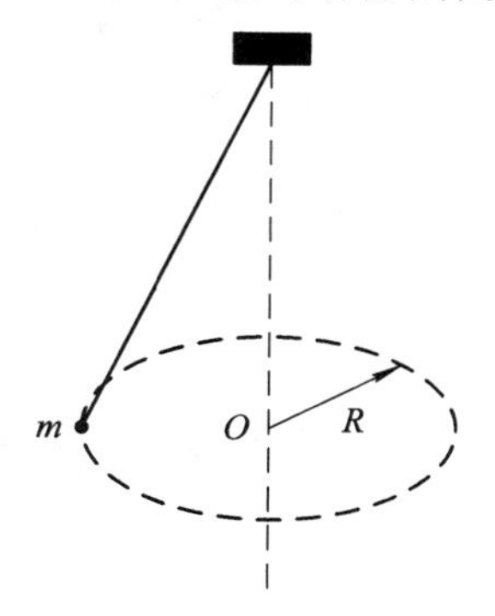

图 3.26 题 3-22 图

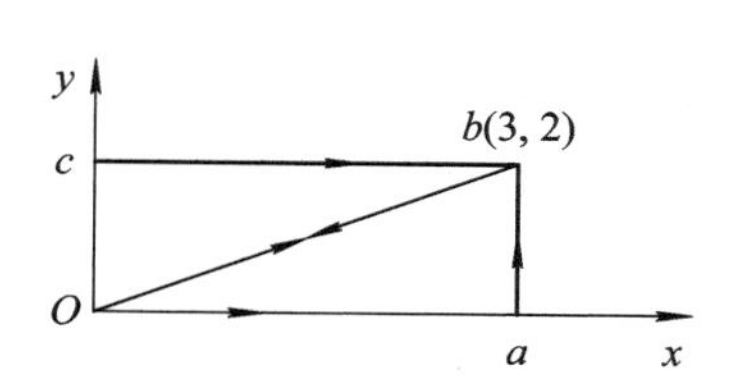

图 3.27 题 3-26 图

3-27 一物体在介质中按规律 $x=ct^3$ 作直线运动，c 为一常量。设介质对物体的阻力正比于速度的平方。试求物体由 $x_0=0$ 运动到 $x=l$ 时，阻力所做的功(已知阻力系数为 k)。

3-28 一个人从 10 m 深的井中，把 10 kg 的水匀速地提上来。由于桶漏水，桶每升高 1 m 漏 0.2 kg 的水，问把水从井中提到井口，人所做的功。

3-29 如图 3.28 所示，一绳索跨过无摩擦的滑轮，系在质量为 1 kg 的物体上，起初物体静止在无摩擦的水平平面上。若用 5 N 的恒力作用在绳索的另一端，使物体向右作加速运动，当系在物体上的绳索从与水平面成 30°角变为 37°角时，力对物体所做的功为多少？已知滑轮与水平面之间的距离为 1 m。

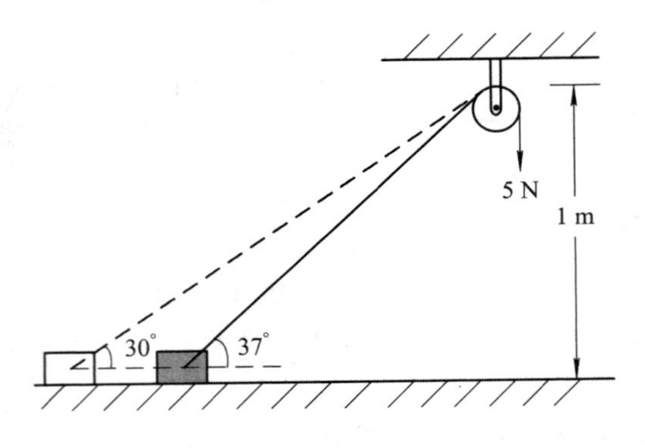

图 3.28 题 3-29 图

3-30 一质量为 0.2 kg 的球，系在长为 2.0 m 的细绳上，细绳的另一端系在天花板上。把小球移至使细绳与竖直方向成 30°角的位置，然后由静止放开。求：

(1) 在绳索从 30°角到 0°角的过程中，重力和张力所做的功。

(2) 物体在最低位置时的动能和速率。

(3) 物体在最低位置时绳的张力。

3-31 最初处于静止的质点受到外力的作用，该力的冲量为 4.0 kg·m·s^{-1}，在同一时间间隔内，该力所做的功为 2.0 J，问该质点的质量为多少？

3-32 质量为 m 的子弹，以水平速度 v_0 射入置于光滑水平面上的质量为 M 的静止沙箱，子弹在沙箱中前进距离 l 后停在沙箱中，同时沙箱向前运动的距离为 s，此后子弹与沙箱一起以共同速度匀速运动，求子弹受到的平均阻力、沙箱与子弹系统损失的机械能。

3-33 设两个粒子之间的相互作用力是排斥力，并随它们之间的距离 r 按 $F=k/r^3$ 的规律而变化，其中 k 为常量，试求两粒子相距为 r 时的势能(设力为零的地方势能为零)。

3-34 质量为 7.2×10^{-23} kg，速率为 6.0×10^7 m·s^{-1} 的粒子 A，与另一个质量为其一半而静止的粒子 B 发生二维完全弹性碰撞，碰撞后粒子 A 的速率为 5.0×10^7 m·s^{-1}，求：

(1) 粒子 B 的速率和相对粒子 A 原来速度方向的偏角。

(2) 粒子 A 的偏转角。

3-35 有 A、B 两个带电粒子，它们的质量均为 m，电荷均为 q。其中，A 处于静止，B 以初速 v_0 由无限远处向 A 运动。问：

(1) 这两个粒子最接近的距离是多少？

(2) 在这瞬时，每个粒子的速率是多少？

(3) 你知道这两个粒子的速度将如何变化吗？(已知库仑定律为 $F=k\dfrac{q_1q_2}{r^2}$)

3-36 一质量为 m 的质点，系在细绳的一端，绳的另一端固定在平面上。此质点在粗糙水平面上作半径为 r 的圆周运动。设质点的最初速率是 v_0。当它运动一周时，其速率为 $v_0/2$。求：

(1) 摩擦力做的功。

(2) 滑动摩擦因数。

(3) 在静止以前质点转动了多少圈？

3－37　用铁锤把钉子敲入墙面木板，设木板对钉子的阻力与钉子进入木板的深度成正比。若第一次敲击，能把钉子钉入木板 1.0×10^{-2} m。第二次敲击时，保持第一次敲击钉子的速度，那么第二次能把钉子钉入多深？

3－38　如图3.29所示，质量为 m，速率为 v 的钢球，射向质量为 m' 的靶，靶中心有一小孔，内有劲度系数为 k 的弹簧，此靶最初处于静止状态，但可在水平面作无摩擦滑动。求子弹射入靶内弹簧后，弹簧的最大压缩距离。

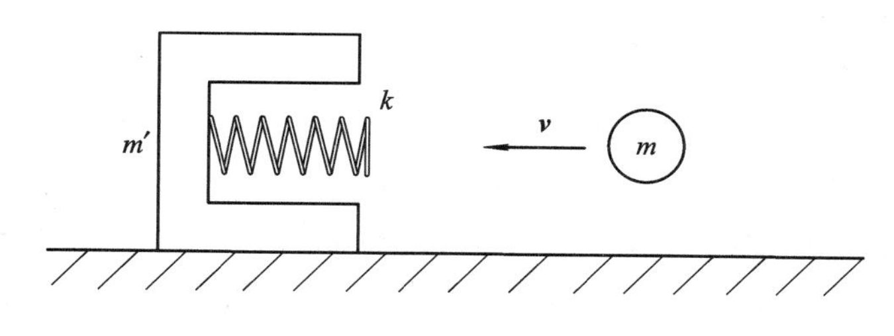

图3.29　题3－38图

3－39　一系统由质量为3.0 kg、2.0 kg和5.0 kg的三个质点组成，它们在同一平面内运动，其中第一个质点的速度为 $6.0\boldsymbol{j}$ m·s^{-1}，第二个质点以与 x 轴成－30°角，大小为8.0 m·s^{-1}的速度运动。如果地面上的观察者测出系统的质心是静止的，那么第三个质点的速度是多少？

3－40　一质量为 m 的弹丸，穿过如图3.30所示的摆锤后，速率由 v 减少到 $v/2$。已知摆锤的质量为 m'，摆线长度为 l，如果摆锤能在垂直平面内完成一个完全的圆周运动，弹丸的速度的最小值应为多少？

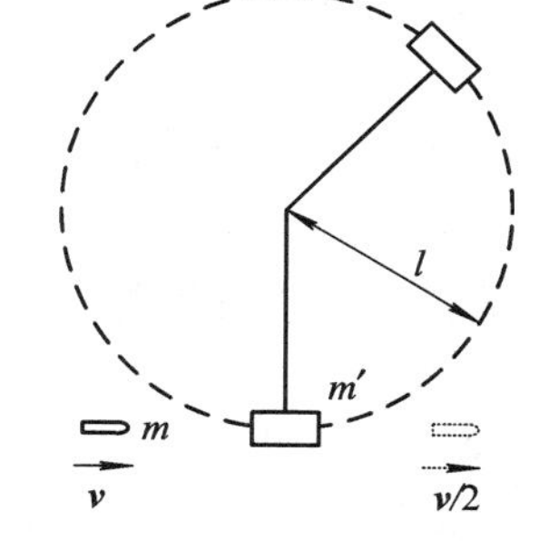

图3.30　题3－40图

3－41　如图3.31所示，质量分别为 $m_1=10.0$ kg和 $m_2=60.0$ kg的两小球 A 和 B，用质量可忽略不计的刚性细杆连接，开始时它们静止在 Oxy 平面上，在外力 $\boldsymbol{F}_1=(8.0\text{N})\boldsymbol{i}$ 和 $\boldsymbol{F}_2=(6.0\text{N})\boldsymbol{j}$ 的作用下运动。试求：

(1) 它们质心的坐标与时间的函数关系。

(2) 系统总动量与时间的函数关系。

3－42　打桩机锤的质量为 $m=10$ t，将质量为 $m'=24$ t、横截面为 $S=0.25$ m^2(正方形截面)、长达 $l=38.5$ m的钢筋混凝土桩打入地层，单位侧面积上受泥土的阻力为 $K=2.65\times10^4$ N·m^{-2}。问：

(1) 桩依靠自重能下沉多深？

(2) 在桩稳定后，将锤提升至离桩顶面1 m处，让其自由下落击桩，假定锤与桩发生完全非弹性碰撞。第一锤能使桩下沉多少？

(3) 若桩已下沉35 m时，锤再一次下落，此时锤与桩碰撞已不是完全非弹性碰撞了，锤在击桩后反弹起0.05 m，这种情况下，桩又下沉多少？

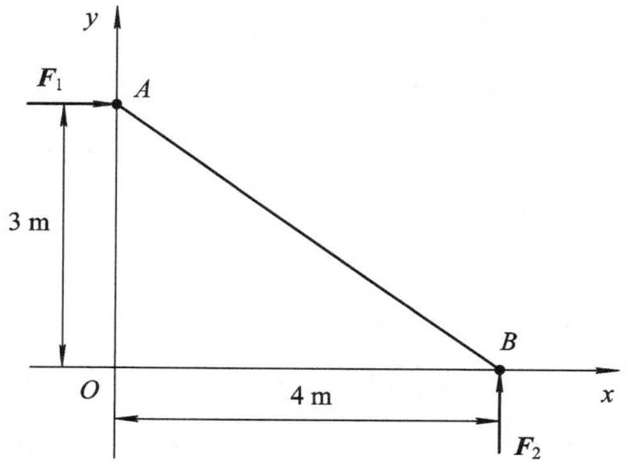

图3.31　题3－41图

第4章　刚体的转动

前面我们介绍了质点的运动规律，质点是个理想模型。一般物体在外力作用下会发生形变，即物体的大小和形状要发生变化。如果不考虑物体的形变，假设在外力作用下，物体内任意两个质点之间的距离保持不变，那么这个理想化的物体称为刚体。由于刚体可以看做是在外力作用下不会改变形状和体积的特殊质点系，所以我们仍然可以从质点的运动规律出发来研究刚体的运动规律。

本章讲述刚体的定轴转动，主要内容有：角速度、角加速度、力矩、转动惯量、转动动能、角动量等物理量，转动定律和角动量守恒。

4.1　刚体的定轴转动

刚体的一般运动可以看作是平动和转动的组合。平动是指刚体内所有质点的运动状况完全相同，即刚体内每个质点都具有相同的位移、速度和加速度，也就是说任意质点的运动轨迹经过平移后都能够重合在一起，如图4.1所示。

转动可分为定轴转动和非定轴转动。定轴转动是指刚体绕固定转轴的转动。例如吊扇的扇叶转动时，扇叶的每一个质点都绕同一直线作圆周运动，这条直线是定轴转动的转轴。钟表指针、门和电机转子等做的都是定轴转动。定轴转动是刚体转动中最基本、最常见的转动形式。我们还常见到陀螺的转动，陀螺也绕一轴线转动，但这条轴线不是固定的，因此陀螺的转动是非定轴转动。

一般刚体的运动可以看成平动和转动的组合。例如车轮在水平面上无滑动的滚动，从图4.2可以看出，其质心沿水平方向向右运动，而其余质点既绕质心转动又向右平动。

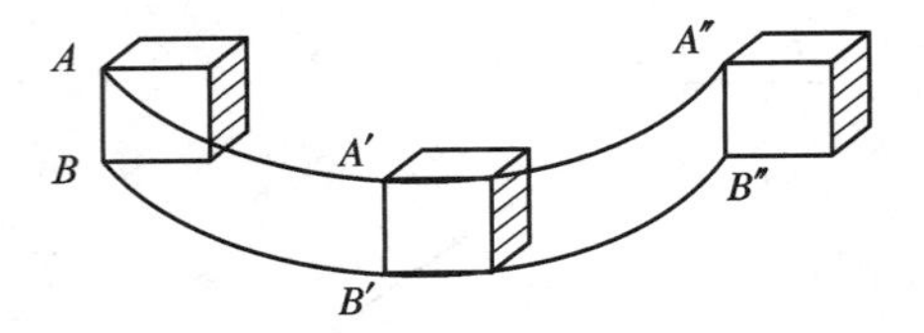

图4.1　刚体平动示意图

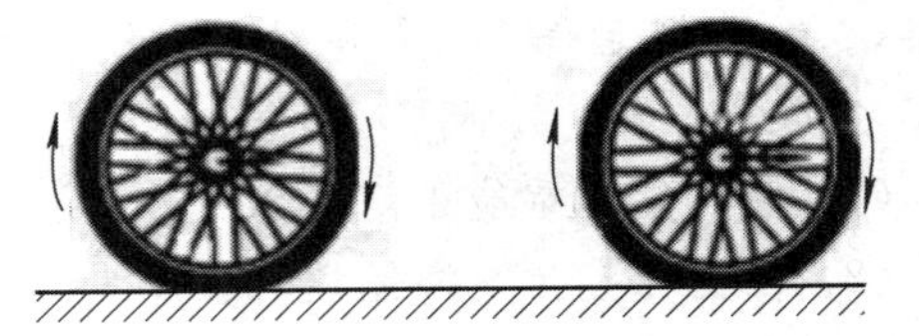

图4.2　车轮的滚动示意图

刚体做定轴转动时，刚体内每一个质点的速度和加速度都不相同，但都绕轴做圆周运动，也就是说每个质点的角速度和角加速度均相同。所以对于刚体的定轴转动，用角速度和角加速度来描述比较方便。同时，为了便于描述刚体的定轴转动，我们选取任意一个与转轴垂直的平面作为参考面。用参考面的定轴转动来表征整个刚体的定轴转动。为了便于定量表述，设转轴为 z 轴，参考面所在的平面为 Oxy 平面，如图 4.3 所示。任意时刻 t，在参考面上任取一点 P，其位矢与 Ox 轴的夹角 θ 为刚体的角坐标。不同时刻，刚体对应的角坐标不同，也就是说角坐标是时间 t 的函数，即 $\theta=\theta(t)$。

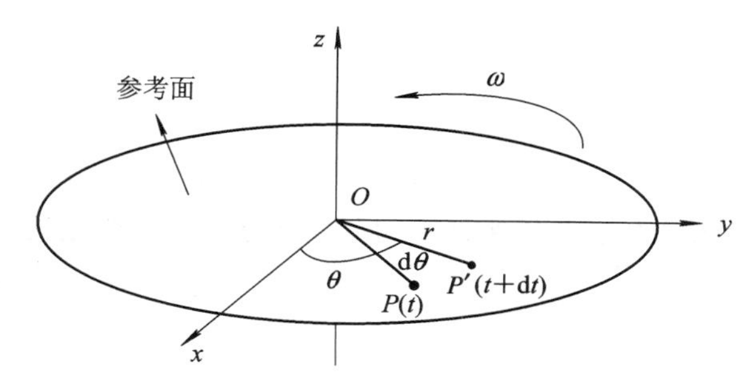

图 4.3　定轴转动示意图

刚体绕固定轴 Oz 转动，在 t 时刻刚体的角坐标为 θ，$t+\mathrm{d}t$ 时刻质点 P 转到 P'处，这时刚体的角坐标为 $\theta+\mathrm{d}\theta$，则刚体的角速度大小为

$$\omega=\frac{\mathrm{d}\theta}{\mathrm{d}t} \tag{4-1}$$

刚体绕 Oz 轴转动，由 Oz 轴正方向往负方向看，其转动方向不是顺时针就是逆时针。为区别这两种转动，我们规定：由 Oz 轴正方向往负方向看，从 Ox 轴开始沿逆时针转动时，角坐标为正；从 Ox 轴开始沿顺时针转动时，角坐标为负。显然按此规定，由式(4－1)可知，刚体绕定轴转动时，转动的正方向为逆时针，角速度大于零；转动的负方向为顺时针，角速度为负。只有刚体做定轴转动时，其转动方向才可以用角速度的正负来表示。在一般情况下，刚体的转轴在空间的方位随时间而改变，这时刚体的转动方向就不能用角速度的正负来表示，而必须用角速度矢量 $\boldsymbol{\omega}$ 来表示。

角速度的方向由右手定则确定：把右手拇指伸直，其余四指弯曲，使弯曲的方向与刚体转动方向一致，这时拇指所指的方向就是角速度的方向，如图 4.4 所示。刚体绕 Oz 轴转动时，角速度的方向要么沿 Oz 轴的正向，要么沿 Oz 轴的负向。

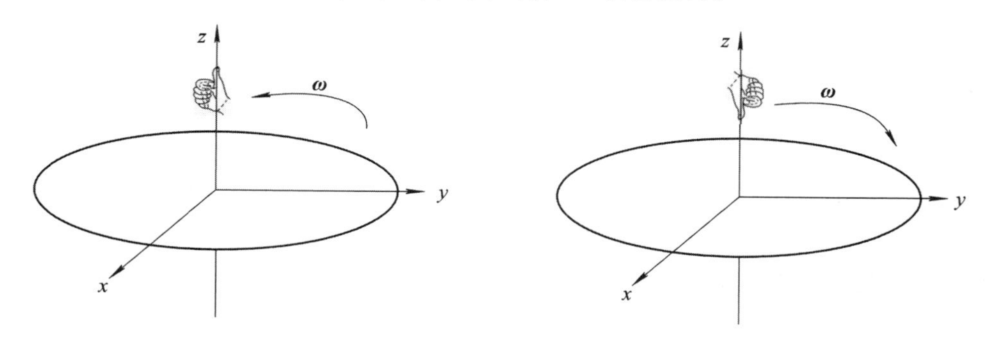

图 4.4　刚体绕定轴转动时角速度矢量方向的判定

刚体绕定轴转动的角速度发生变化时，刚体的转动就具有了不为零的角加速度，设 t 时刻刚体的角速度为 $\boldsymbol{\omega}$，$t+\mathrm{d}t$ 时刻的角速度为 $\boldsymbol{\omega}+\mathrm{d}\boldsymbol{\omega}$，则刚体绕定轴转动的角加速度大小为

$$\alpha=\frac{\mathrm{d}\omega}{\mathrm{d}t}=\frac{\mathrm{d}^2\theta}{\mathrm{d}t^2} \tag{4-2}$$

刚体做定轴转动时，角速度的方向在转轴的方向上，角加速度的方向也在转轴方向上。

刚体做定轴转动时，离转轴的距离为 r 的质点，其线速度和线加速度与刚体的角速度和角加速度的数值关系为

$$\begin{cases} v = r\omega \\ a_\tau = r\alpha \\ a_n = r\omega^2 \end{cases} \tag{4-3}$$

刚体绕定轴作匀变速转动与质点作匀变速直线运动的公式对比如下：

表 4.1　质点作匀变速直线运动和刚体绕定轴作匀变速转动的比较

质点作匀变速直线运动	刚体绕定轴作匀变速转动
$v = v_0 + at$	$\omega = \omega_0 + \alpha t$
$x = x_0 + v_0 t + 0.5at^2$	$\theta = \theta_0 + \omega_0 t + 0.5\alpha t^2$
$v^2 = v_0{}^2 + 2a(x - x_0)$	$\omega^2 = \omega_0{}^2 + 2\alpha(\theta - \theta_0)$

所以，我们可以应用描述质点运动学的方法来描述刚体定轴转动的规律。

【例 4.1】 电动机绕其圆柱形的转子作定轴转动，开始时，它的角速度 $\omega_0=0$，经过 10 s 后，其转速达到 100 rad/s。设转子的角加速度与时间成正比，比例因子为 C。求：(1) 任意时刻转子的角速度；(2) 在这 10 s 内转子转过的角度。

【解】 (1) 设转子的角加速度为

$$\alpha = Ct$$

由角加速度定义及上式得

$$\alpha = \frac{\mathrm{d}\omega}{\mathrm{d}t} = Ct$$

即

$$\mathrm{d}\omega = Ct\ \mathrm{d}t$$

由题意得

$$\int_0^\omega \mathrm{d}\omega = \int_0^t Ct\ \mathrm{d}t$$

解之得

$$\omega = \frac{1}{2}Ct^2$$

由题意知，在 $t=10$ s 时，转子的角速度为 100 rad/s，代入上式，得

$$C = 2\ (\mathrm{rad/s^3})$$

所以任意时刻转子的转速为

$$\omega = t^2$$

(2) 由角速度的定义式及上式有

$$\omega = \frac{\mathrm{d}\theta}{\mathrm{d}t} = t^2$$

由题意得

$$\int_0^\theta \mathrm{d}\theta = \int_0^{10} t^2\ \mathrm{d}t$$

解积分，得

$$\theta = \frac{1000}{3}\ (\text{rad})$$

4.2 刚体的定轴转动定律

4.2.1 力矩

用扳手转动螺丝时，扳手的手柄越长，转动扳手时就越省力。这一物理现象表明，影响物体旋转的因素，不仅有受力的大小，而且还有该力的作用点和方向。在物理学中，这个物理量称为力矩。

如图4.5所示，质量为 m 的质点 P 在力 $\boldsymbol{F}$ 的作用下绕 O 点转动，O 点到力的作用线的垂直距离即力臂为 d，P 点的位矢为 $\boldsymbol{r}$，力 $\boldsymbol{F}$ 与位矢 $\boldsymbol{r}$ 的夹角为 θ，则力 $\boldsymbol{F}$ 对定点 O 的力矩大小为

$$M = Fd = Fr\ \sin\theta \tag{4-4}$$

力矩不仅有大小而且有方向，若质点静止，施加一个与力 $\boldsymbol{F}$ 大小相等方向相反的力以后，质点绕 O 转动方向就不同。根据矢量积的定义，力矩 $\boldsymbol{M}$ 可写为

$$\boldsymbol{M} = \boldsymbol{r} \times \boldsymbol{F} \tag{4-5}$$

力矩 $\boldsymbol{M}$ 垂直于力 $\boldsymbol{F}$ 和位矢 $\boldsymbol{r}$ 所在的平面。

如图4.6所示，刚体绕 z 轴转动时，刚体内的质点 P 受外力为 $\boldsymbol{F}$，P 点在参考平面内的位置矢量为 $\boldsymbol{r}$。质点 P 的绕定轴转动与绕定点 O 的转动不同，刚体内的质点 P 只能绕定轴做圆周运动，转动方向一定沿转轴方向，而绕定点 O 转动时，转动的方向是任意的。力 $\boldsymbol{F}$ 与转轴平行的分量只能使刚体沿轴向平移，不能使刚体绕 z 轴转动，它的力矩的方向与转轴垂直，对轴向力矩没有贡献，所以使刚体绕 z 轴做定轴转动的力只能是与转轴垂直的力的分量。以后我们所讨论的力都是与转轴垂直的力或是力在这个方向的分量。同样，刚体绕定轴转动时的力矩也为

$$\boldsymbol{M} = \boldsymbol{r} \times \boldsymbol{F} \tag{4-6}$$

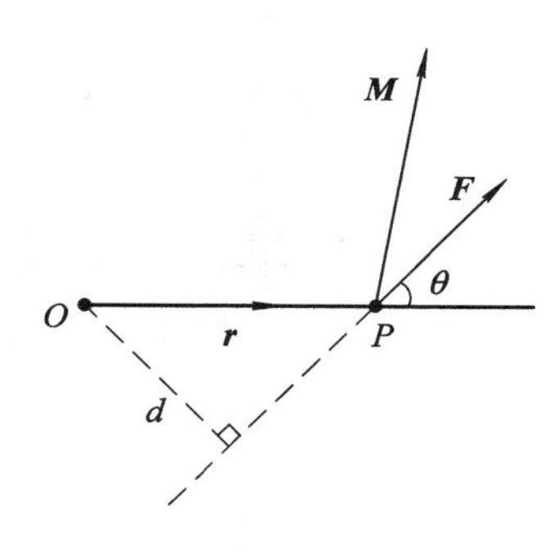

图4.5 力对 O 点的力矩

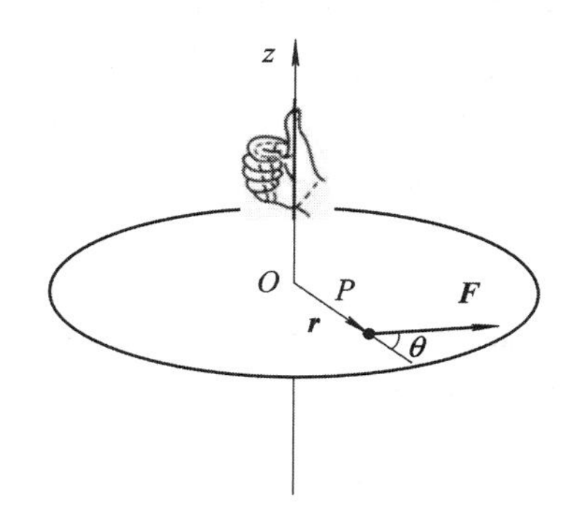

图4.6 定轴转动时力矩方向的判定

这里，力 $\boldsymbol{F}$ 与转轴垂直。若外力的作用线通过转轴，则外力的力臂为零，其对转轴转动的力矩为零。对于刚体绕定轴转动时所受力矩的方向可以根据右手定则判定：把右手拇指伸直，其余四指弯曲，弯曲的方向是力 $\boldsymbol{F}$ 的方向，这时拇指的方向就是力矩的方向。当然，也可以根据矢量积的定义来判定力矩的方向。

对于定轴转动，由于力矩只有两个方向。若沿 z 轴正向，则其力矩为正；若沿 z 轴负向，则其力矩为负。如果刚体受到几个外力矩的作用，那么其合力矩就是这几个外力矩的矢量和。

在国际单位制中，力矩的单位为牛顿米，符号为 N·m。力矩的量纲为 $\mathrm{ML^2T^{-2}}$。

上面我们讨论了外力对刚体绕定轴转动的力矩，下面我们讨论内力对刚体绕定轴转动的力矩。如图 4.7 所示，设刚体内第 i 和第 j 个质点存在相互作用力，由牛顿第三定律可知，它们之间的作用力为作用力与反作用力。即 $\boldsymbol{F}_{ij}$ 和 $\boldsymbol{F}_{ji}$ 大小相等方向相反，而且在一条直线上。显然，这两个力的力臂相等，所以这两个力对转轴的合力矩的大小为零，即

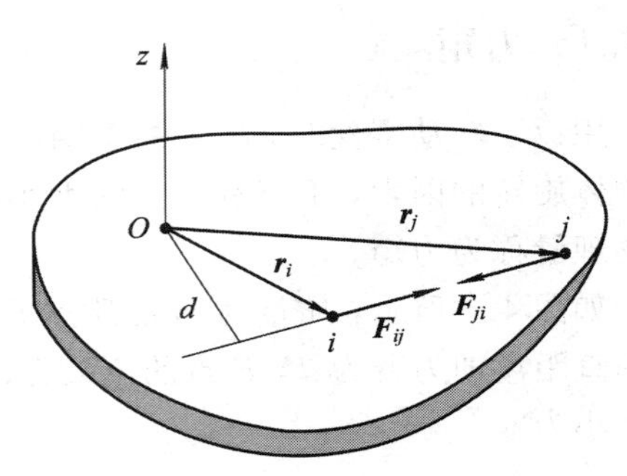

图 4.7 刚体内力力矩

$$M = M_{ji} - M_{ij} = F_{ji}d - F_{ij}d = 0$$

由于刚体内质点间的相互作用力总是成对出现的，并遵守牛顿第三定律，故刚体内各质点间的作用力对转轴的内力距之和为零。即

$$\sum_{j,\ i(j\neq i)} \boldsymbol{M}_{ji} = 0$$

所以，以后我们在讨论刚体所受力矩时不考虑它的内力矩。

刚体各个部分均受到外力，若刚体的微元所受外力为 $\mathrm{d}\boldsymbol{F}$，微元所在的位置矢量为 $\boldsymbol{r}$，则力矩为

$$\mathrm{d}\boldsymbol{M} = \boldsymbol{r} \times \mathrm{d}\boldsymbol{F} \tag{4-7}$$

刚体所受到的合外力矩为

$$\boldsymbol{M} = \int \boldsymbol{r} \times \mathrm{d}\boldsymbol{F} \tag{4-8}$$

【例 4.2】 如图 4.8 所示，一长为 l、质量为 m 的均质细棒水平放置，细棒可绕 O 端在竖直平面内转动，求细棒水平时所受的力矩。

【解】 以细棒的 O 点为坐标原点建立 x 轴，在细棒上取一个坐标为 x、长度为 $\mathrm{d}x$ 的线元，线元受到的重力为

$$\mathrm{d}F = \frac{mg}{l}\,\mathrm{d}x$$

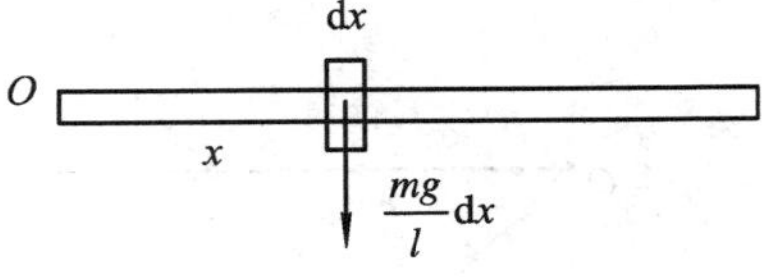

图 4.8 例 4.2 图

线元所在位置矢量与重力方向夹角为直角，所以力矩大小为

$$\mathrm{d}M = x\,\frac{mg}{l}\mathrm{d}x$$

合力矩大小为

$$M = \int_0^l x \frac{mg}{l} \mathrm{d}x = \frac{1}{2} mgl$$

4.2.2　转动定律

质点所受到的合外力与质点的加速度之间满足牛顿第二定律。下面我们根据牛顿第二定律讨论刚体绕定轴转动时所受到的合外力矩与刚体的角加速度之间的关系。

刚体可以看做质点系，设刚体上第 i 个质点的质量为 Δm_i，它距转轴的距离为 r_i，该质点所受到的外力为 $\boldsymbol{F}_i$，刚体内其它质点对该质点的作用力为 $\sum_j \boldsymbol{M}_{ji} = 0$。由于刚体做定轴转动，所以质点 i 绕轴做圆周运动。由牛顿第二定律得，质点 i 所受切向力与切向加速度的关系为

$$F_{i\tau} + \sum_j F_{ji\tau} = \Delta m_i a_{i\tau} \tag{4-9}$$

两边同乘以 r_i，得

$$r_i F_{i\tau} + \sum_j r_i F_{ji\tau} = \Delta m_i r_i a_{i\tau}$$

由于质点 i 所受的力可以分为切向分量和法向分量的力，法向分量的力的作用线过转轴，其对转轴的力矩为零，因而质点 i 所受力对转轴力矩即为切向力的力矩。由式(4－3)和式(4－5)，式(4－9)可写为

$$M_i + \sum_j M_{ji} = \Delta m_i r_i^2 \alpha$$

上式两边对 i 项求和，得

$$\sum_i M_i + \sum_{j,\ i(j \neq i)} M_{ji} = \sum_i \Delta m_i r_i^2 \alpha$$

刚体所受内力矩之和为零，得

$$M = \sum_i M_i = \sum_i \Delta m_i r_i^2 \alpha \tag{4-10}$$

其中 M 为刚体所受合外力矩。令

$$J = \sum_i \Delta m_i r_i^2 \tag{4-11}$$

式(4－11)中，J 只与刚体的形状、质量分布以及转轴的位置有关，称为转动惯量。由式(4－10)和式(4－11)得

$$\boldsymbol{M} = J\boldsymbol{\alpha} \tag{4-12}$$

式(4－12)即为刚体所受合外力矩与角加速度的关系，这个关系称为定轴转动时刚体的转动定律，简称转动定律。如同牛顿第二定律为解决质点动力学问题的基本定律一样，转动定律是解决刚体转动的动力学问题的基本定律。

4.2.3　转动惯量

将式(4－12)与牛顿第二定律 $\boldsymbol{F} = m\boldsymbol{a}$ 相比较，它们的形式很相似。外力矩 $\boldsymbol{M}$ 和合外力 $\boldsymbol{F}$ 相对应，角加速度 $\boldsymbol{\alpha}$ 和加速度 $\boldsymbol{a}$ 相对应，转动惯量 J 和质量 m 相对应。由于质量 m 是物体在平动过程中惯性大小的量度，所以转动惯量 J 应是刚体做定轴转动时惯性大小的量度。

由式(4－11)可知，刚体做定轴转动时的转动惯量为刚体内各个质点的质量与其到转

轴的距离平方的乘积之和。对于质点连续分布的刚体，式(4-11)可用积分代替，即

$$J = \int r^2 \, \mathrm{d}m \tag{4-13}$$

虽然式(4-13)写成了不定积分的形式，但它实质上是定积分，积分区域为整个刚体。

在国际单位制中，转动惯量的单位名称为千克二次方米，符号是 $\mathrm{kg \cdot m^2}$。转动惯量的量纲是 $\mathrm{ML^2}$。表 4.2 给出了形状对称、密度均匀的几种具有规则形状的刚体对不同转轴的转动惯量。

表 4.2　几种刚体的转动惯量

刚　体	转动惯量	刚　体	转动惯量
R	圆环(转轴通过中心且与环面垂直) $J = mR^2$	l	细棒(转轴通过中心且与棒垂直) $J = \frac{1}{12}ml^2$
R	薄圆盘(转轴沿几何轴) $J = \frac{1}{2}mR^2$	R	球体(转轴沿任一直径) $J = \frac{2}{5}mR^2$
R	圆柱体(转轴沿几何轴) $J = \frac{1}{2}mR^2$	R	球壳(转轴沿任一直径) $J = \frac{2}{3}mR^2$
R_1 R_2	圆筒(转轴沿几何轴) $J = \frac{1}{2}m(R_1^2 + R_2^2)$	l	细棒(转轴通过棒的一端且与棒垂直) $J = \frac{1}{3}ml^2$

必须指出，只有对几何形状规则、质量连续且均匀分布的刚体，才能用积分计算出刚体的转动惯量。对于任意形状或质量分布未知刚体的转动惯量，可以根据刚体的转动定律用实验测定。从表 4.2 可以看出，刚体的转动惯量与以下三个因素有关：

(1) 刚体的密度分布(质量分布)；

(2) 刚体的几何形状；

(3) 转轴的位置。

4.2.4　平行轴定理

图 4.9 所示，设质量为 m 的刚体绕通过质心的 z_C 轴的转动惯量为 J_C，绕 z 轴的转动惯量为 J，其中 z_C 轴与 z 轴平行，且两轴之间的距离为 d，则这两个转动惯量的关系为

$$J = J_C + md^2 \tag{4-14}$$

上述关系式为平行轴定理。由式(4-14)可以看出，刚体对通过质心转轴的转动惯量最小，而对任意与质心轴线相平行的轴线的转动惯量 J 都大于 J_C。为了证明平行轴定理，首先设

有两个互相平行的转轴，一个转轴穿过质心，另一个转轴不过质心，我们建立直角坐标系，把坐标原点建立在刚体的质心上，显然有 $x_{Cm}=y_{Cm}=z_{Cm}=0$。穿过质心的转轴为 z_C 轴，其坐标为(0，0，z)，另一个不穿过质心的转轴为 z 轴，其坐标为(a，b，z)，其中 $d^2=a^2+b^2$，d 为两个转轴之间的距离。由式(4-11)得刚体绕 z_C 轴的转动惯量为

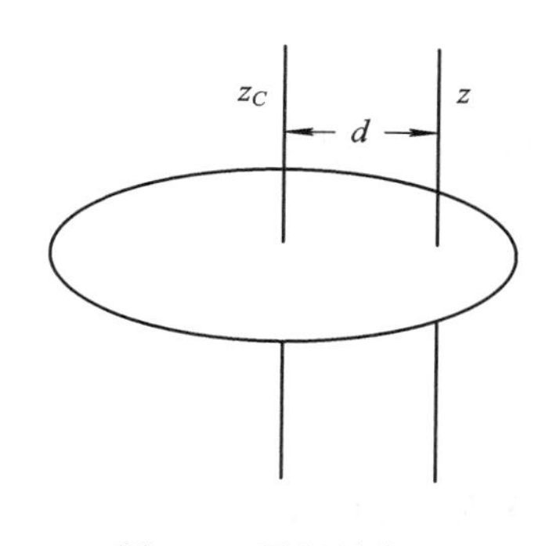

图 4.9　平行轴定理

$$J_C=\sum_i \Delta m_i(x_i^2+y_i^2)$$

刚体绕 z 轴的转动惯量为

$$J=\sum_i \Delta m_i[(x_i-a)^2+(y_i-b)^2]$$

展开此式，得

$$J=\sum_i \Delta m_i(x_i^2+y_i^2)-2a\sum_i \Delta m_i x_i-2b\sum_i \Delta m_i y_i+(a^2+b^2)\sum_i \Delta m_i$$

由于质心在原点，所以上式可简化为

$$J=J_C+md^2$$

由此证明了平行轴定理。利用平行轴定理可以简化转动惯量的计算。

【例 4.3】　一长为 l，质量为 m 的均质细棒水平放置，其一端与铰链 O 相连并可在竖直平面内由静止开始转动，求：(1) 细棒绕转轴的转动惯量；(2) 细棒转到与水平方向夹角为 θ 时的角加速度和角速度。

【解】　(1) 以 O 点为原点沿细棒建立 x 轴，在细棒上取坐标为 x、长度为 $\mathrm{d}x$ 的线元，把这个线元看做质点，则其绕通过 O 点且与平面垂直的轴的转动惯量为

$$\mathrm{d}J=x^2\frac{m}{l}\mathrm{d}x$$

对整个细棒积分得

$$J=\int_0^l x\frac{m}{l}\mathrm{d}x=\frac{1}{3}ml^2$$

(2) 细棒转到与水平方向夹角为 θ 时所受力矩为

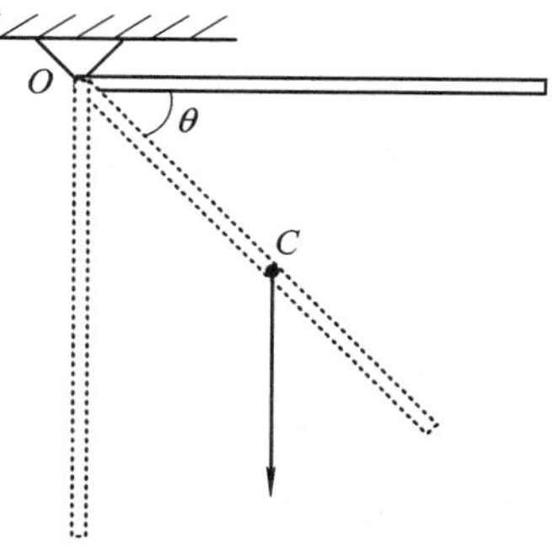

图 4.10　例 4.3 图

$$M=\frac{1}{2}mgl\cos\theta$$

由刚体定轴转动的转动定律得

$$\alpha=\frac{M}{J}=\frac{\frac{1}{2}mgl\cos\theta}{\frac{1}{3}ml^2}=\frac{3g\cos\theta}{2l}$$

由角加速度的定义得

$$\alpha=\frac{\mathrm{d}\omega}{\mathrm{d}t}=\frac{\mathrm{d}\omega}{\mathrm{d}t}\frac{\mathrm{d}\theta}{\mathrm{d}\theta}=\omega\frac{\mathrm{d}\omega}{\mathrm{d}\theta}=\frac{3g\cos\theta}{2l}$$

上式可写为

$$\omega\ \mathrm{d}\omega = \frac{3g\ \cos\theta}{2l}\ \mathrm{d}\theta$$

两边积分并利用初始条件，得

$$\int_0^{\omega} \omega\ \mathrm{d}\omega = \int_0^{\theta} \frac{3g\ \cos\theta}{2l}\ \mathrm{d}\theta$$

积分后化简，得

$$\omega = \sqrt{\frac{3g\ \sin\theta}{l}}$$

【例 4.4】 如图 4.11 所示，一轻绳绕过一个半径为 R、质量为 m 的滑轮，滑轮可视为均质圆盘，在绳子的两端分别挂有质量为 m_A 和 m_B 的两个物体 A 和 B，设 $m_A > m_B$。若绳子与滑轮间无相对滑动，求物体的加速度大小和绳子的张力(滑轮与轴承之间的摩擦不计)。

【解】 分别对物体 A、B 和滑轮作受力分析，如图 4.12 所示。

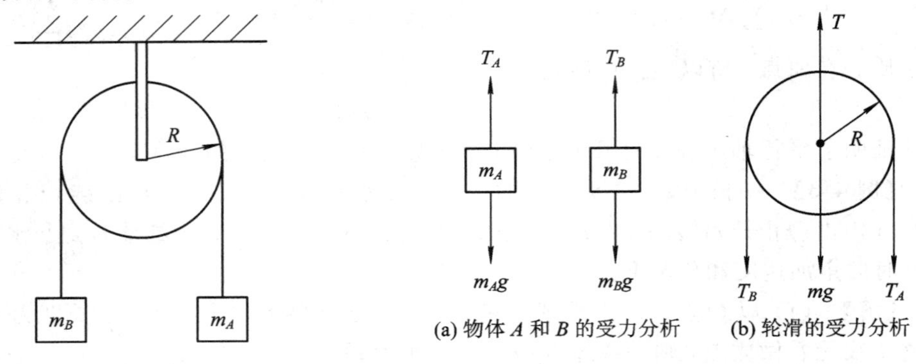

图 4.11　例 4.4 图

图 4.12　受力分析示意图

根据牛顿第二定律和转动定律，得

对物体 A　　$m_A g - T_A = m_A a$

对物体 B　　$T_B - m_B g = m_B a$

对滑轮　　$T_A R - T_B R = J\alpha$

由于绳子和滑轮之间无相对滑动，所以有 $a = R\alpha$。

由于滑轮可视为均质圆盘，在圆盘内取一个面元 $\mathrm{d}s$，其到转轴的距离为 r，则这个面元绕轴的转动惯量为

$$\mathrm{d}J = r^2\ \mathrm{d}m = r^2\ \frac{m}{\pi R^2}\ \mathrm{d}s$$

由于 $\mathrm{d}s = 2\pi r\ \mathrm{d}r$，代入上式并对整个圆盘积分，得

$$J = \frac{1}{2} m R^2$$

联立以上方程，可得

$$a = \frac{2m_A - 2m_B}{m + 2m_A + 2m_B} g$$

$$T_A = \frac{m + 4m_B}{m + 2m_A + 2m_B} m_A g$$

$$T_B = \frac{m + 4m_A}{m + 2m_A + 2m_B} m_B g$$

这里若不计滑轮的质量即 $m=0$，则有 $T_A = T_B$，这就是中学物理常碰到的情况。

4.3 角动量、角动量定理、角动量守恒

4.3.1 质点的角动量、角动量定理、角动量守恒定律

1. 质点的角动量

设有一个质量为 m 的质点 A，在直角坐标系中的位置矢量为 $\boldsymbol{r}$，以速度 $\boldsymbol{v}$ 绕原点 O 运动，其动量 $p = m\boldsymbol{v}$。我们定义质点 A 绕原点 O 的角动量为

$$\boldsymbol{L} = \boldsymbol{r} \times \boldsymbol{p} = \boldsymbol{r} \times m\boldsymbol{v} \tag{4-15}$$

质点绕原点 O 的角动量是一个矢量，它的方向垂直于 $\boldsymbol{r}$ 和 $\boldsymbol{v}$(或 $\boldsymbol{p}$)构成的平面，并遵守右手定则：右手拇指伸直，当四指由 $\boldsymbol{r}$ 经小于 180°的角 θ 转向 $\boldsymbol{v}$(或 $\boldsymbol{p}$)时，拇指所指的方向就是角动量 $\boldsymbol{L}$ 的方向。角动量的大小由矢量积的法则确定，即

$$L = rp\ \sin\theta = rmv\ \sin\theta \tag{4-16}$$

其中 θ 为 $\boldsymbol{r}$ 和 $\boldsymbol{v}$(或 $\boldsymbol{p}$)的夹角。

质点的角动量与位置矢量 $\boldsymbol{r}$ 和动量 $\boldsymbol{p}$ 有关，而这里的位置矢量 $\boldsymbol{r}$ 和动量 $\boldsymbol{p}$ 都是相对于参考点 O 的，因此质点的角动量与参考点 O 的选择有关。所以在描述质点的角动量时，必须指明是绕哪一点的角动量。

2. 质点的角动量定理

设质量为 m 的质点，在合外力 $\boldsymbol{F}$ 的作用下运动，由牛顿第二定律可得

$$\boldsymbol{F} = \frac{\mathrm{d}(m\boldsymbol{v})}{\mathrm{d}t}$$

质点相对于参考点 O 的位置矢量为 $\boldsymbol{r}$，以 $\boldsymbol{r}$ 叉乘上式的两端有

$$\boldsymbol{r} \times \boldsymbol{F} = \boldsymbol{r} \times \frac{\mathrm{d}(m\boldsymbol{v})}{\mathrm{d}t}$$

由于

$$\frac{\mathrm{d}(\boldsymbol{r} \times m\boldsymbol{v})}{\mathrm{d}t} = \frac{\mathrm{d}\boldsymbol{r}}{\mathrm{d}t} \times m\boldsymbol{v} + \boldsymbol{r} \times \frac{\mathrm{d}(m\boldsymbol{v})}{\mathrm{d}t}$$

而

$$\frac{\mathrm{d}\boldsymbol{r}}{\mathrm{d}t} \times m\boldsymbol{v} = \boldsymbol{v} \times m\boldsymbol{v} = 0$$

所以有

$$\boldsymbol{r} \times \boldsymbol{F} = \frac{\mathrm{d}(\boldsymbol{r} \times m\boldsymbol{v})}{\mathrm{d}t}$$

即

$$\boldsymbol{M} = \frac{\mathrm{d}\boldsymbol{L}}{\mathrm{d}t} \tag{4-17}$$

$$\int_{t_1}^{t_2} \boldsymbol{M}\,\mathrm{d}t = \int_{L_1}^{L_2} \mathrm{d}\boldsymbol{L} \tag{4-18}$$

式(4-18)为质点绕参考点 O 转动的角动量定理。其中力矩在时间上的积累即为冲量矩。

3. 质点的角动量守恒定律

质量为 m 的质点绕参考点 O 转动，根据角动量定理可得

$$\int_{t_1}^{t_2} \boldsymbol{M}\,\mathrm{d}t = \int_{L_1}^{L_2} \mathrm{d}\boldsymbol{L}$$

若质点所受到的合外力矩 $\boldsymbol{M}$ 为零，则有

$$\boldsymbol{L}_1 = \boldsymbol{L}_2$$

即质点绕参考点 O 的角动量保持不变，此即为质点的角动量守恒定律。

【例 4.5】 哈雷彗星绕太阳运行的轨道是一个椭圆，太阳位于其中的一个焦点上。它离太阳最近的距离为 $r_1=8.75\times10^{10}$ m，此时速率为 $v_1=5.46\times10^4$ m/s；它离太阳最远的距离为 $r_2=5.26\times10^{12}$ m，这时它的速率为多少？

【解】 彗星受到太阳的万有引力作用，引力通过太阳，所以彗星受到的力矩为零，故彗星运动过程中角动量守恒，于是有

$$\boldsymbol{r}_1 \times m\boldsymbol{v}_1 = \boldsymbol{r}_2 \times m\boldsymbol{v}_2$$

由于近日点和远日点处彗星所在的位置矢量和速度方向垂直，所以有

$$v_2 = \frac{r_1 v_1}{r_2}$$

代入数据得

$$v_2 = 9.08 \times 10^2\,(\mathrm{m/s})$$

【例 4.6】 如图 4.13 所示，一个质量 m 的登月飞船，在月球表面高度为 h 处绕月球做圆周运动。飞船采用如下方式登陆：当飞船位于图中 A 点时，它向外侧(沿月球中心 O 到点 A 的位矢方向)在短时间内喷出粒子流，使飞船相切地达到 B 点。飞船所喷射的粒子流相对飞船速度为 u。已知月球半径为 R，月球表面的重力加速度为 g。试求飞船所喷射的粒子的质量 Δm。

【解】 设飞船在 A 点的速率为 v_0，由万有引力定律得

$$\frac{Gm_1 m}{(R+h)^2} = \frac{mv_0^2}{R+h}$$

其中 m_1 为月球质量，根据月球表面的重力加速度可得

$$g = \frac{Gm_1}{R^2}$$

由以上两式可得

$$v_0^2 = \frac{R^2 g}{R+h}$$

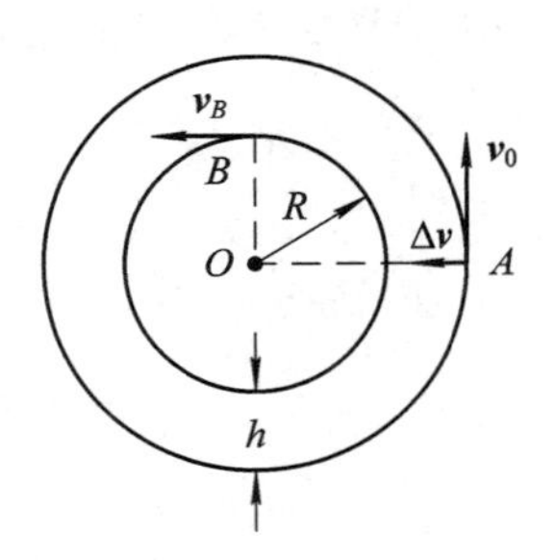

图 4.13 例 4.6 图

飞船在 A 点短时间内喷出粒子流，使飞船获得从 A 指向 O 的速度 Δv，可认为在 OA 方向飞船和喷射的粒子组成的系统动量守恒

$$0 = m'\Delta v + \Delta m(\Delta v - u)$$

其中 m' 为喷射粒子后飞船的质量。由于 $m=m'+\Delta m$，所以上式可写为

$$(\Delta m)u = m\Delta v$$

喷射后，由于飞船只受到月球的万有引力，引力通过月球，所以飞船受到的力矩为零，由 A 点到 B 点的过程中角动量守恒得

$$m'v_0(R+h)=m'v_BR$$

由于万有引力为保守力，飞船从 A 点到 B 点的过程中，飞船和月球组成的系统机械能守恒，即

$$\frac{1}{2}m'[v_0^2+(\Delta v)^2]-\frac{Gm_1m'}{R+h}=\frac{1}{2}m'v_B^2-\frac{Gm_1m'}{R}$$

联立以上方程可解得

$$\Delta m=\frac{mh}{u}\sqrt{\frac{g}{R+h}}$$

4.3.2 刚体的角动量、角动量定理、角动量守恒定律

1. 刚体的角动量

刚体做定轴转动，把刚体看做质点系，则刚体内的质点绕固定转轴做圆周运动。设刚体内的第 i 个质点的质量为 Δm_i，距转轴的垂直距离为 r_i，则质点绕轴的角动量大小为

$$L_i=r_i\Delta m_iv_i$$

把式(4-3)代入上式可得

$$L_i=r_i\Delta m_ir_i\omega$$

由于刚体内所有质点绕轴转动的角动量方向均相同，角动量的方向即为角速度的方向，因而对刚体内所有的质点求和，得

$$L=\sum_i\Delta m_ir_i^2\omega=J\omega \tag{4-19}$$

式(4-19)即为刚体绕轴转动的角动量值(大小)。

2. 角动量定理

设刚体内的第 i 个质点所受外力矩为 $\boldsymbol{M}_i$，刚体内其它所有质点对第 i 个质点的力矩 $\sum\limits_j\boldsymbol{M}_{ji}$，由式(4-17)得

$$\boldsymbol{M}_i+\sum_j\boldsymbol{M}_{ji}=\frac{\mathrm{d}\boldsymbol{L}_i}{\mathrm{d}t}$$

上式两边对 i 求和，得

$$\sum_i\boldsymbol{M}_i+\sum_{ji(j\neq i)}\boldsymbol{M}_{ji}=\sum_i\frac{\mathrm{d}\boldsymbol{L}_i}{\mathrm{d}t}=\frac{\mathrm{d}}{\mathrm{d}t}\sum_i\boldsymbol{L}_i$$

由于刚体的内力矩之和为零，刚体所受外力矩之和为 $\boldsymbol{M}$，则有

$$\boldsymbol{M}=\frac{\mathrm{d}\boldsymbol{L}}{\mathrm{d}t} \tag{4-20}$$

刚体绕定轴转动时，作用于刚体的合外力矩等于刚体绕定轴转动的角动量随时间的变化率。式(4-20)比式(4-12)的应用范围广，它可以处理刚体的转动惯量发生变化的情形。若绕定轴转动的刚体所受合外力矩为 $\boldsymbol{M}$，那么在 t_1 到 t_2 的时间内其角动量的变化由式(4-20)得

$$\int_{t_1}^{t_2}\boldsymbol{M}\,\mathrm{d}t=\int_{L_1}^{L_2}\mathrm{d}\boldsymbol{L} \tag{4-21}$$

上式即为刚体绕轴转动的角动量定理。式中 $\int_{t_1}^{t_2} \boldsymbol{M}\,\mathrm{d}t$ 为刚体所受到的冲量矩。当物体绕定轴转动时，作用在物体上的冲量矩等于角动量的增量。

3. 角动量守恒定律

若刚体所受到的合外力矩为零，由式(4－21)可得

$$\boldsymbol{L}_1 = \boldsymbol{L}_2$$

也就是说，$J\omega$ 为常量。上式即为刚体绕轴转动的角动量守恒定律。显然，当角动量守恒时，若转动惯量增大，则刚体转动的角速度减少；反之，刚体的转动角速度增大。我们可以用下面的例子来说明角动量守恒定律。如图 4.14 所示，一人站在能绕竖直轴转动的转台上(摩擦忽略不计)，开始时，人平举双臂，两手各握一个较重哑铃，使人与转台一道以一定的角速度旋转。人、哑铃和转台组成的系统所受合外力矩为零，系统的角动量守恒。当人收拢双臂时，由于绕轴的转动惯量变小，则角速度必增大，因而旋转更快。

在日常生活中，有许多现象可以用角动量守恒来说明。例如，花样滑冰运动员和芭蕾舞演员绕通过重心的竖直轴以一定的角速度旋转时，由于外力对轴的力矩为零，因而表演者对转轴的角动量守恒。它们可以通过调整身体的姿态来改变对转轴的转动惯量，当她们伸展双臂时，转动惯量变大，而旋转的角速度变小；当双臂朝身体靠拢时，转动惯量变小，而旋转的角速度变大。又如跳水运动员在跳板上起跳时，总是向上伸直双臂，跳到空中先把手臂和腿蜷缩起来，以减少转动惯量而增大转动角速度，在接近水面时，则又伸直双臂和腿，以增大转动惯量而减少转动角速度，以便以一定的方向落入水中，如图 4.15 所示。

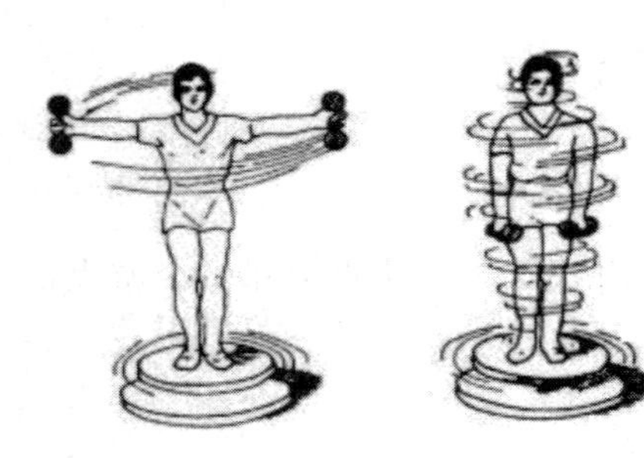

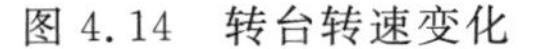

图 4.14　转台转速变化

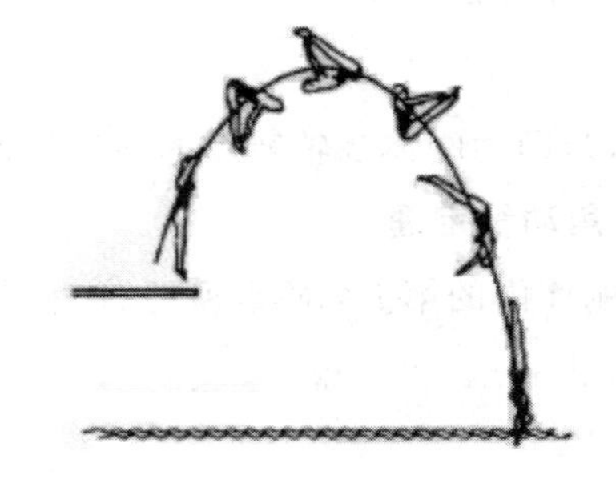

图 4.15　跳水过程

最后指出，前面关于角动量守恒定律、动量守恒定律和能量守恒定律，都是在不同的理想条件下，用经典的牛顿力学原理推证出来的，但是它们的适用范围并不仅仅是牛顿的经典力学，在牛顿力学失效的微观领域、高速的领域，即量子力学和相对论中，上述三条定律仍然成立。

【例 4.7】 有一根质量很小的长度为 l 的均质细杆，可绕通过中心点 O 在竖直平面内转动。当细杆静止于水平位置时，有一只小虫以速率 v_0 垂直落在距 O 点为 $l/4$ 处，并背离 O 点向 A 点爬行，设小虫和细杆的质量相等，均为 m。试问，若使细杆以恒定的角速度转动，小虫应该以多大速率沿杆爬行。

【解】 小虫落在细杆时，可视为和细杆发生完全非弹性碰撞，虽然小虫和细杆组成的系统所受合外力矩不为零，但碰撞时间极短，所以系统所受重力的冲量矩可以忽略不计，

即在碰撞过程中，小虫和细杆组成的系统角动量守恒，故有

$$\frac{l}{4}mv_0 = \left[\frac{1}{12}ml^2 + m\left(\frac{l}{4}\right)^2\right]\omega$$

解得细杆的角速度为

$$\omega = \frac{12v_0}{7l}$$

由于细杆绕其中心点转动，因而其对 O 点的重力矩为零，设 t 时刻小虫爬到距 O 为 r 的 P 点时，作用在小虫和细杆系统的外力矩仅为小虫受到的重力矩，即

$$M = mgr\ \cos\theta$$

其中

$$\theta = \omega t$$

因为转动过程中角速度恒定，所以由式(4-20)(仅考虑 $\boldsymbol{M}$、$\boldsymbol{L}$ 的大小)得

$$M = \frac{\mathrm{d}L}{\mathrm{d}t} = \frac{\mathrm{d}(J\omega)}{\mathrm{d}t} = \omega\frac{\mathrm{d}J}{\mathrm{d}t}$$

小虫在 P 点时，系统绕轴的转动惯量为

$$J = \frac{1}{12}ml^2 + mr^2$$

联立以上方程，可得小虫沿杆爬行的速度为

$$\frac{\mathrm{d}r}{\mathrm{d}t} = \frac{7gl}{24v_0}\cos\left(\frac{12v_0}{7l}t\right)$$

4.4　力矩做功和刚体的转动动能

4.4.1　力矩做的功

若质点受到合外力 $\boldsymbol{F}$，此力做的元功为

$$\mathrm{d}W = \boldsymbol{F}\cdot\mathrm{d}\boldsymbol{r} = F\mathrm{d}s\ \cos\theta$$

其中 $\mathrm{d}s$ 为位移的大小，θ 为力的方向和位移方向的夹角。刚体中的第 i 个质点的质量为 Δm_i，所受外力为 $\boldsymbol{F}_i$，刚体内其它质点对其作用力为 $\sum_j \boldsymbol{F}_{ji}$，第 i 个质点所受合外力为外力和内力的矢量和。由于质点绕转轴做圆周运动，可以把力分解为切向力和法向力，转动过程中法向力不做功，只有切向力做功，由上式可知合力对质点 i 做的功为

$$\mathrm{d}W_i = (F_{i\tau} + \sum_j F_{ji\tau})\mathrm{d}s_i = (F_{i\tau} + \sum_j F_{ji\tau})r_i\ \mathrm{d}\theta = (M_i + \sum_j M_{ji})\mathrm{d}\theta$$

式中，$\mathrm{d}\theta$ 是角位移。

两端对刚体内所有质点求和，有

$$\mathrm{d}W = (\sum_i M_i + \sum_{ji(j\neq i)} M_{ji})\mathrm{d}\theta$$

设刚体所受合力矩为 M，则有

$$M = \sum_i M_i$$

由于内力矩之和为零，所以合外力矩做的元功为

$$dW = M\, d\theta \tag{4-22}$$

式(4-22)表明，力矩所做的元功等于刚体绕轴转动时所受力矩与角位移的乘积。

若定轴转动刚体所受力矩为 M，刚体从 θ_1 转到 θ_2，则力矩做的功为

$$W = \int_{\theta_1}^{\theta_2} M\, d\theta \tag{4-23}$$

4.4.2 力矩的功率

单位时间内力矩对刚体所做的功称为力矩的功率，用 P 来表示。设刚体在力矩作用下绕定轴转动时，在 dt 时间内转过 $d\theta$ 角，则力矩功率为

$$P = \frac{dW}{dt} = M\frac{d\theta}{dt} = M\omega \tag{4-24}$$

即力矩的功率等于力矩与角速度的乘积。当功率一定时，转速越高，力矩就越小；反之，转速越低，力矩越大。此与力做功的功率有相同的特点。

4.4.3 转动动能

刚体可看做是由许多质点组成的质点系。设刚体某时刻绕定轴转动的角速度为 ω，则刚体所有质点绕定轴作圆周运动且具有相同的角速度。设刚体内第 i 个质点的质量为 Δm_i，距转轴的距离为 r_i，具有的速率为 v_i，线速率和角速度的大小关系为 $v_i = r_i\omega$，则第 i 个质点的动能为

$$E_{ki} = \frac{1}{2}\Delta m_i v_i^2 = \frac{1}{2}\Delta m_i r_i^2 \omega^2$$

对刚体内所有的质点求和，即可得到整个刚体的动能，有

$$E_k = \sum_i E_{ki} = \sum_i \frac{1}{2}\Delta m_i r_i^2 \omega^2$$

根据转动惯量的定义式(4-11)，上式可写为

$$E_k = \frac{1}{2}J\omega^2 \tag{4-25}$$

由于此动能为刚体绕定轴转动时的动能，所以称之为转动动能。即刚体绕定轴转动动能等于刚体绕定轴转动的转动惯量与角速度平方乘积的一半。

4.4.4 刚体绕定轴转动的动能定理

设刚体绕定轴转动时所受合外力矩为 M，则合外力矩做的功为

$$dW = M\, d\theta$$

由刚体所受合外力矩与角加速度的关系，即刚体的转动定律，有

$$M = J\alpha$$

所以，合外力矩做的功为

$$dW = J\alpha\, d\theta = J\frac{d\omega}{dt}\, d\theta = J\omega\, d\omega$$

若在合外力矩作用下，刚体的角速度由 ω_1 变到 ω_2，则合外力矩做的功为

$$W = \int dW = \int_{\omega_1}^{\omega_2} J\omega\, d\omega$$

积分得

$$W = \frac{1}{2}J\omega_2^2 - \frac{1}{2}J\omega_1^2 \tag{4-26}$$

上式表明，刚体绕定轴转动时，合外力矩做的功等于刚体转动动能的增量。即为刚体绕定轴转动的动能定理。

4.4.5　刚体的重力势能和机械能守恒

如果刚体作定轴转动时，转轴不通过质心，重力势能不是一个恒定值，如何计算刚体的势能呢？设 y_{cm} 为刚体质心在 y 轴的坐标，若以坐标原点为势能零点，则刚体的重力势能为

$$E_p = mgy_{cm} \tag{4-27}$$

其中，m 为刚体的质量。无论研究的物体是否是刚体，式(4-27)都是成立的。下面我们来证明此式。

由于刚体可以看做是质点系，以坐标原点为势能零点，设第 i 个质点的质量为 Δm_i，y 轴坐标为 y_i，则此质点的重力势能为 $\Delta m_i g y_i$，对所有质点的重力势能求和，即整个刚体的重力势能：

$$E_p = \left(\sum_i \Delta m_i y_i\right) g$$

由质心定义式得

$$y_{cm} = \frac{\sum_i \Delta m_i y_i}{m}$$

即可得刚体的重力势能为式(4-27)。

当只有保守力做功时，系统的机械能守恒。

$$E_k + E_p = \frac{1}{2}J\omega^2 + mgy_{cm} = \text{常数}$$

【例 4.8】 留声机的转盘绕通过盘心垂直盘面的轴以角速度 ω 作匀速转动。放上唱片后，唱片在摩擦力的作用下随盘一起转动。设唱片的半径为 R、质量为 m，它与转盘的摩擦系数为 μ。求：(1) 唱片与转盘间的摩擦力矩；(2) 唱片达到角速度 ω 需要的时间；(3) 在这段时间内转盘的驱动力矩所做的功。

【解】 (1) 在唱片上取面元 $\mathrm{d}s$，面元距转轴的距离为 r，该面元受到的摩擦力大小为

$$\mathrm{d}F = \mu \frac{mg}{\pi R^2}\,\mathrm{d}s$$

面元作圆周运动，摩擦力是驱动力，其方向在沿圆周运动轨迹的切线方向且与圆周运动的切向速度方向相同，所以此面元受到的摩擦力对转轴的力矩为

$$\mathrm{d}M = r\,\mathrm{d}F = r\mu \frac{mg}{\pi R^2}\,\mathrm{d}s$$

为了便于表示面元，我们取极坐标，所以有 $\mathrm{d}s = 2\pi r\,\mathrm{d}r$，对整个唱片积分即得到唱片所受到的总摩擦力矩

$$M = \int_s r\mu \frac{mg}{\pi R^2}\,\mathrm{d}s = \mu \frac{mg}{\pi R^2}\int_0^R 2\pi r^2\,\mathrm{d}r = \frac{2}{3}mgR\mu$$

(2) 唱片的转动惯量 $J=mR^2/2$，由转动定律可得唱片的角加速度为

$$\alpha = \frac{M}{J} = \frac{4g\mu}{3R}$$

因此，唱片作匀加速转动，其初始角速度 $\omega_0=0$，故有 $\omega=\omega_0+\alpha t$，得

$$t = \frac{3\omega R}{4g\mu}$$

(3) 由 $\omega^2=\omega_0{}^2+2\alpha\theta$ 可得，在角速度从零增大到 ω 的过程中，转过的角度为

$$\theta = \frac{3\omega^2 R}{8g\mu}$$

驱动力矩所做的功为

$$W = M\theta = \frac{1}{4}mR^2\omega^2$$

【例 4.9】 一长为 l，质量为 m 的杆可绕支点 O 自由转动，一质量为 m、速率为 v 的子弹，以夹角 30°射入杆内距支点为 a 处并停留在杆内(见图 4.16)。求杆的最大偏角。

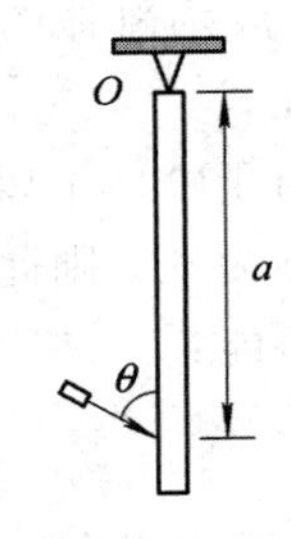

图 4.16　例 4.9 图

【解】 把子弹和杆看做一个系统，在子弹入射到杆内的过程中，系统所受到的合外力矩为零，所以系统的角动量守恒，于是有

$$mva\ \sin30^\circ = \left(\frac{1}{3}ml^2 + ma^2\right)\omega$$

子弹射入杆后，杆在摆动过程中只有重力矩做功，故子弹、杆和地球组成的系统机械能守恒，以杆竖直时的最底端为势能零点，当杆达到最大偏角 β 时，其角速度为零，于是有

$$\frac{1}{2}\left(\frac{1}{3}ml^2 + ma^2\right)\omega^2 + mg(l-a) + mg\ \frac{l}{2} = mg\left(l - \frac{l}{2}\ \cos\beta\right) + mg(l - a\ \cos\beta)$$

联立以上两式，解得

$$\cos\beta = 1 - \frac{3v^2a^2}{4g(l^2+3a^2)(l+2a)}$$

对此求反余弦函数即可得到杆的最大偏角。

【例 4.10】 有一质量为 M、半径为 R 的定滑轮，定滑轮可视为圆柱体，其上绕有一不可伸长的轻绳，绳子的一端系一质量为 m 的物体，如图 4.17 所示。设物体从静止开始下落，绳子和定滑轮之间无相对滑动，不计阻力。求物体下落的高度 h 与其速度的关系。

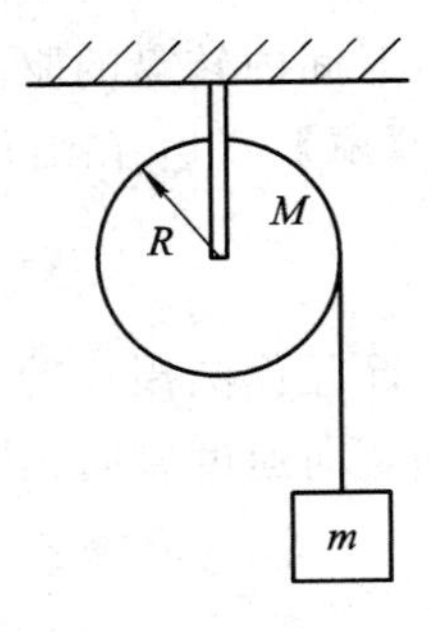

图 4.17　例 4.10 图

【解】 以定滑轮、物体和地球作为一个系统，整个系统只有内力做功，而且绳子的拉力所做功的代数和为零，重力为保守力，所以系统的机械能守恒。

取物体下落的高度是 h 的位置为势能零点，则有

$$mgh = \frac{1}{2}J\omega^2 + \frac{1}{2}mv^2$$

定滑轮绕轴的转动惯量为

$$J = \frac{1}{2}MR^2$$

由于绳子和滑轮之间无相对滑动，所以有

$$v = R\omega$$

联立以上三式可得

$$h = \frac{M + 2m}{4mg}v^2$$

本章的理论基础是质点的动力学，我们把刚体看做一个质点系，利用前面讲述的质点的动力学可以推导出本章的公式。为了便于理解刚体绕定轴转动和质点运动，我们对它们的一些重要公式作对比，如表 4.3 所示。

表 4.3　质点运动和刚体定轴转动的对比

质点运动	刚体定轴转动
速度　$\boldsymbol{v}=\frac{\mathrm{d}\boldsymbol{r}}{\mathrm{d}t}$	角速度　$\omega=\frac{\mathrm{d}\theta}{\mathrm{d}t}$
加速度　$\boldsymbol{a}=\frac{\mathrm{d}\boldsymbol{v}}{\mathrm{d}t}$	角加速度　$\boldsymbol{\alpha}=\frac{\mathrm{d}\boldsymbol{\omega}}{\mathrm{d}t}$
力　$\boldsymbol{F}$	力矩　$\boldsymbol{M}$
质量　m	转动惯量　$J=\int r^2\,\mathrm{d}m$
动量　$\boldsymbol{p}=m\boldsymbol{v}$	角动量　$\boldsymbol{L}=J\boldsymbol{\omega}$
牛顿第二定律　$\boldsymbol{F}=m\boldsymbol{a}$ $\boldsymbol{F}=\frac{\mathrm{d}\boldsymbol{P}}{\mathrm{d}t}$	转动定律　$\boldsymbol{M}=J\boldsymbol{\alpha}$ $\boldsymbol{M}=\frac{\mathrm{d}\boldsymbol{L}}{\mathrm{d}t}$
动量定理　$\int_{t_1}^{t_2}\boldsymbol{F}\,\mathrm{d}t=\boldsymbol{P}_2-\boldsymbol{P}_1$	角动量定理　$\int_{t_1}^{t_2}\boldsymbol{M}\,\mathrm{d}t=\boldsymbol{L}_2-\boldsymbol{L}_1$
动量守恒定律　$\boldsymbol{F}=0$，$m\boldsymbol{v}=$恒矢量	角动量守恒定律　$\boldsymbol{M}=0$，$J\boldsymbol{\omega}=$恒矢量
动能　$\frac{1}{2}mv^2$	转动动能　$\frac{1}{2}J\omega^2$
功　$W=\int\boldsymbol{F}\cdot\mathrm{d}\boldsymbol{r}$	力矩所做的功　$W=\int M\,\mathrm{d}\theta$
动能定理　$W=\frac{1}{2}mv_2^2-\frac{1}{2}mv_1^2$	转动动能定理　$W=\frac{1}{2}J\omega_2^2-\frac{1}{2}J\omega_1^2$

＊4.5　刚体的滚动

我们前面所讨论的刚体绕轴转动都是绕定轴的转动，即转轴固定不动。我们这一节来讨论刚体的转轴作平动时，刚体运动规律的描述。例如车轮在水平面上的转动即滚动，如图 4.2 所示。

刚体的滚动包含了刚体的质心的运动和刚体绕质心轴的转动。由质心运动定律可知，质心的运动方程为

$$\boldsymbol{F} = m\boldsymbol{a}_C = m\frac{\mathrm{d}\boldsymbol{v}_C}{\mathrm{d}t} \tag{4-28}$$

其中，$\boldsymbol{F}$ 为刚体所受合外力，m 为刚体的质量，$\boldsymbol{a}_C$ 为刚体的质心加速度，$\boldsymbol{v}_C$ 为刚体的质心速度。

刚体绕质心轴转动，由转动定律可得，刚体的转动方程为

$$\boldsymbol{M} = J_C\boldsymbol{\alpha} = J_C\frac{\mathrm{d}\boldsymbol{\omega}}{\mathrm{d}t} \tag{4-29}$$

其中，$\boldsymbol{M}$ 为刚体所受合外力矩，J_C 为刚体绕质心轴的转动惯量。

若刚体沿平面滚动，设质心的速度为 $\boldsymbol{v}_C$，刚体内任意一质点质量为 Δm_i，其相对于质心的速度为 $\boldsymbol{v}'_i$，则质点的绝对速度为

$$\boldsymbol{v}_i = \boldsymbol{v}_C + \boldsymbol{v}'_i$$

质点的动能为

$$\begin{aligned} E_{ki} &= \frac{1}{2}\Delta m_i(\boldsymbol{v}_C + \boldsymbol{v}'_i)\cdot(\boldsymbol{v}_C + \boldsymbol{v}'_i) \\ &= \frac{1}{2}\Delta m_i(v_C^2 + 2\boldsymbol{v}_C\cdot\boldsymbol{v}'_i + v_i'^2) \end{aligned}$$

对刚体内所有的质点求和，得

$$\begin{aligned} E_k &= \sum_i \frac{1}{2}\Delta m_i(v_C^2 + 2\boldsymbol{v}_C\cdot\boldsymbol{v}'_i + v_i'^2) \\ &= \frac{1}{2}\Big(\sum_i \Delta m_i\Big)v_C^2 + \boldsymbol{v}_C\cdot\sum_i \Delta m_i\boldsymbol{v}'_i + \sum_i\left(\frac{1}{2}\Delta m_i v_i'^2\right) \end{aligned}$$

上式第一项为质心动能，而第二项为零，第三项为刚体相对于质心的动能，即为刚体绕质心轴转动的转动动能，所以作滚动的刚体，其动能可写为

$$E_k = \frac{1}{2}mv_C^2 + \frac{1}{2}J_C\omega^2 \tag{4-30}$$

上式表明，刚体滚动时的动能等于质心的平动动能与刚体绕质心转动动能之和。

刚体的势能为其质心的势能，即

$$E_p = mgh_C \tag{4-31}$$

刚体的滚动分为纯滚和非纯滚，纯滚即为无滑动的滚动，也就是说刚体和地面的接触点相对于地面的速度为零；刚体作非纯滚时，则接触点相对于地面的速度不为零，它们之间有相对滑动。我们主要讨论刚体的纯滚。

由于刚体作纯滚时，刚体和地面的接触点速度为零，所以质心速度和刚体内绕质心轴转动的角速度关系为 $v_C=R\omega$，R 为刚体与地面接触点到刚体质心的距离。此时质心加速度和角加速度的关系为 $a_C=R\alpha$。

【例 4.11】 一绳索绕在半径为 R，质量为 m 的均匀圆盘上，绳的另一端固定在天花板上，如图 4.18 所示。绳子的质量忽略不计，且圆盘和绳子之间没有相对滑动，圆盘由静止开始下落，求：(1) 圆盘质心的加速度；(2) 绳的张力。

【解】 方法一：对圆盘受力分析，圆盘只受到方向向上的绳子上的张力 T 和方向向下的重力，建立竖直向下的 y 坐标，则由式(4-28)得

$$mg - T = ma_C$$

其中，a_C为圆盘相对于天花板的质心加速度。

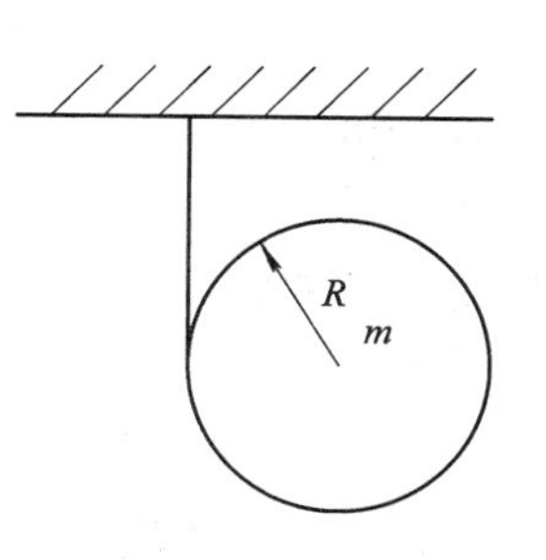

图4.18　例4.11图

圆盘相对于质心轴转动，由式(4-29)得

$$TR = J_C\alpha$$

其中，$J_C = mR^2/2$ 为刚体绕质心轴的转动惯量。由于圆盘相对于绳子没有滑动，即相对于绳子做纯滚，所以有

$$a_C = R\alpha$$

由以上三式联立可得

$$a_C = \frac{2}{3}g,\quad T = \frac{1}{3}mg$$

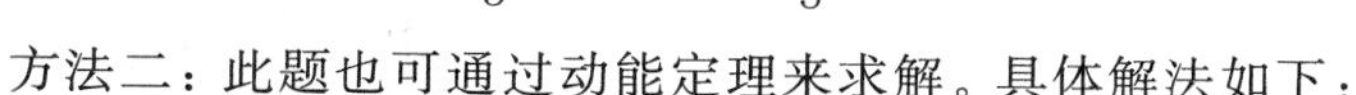

方法二：此题也可通过动能定理来求解。具体解法如下：

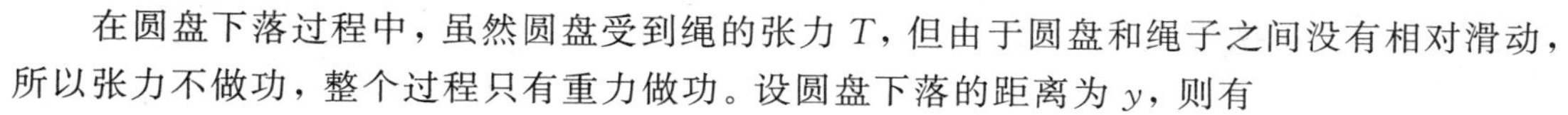

在圆盘下落过程中，虽然圆盘受到绳的张力 T，但由于圆盘和绳子之间没有相对滑动，所以张力不做功，整个过程只有重力做功。设圆盘下落的距离为 y，则有

$$mgy = \frac{1}{2}mv^2 + \frac{1}{4}mR^2\omega^2$$

此式两边对时间求导，得

$$mgv_C = mv_C a_C + \frac{1}{2}mR^2\omega\alpha$$

把 $v_C = R\omega$，$a_C = R\alpha$ 代入上式，得

$$a_C = \frac{2}{3}g$$

由质心运动定律得

$$mg - T = ma_C$$

所以绳子的张力为

$$T = \frac{1}{3}mg$$

*4.6　刚体的进动

前面讨论了刚体的转动，刚体绕轴转动时，它的转轴保持固定或者沿一个方向运动，转轴的方向都没有发生变化。下面讨论一种新的物理现象，刚体自旋转动时，其自旋轴的方向不断变化。

如图4.19所示，一个圆形的飞轮，绕自身的轴转动，若把轴的一端放在一个支架上，飞轮以较大的角速度绕自身的轴旋转时，飞轮不仅不会掉下来，而且还能绕竖直轴旋转，这种运动称为刚体的进动，又称旋进。下面我们来分析它的原因。

我们建立空间直角坐标系。设飞轮以角速度 ω 绕 x 轴转动，则角动量 $\boldsymbol{L}$ 的方向为 x 轴正向。对飞轮进行受力分析，它受到支架的支持力 $\boldsymbol{T}$ 和自身的重力 mg，支点 O 到重力作用线的距离为 r。由于支持力通过支架，故其对点 O 的力矩为零。故飞轮所受到的外力矩仅为重力矩 $\boldsymbol{M}$。有

$$\boldsymbol{M} = mgr\boldsymbol{j}$$

$\boldsymbol{M}$ 的方向沿 $\boldsymbol{y}$ 轴正向。在重力距的作用下，在 $\mathrm{d}t$ 时间内，飞轮的角动量的增量为

$$\mathrm{d}\boldsymbol{L} = \boldsymbol{M}\mathrm{d}t = mgr\mathrm{d}t\,\boldsymbol{j}$$

所以角动量增量的方向沿 $\boldsymbol{y}$ 轴正向。这表明，飞轮的轴绕 z 轴逆时针运动。

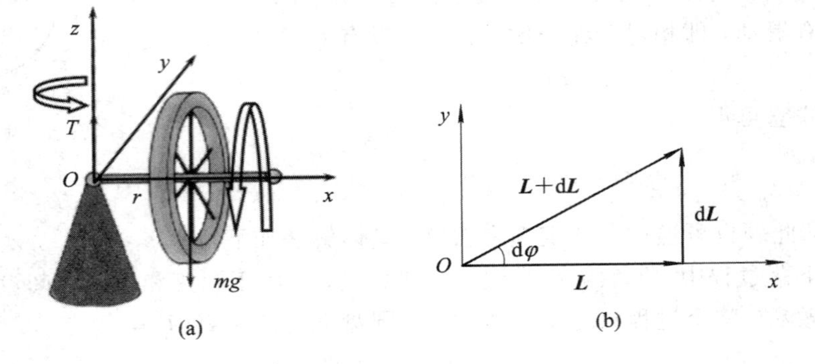

图 4.19 进动示意图(图(a))及角动量的变化(图(b))

如图 4.19 所示，在 $\mathrm{d}t$ 时间内转过的角度为

$$\mathrm{d}\varphi = \frac{|\,\mathrm{d}\boldsymbol{L}\,|}{|\,\boldsymbol{L}\,|} = \frac{mgr\ \mathrm{d}t}{J\omega}$$

所以进动的角速度为

$$\Omega = \frac{\mathrm{d}\varphi}{\mathrm{d}t} = \frac{mgr}{J\omega}$$

从上式可以看到，进动的角速度与飞轮绕自身轴的角速度成反比，也就是说，飞轮绕自身轴的角速度越大，则进动的角速度就越小。但是，当进动的角速度比较大时，也就是当自转角速度变小时，就会出现另外一些现象，如上下摇摆、抖动等。

这里重力矩提供了刚体旋进的力矩。这主要是因为飞轮有初始的角动量，角动量的增量方向总是垂直于角动量的方向。若飞轮的初始角动量为零，则不会有这种旋进现象，在重力矩的作用下，飞轮就会掉下来。

进动现象很普遍，应用也十分广泛。例如，地球的自转轴并不是固定的，转轴的方向不断发生变化，即地球也发生进动，进动周期为 26 000 年；人们利用进动使航天器改变姿态或轨道；还有直升机飞行时，为保持稳定，也必须考虑机翼旋转时所产生的进动效应。

本 章 小 结

本章重点是掌握力矩、转动惯量、角动量等概念；掌握刚体定轴转动定律、角动量定理、角动量守恒定律及这些规律的应用条件和方法。本章难点是角动量守恒定律应用条件的审核、综合性力学问题的分析求解。

1. 刚体运动学

刚体：物体内部质点没有相对运动，即为形状和大小不变的理想模型。

(1) 平动：刚体内各个质点运动情形完全相同，各个质点每个时刻都具有相同的速度

和加速度。可以用刚体上任意一点来代表整个刚体的运动。

(2) 转动：分为定轴转动和非定轴转动。定轴转动，刚体上所有质点都绕同一固定轴作圆周运动。定轴转动的刚体内所有质点都具有共同的角位移、角速度和角加速度。

2. 刚体的定轴转动

(1) 刚体受到的力矩：

$$\boldsymbol{M} = \int \boldsymbol{r} \times \mathrm{d}\boldsymbol{F}$$

(2) 刚体定轴转动定律：

$$\boldsymbol{M} = J\boldsymbol{\alpha}$$

(3) 转动惯量：描述刚体在转动中惯性大小的物理量。

$$J = \sum_i \Delta m_i r_i^2 \text{（离散）}, \quad J = \int r^2 \,\mathrm{d}m \text{（连续）}$$

(4) 平行轴定理：$J = J_C + md^2$

(5) 质点的角动量、角动量定理、角动量守恒定律：

质点角动量：$\boldsymbol{L} = \boldsymbol{r} \times \boldsymbol{p} = \boldsymbol{r} \times m\boldsymbol{v}$

角动量定理：$\boldsymbol{M} = \dfrac{\mathrm{d}\boldsymbol{L}}{\mathrm{d}t}$

角动量守恒定律：合外力矩为零，角动量守恒

(6) 刚体的角动量、角动量定理、角动量守恒定律：

刚体角动量：$\boldsymbol{L} = J\boldsymbol{\omega}$

角动量定理：$\boldsymbol{M} = \dfrac{\mathrm{d}\boldsymbol{L}}{\mathrm{d}t}$

角动量守恒定律：合外力矩为零，角动量守恒

(7) 刚体的功和能

力矩所做的功：$W = \int_{\theta_1}^{\theta_2} M \,\mathrm{d}\theta$

刚体的转动动能：$E_k = \dfrac{1}{2}J\omega^2$

刚体的转动动能定理：$W = \dfrac{1}{2}J\omega_2^2 - \dfrac{1}{2}J\omega_1^2$

刚体的机械能守恒定律：当只有保守力做功时，刚体的机械能守恒。即

$$E_k + E_p = \frac{1}{2}J\omega^2 + mgy_{cm} = \text{常数}$$

3. 刚体的滚动

(1) 滚动时，刚体的动能：

$$E_k = \frac{1}{2}mv_C^2 + \frac{1}{2}J_C\omega^2$$

其中，J_C 为刚体绕质心轴线的转动惯量。

(2) 纯滚条件：$v_C = R\omega$

4. 刚体的进动

自旋的物体在外力矩的作用下，其自旋轴发生转动的现象称为刚体的进动。

习　题

一、思考题

4-1　以恒定的角速度旋转的飞轮上有两个点，一个点在飞轮的边缘，另一个点在飞轮转轴与边缘之间的一半处，试问：在 Δt 时间内，哪个点运动的路程较长？哪个点转过的角度较大？哪个点具有较大的线速度、角速度、线加速度和角加速度？

4-2　角速度为矢量吗？其方向如何判定？

4-3　刚体作定轴转动时，与转轴平行的力对刚体绕定轴转动的力矩为多少？

4-4　刚体绕定轴转动时所受合外力矩为零，那么其所受的合外力为零吗？若刚体受到的合外力为零，那么其所受的合外力矩为零吗？

4-5　在讨论刚体定轴转动时，需要考虑刚体所受内力矩吗？为什么？

4-6　刚体绕定轴转动时，其转动惯量与哪些因素有关？

4-7　开普勒第二定律指出："太阳系里的行星在椭圆轨道上运动时，在相等的时间内，太阳到行星的位矢扫过的面积相等"。你能用质点的角动量守恒定律证明吗？

4-8　刚体的平动有什么特点？刚体的定轴转动有什么特点？

4-9　汽车刹车的时候为什么不仅仅用前轮刹车？

4-10　当一个质点绕原点做匀速率圆周运动时，相对于原点，质点受到力矩吗？

4-11　一个质点做匀速直线运动并远离原点，相对于原点，其角动量如何变化？

4-12　如果一个质点系总的角动量为零，能否说明每个质点都是静止的？如果一个质点系的角动量为一常量，能否说明作用在质点系的合外力为零？

4-13　直升机有一个大的螺旋桨提供升力，为什么直升机的尾部还有一个竖直平面内的螺旋桨？

4-14　一个物体仅仅受到一个外力的作用，它能同时发生平动和转动吗？

4-15　一个质量为 M、半径为 R 的圆周体绕其轴转动，圆周体内的质量分布未知，那么它的转动惯量有可能大于 MR^2 吗？

4-16　你能想象出，一个物体对于任意一个轴都有相同的转动惯量吗？如果有，举例说明；如果没有，说明为什么。

4-17　如何设计一个试验来测定不规则形状物体的绕轴转动惯量？

二、选择题

4-18　一个质点系所受外力矢量和为零，则此系统中(　　)。

A. 动量、机械能以及对一固定点的角动量都守恒

B. 动量、机械能守恒、但不能判定对一固定点的角动量是否守恒

C. 动量守恒，但不能判定机械能和对一固定点的角动量是否守恒

D. 动量和对一固定点的角动量守恒，但不能判定机械能是否守恒

4-19　关于力矩有以下几种说法，正确的是(　　)。

A. 对某个定轴转动刚体而言，内力矩改变刚体的角加速度

B. 一对作用力和反作用力对同一轴的力矩做功之和必为零

C. 质量相等，形状和大小不同的两个刚体，在相同力矩的作用下，它们的运动状态一定相同

D. 角速度的方向一定和外力矩的方向相同

4-20　一个质量为 m 的均质细杆 AB 如图4.20放置，A 端靠在光滑的竖直墙壁上，B 端置于粗糙水平地面上，细棒静止，且杆身与竖直方向成 θ 角，则 A 端对墙壁的压力大小为(　　)。

A. $mg\cos\theta/4$　　B. $\frac{1}{2}mg\tan\theta$　　C. $mg\sin\theta$　　D. 不能唯一确定

4-21　两个半径相同，质量相等的细圆环 A 和 B。A 环质量分布均匀，B 环质量分布不均匀。它们对通过环心且与环面垂直的轴的转动惯量分别为 J_A 和 J_B，则(　　)。

A. $J_A>J_B$　　B. $J_A<J_B$

C. $J_A=J_B$　　D. 由于不知 B 环质量分布，不能确定

4-22　均匀细棒 OA 可绕其一固定端 O 在竖直平面内转动，今使棒从水平位置由静止开始自由下落，在棒摆到竖直位置的过程中，下列说法正确的是(　　)。

A. 角速度由小到大，角加速度不变

B. 角速度由小到大，角加速度由大到小

C. 角速度不变，角加速度为零

D. 角速度由小到大，角加速大由小到大

4-23　关于角动量的说法正确的是(　　)。

A. 如果质点系的总动量为零，总角动量也一定为零

B. 一质点做直线运动，相对于直线上任一点，质点的角动量一定为零

C. 一质点做匀速直线运动，质点的角动量必定不变

D. 一质点做匀速率圆周运动，其动量不断改变，它相对于圆心的角动量也不断改变

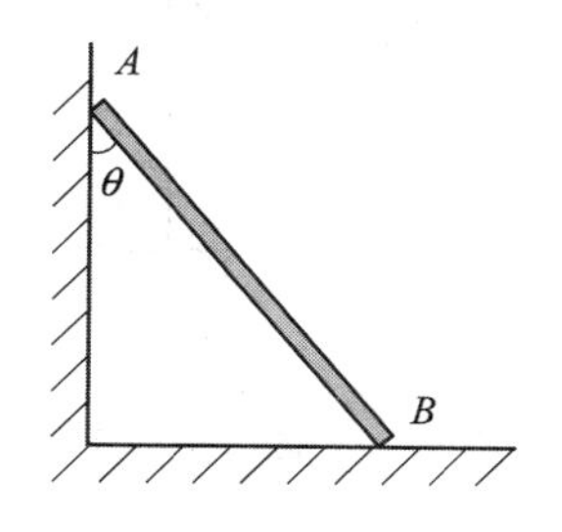

图4.20　题4-20图

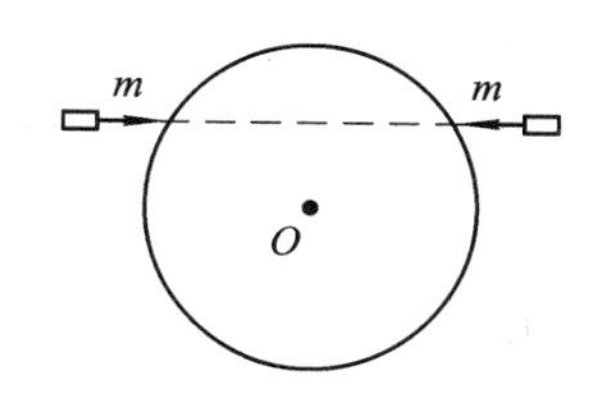

图4.21　题4-24图

4-24　如图4.21所示，一个圆盘绕通过盘心的轴转动，在水平面内匀速转动，射来两个质量相同，速度大小相等，方向相反且在一条直线上的子弹，射入并留在圆盘中后，对于圆盘和子弹组成的系统，它们的角动量和圆盘的角速度的变化为(　　)。

A. 角动量不变，角速度增大　　B. 两者都不变

C. 角动量不变，角速度减小　　D. 两者都改变

三、计算题

4-25　一个半径 $r=1$ m，转速为1500 r/min(转/分)的飞轮受到制动，均匀减速，经

时间 $t=50$ s 后静止，求：

(1) 飞轮的角加速度和飞轮的角速度随时间的关系；

(2) 飞轮到静止这段时间内转过的转数；

(3) $t=25$ s 时，飞轮边缘上一点的线速率和加速度的大小。

4-26　某电机的转速随时间的关系为 $\omega=\omega_0(1-e^{-t/\tau})$，其中，$\omega_0=9.0$ rad/s，$\tau=2.0$ s，求：

(1) $t=6.0$ s 时的转速；

(2) 角加速度随时间变化的规律；

(3) 启动 6.0 s 后转过的圈数。

4-27　一个圆盘绕穿过质心的轴转动，其角坐标随时间的关系为 $\theta(t)=\gamma t+\alpha t^3$，其初始转速为零，求其转速随时间变化的规律。

4-28　求半径为 R，高为 h，质量为 m 的圆柱体绕其对称轴转动时的转动惯量。

4-29　一个半径为 R，密度为 ρ 的薄板圆盘上开了一个半径为 $R/2$ 的圆孔，圆孔与盘边缘相切。求该圆盘对通过圆盘中心而与圆盘垂直的轴的转动惯量。

4-30　用落体观察法测定飞轮的转动惯量，是将半径为 R 的飞轮支承在 O 点上，然后在绕过飞轮的绳子的一端挂一质量为 m 的重物，令重物以初速度为零下落，带动飞轮转动(见图 4.22)。记下重物下落的距离和时间，就可算出飞轮的转动惯量。试写出它的计算式(假设轴承间无摩擦)。

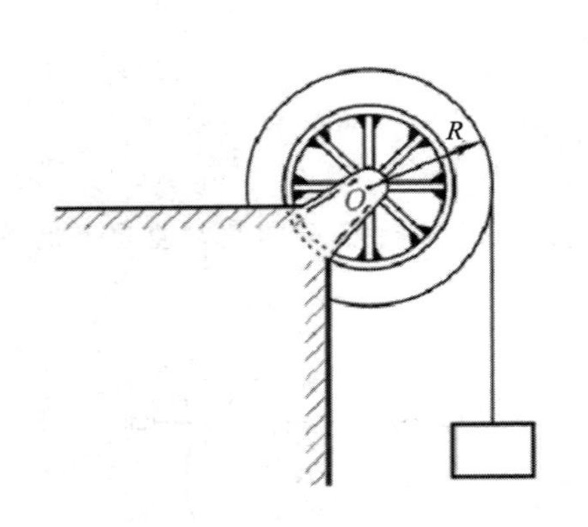

图 4.22　题 4-30 图

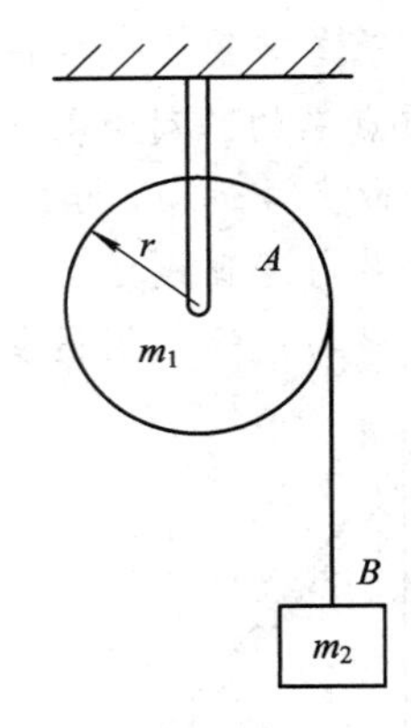

图 4.23　题 4-31 图

4-31　如图 4.23 所示，质量 $m_1=16$ kg 的实心圆柱体 A，其半径为 $r=15$ cm，可以绕其固定水平轴转动，阻力忽略不计。一条轻的柔绳绕在圆柱体上，其另一端系一个质量 $m_2=8.0$ kg 的物体 B。求：

(1) 物体 B 由静止开始下降 1.0 s 后的距离；

(2) 绳的张力 T。

4-32　一半径为 R，质量为 m 的均质圆盘，一角速度 ω 绕其中心轴转动，现将其放在水平板上，盘与板表面的摩擦系数为 μ。

(1) 求圆盘所受到的摩擦力矩；

(2) 经过多少时间后，圆盘才能停止转动？

4-33 一质量为m，长为L的均质细棒，绕其一端在水平地面上转动，初始时刻的角速度为ω，棒与地面的摩擦系数为μ。求：

(1) 细棒所受到的摩擦力矩；

(2) 细棒停止转动时，转过的角度。

4-34 一通风机的转动部分以初角速度ω_0绕其轴转动，空气的阻力矩与角速度成正比，比例系数C为一常量。若转动部分对其轴的转动惯量为J。

(1) 经过多长时间后其转动角速度减少为初始角速度的一半？

(2) 在此时间内，共转过多少转？

4-35 一质量为20.0 kg的小孩，站在一半径为3.00 m、转动惯量为450 $\text{kg}\cdot\text{m}^2$的静止水平转台边缘上，此转台可绕通过转台中心的竖直轴转动，转台与轴间的摩擦不计。如果此小孩相对转台以1.00 m/s的速率沿转台边缘行走，问转台的角速度多大？

4-36 一转台绕其中心的竖直轴以角速度$\omega_0=\pi$ rad/s转动，转台对转轴的转动惯量为$J_0=4.0\times10^{-3}\ \text{kg}\cdot\text{m}^2$。现有砂粒以$Q=2t$($Q$的单位为g/s，$t$的单位为s)的流量竖直落到转台上，并黏附于台面形成一圆环。若圆环的半径$r=0.10$ m，求砂粒下落$t=10$ s时，转动的角速度。

4-37 一质量为m'，半径为R的转台，以角速度ω转动，绕转轴的转动惯量为J，转轴的摩擦不计。

(1) 有一质量为m的蜘蛛垂直落在转台边缘上，并附着在转台上，此时转台的角速度为多少？

(2) 蜘蛛随后慢慢地爬向转台中心，当它离转台中心距离为r时，转台的角速度为多少？

4-38 一质量为1.12 kg，长为1.0 m的均匀细棒，支点在棒的上端点，开始时棒自由悬挂。求当以100 N的力打击它的下端点，打击时间为0.02 s时

(1) 若打击前棒是静止的，打击后其角动量的变化；

(2) 棒的最大转角。

4-39 如图4.24所示，一质量为m的小球由一绳索系着，以角速度ω_0在无摩擦的水平面上，作半径为r_0的圆周运动，如果在绳的另一端作用一个竖直向下的拉力，小球作以半径为$r_0/2$的圆周运动，求：

(1) 小球新的角速度；

(2) 拉力所做的功。

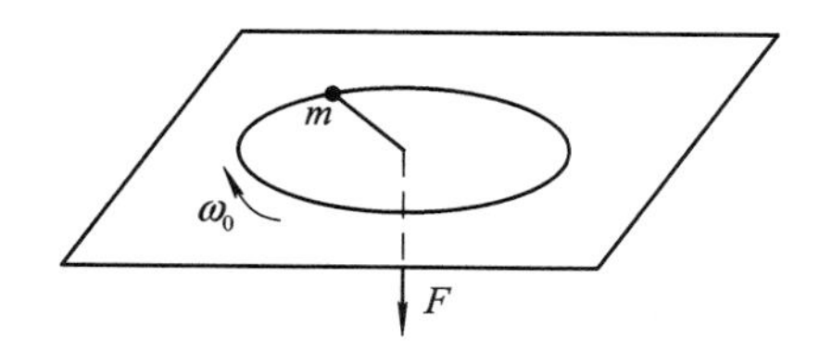

图4.24 题4-39图

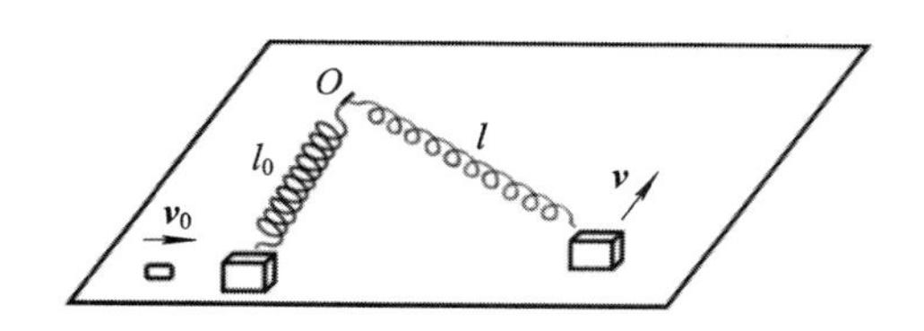

图4.25 题4-40图

4-40 如图4.25所示，在光滑的水平面上有一轻质弹簧(其劲度系数为k)，它的一端固定，另一端系一质量为m'的滑块。最初滑块静止，弹簧处于自然长度l_0。现有一质量

为 m 的子弹以速度 v_0 沿水平方向并垂直与弹簧轴线射向滑块并留在其中，滑块在水平面内滑动，求当弹簧被拉伸至长度为 l 时，滑块速度的大小和方向(用已知量和 v_0 表示)。

4-41　如图 4.26 所示，A 和 B 两飞轮的轴杆在同一中心线上，设两轮的转动惯量分别为 $J_A=10.0\ \text{kg}\cdot\text{m}^2$ 和 $J_B=20.0\ \text{kg}\cdot\text{m}^2$。开始时 B 轮静止，A 轮以 600 r/min 的转速转动，然后使 A 和 B 连接，A 得到减速，B 得到加速，直到两轮的转速相等，设轴光滑，求：

(1) 两轮最后的转速；

(2) 啮合过程中损失的机械能。

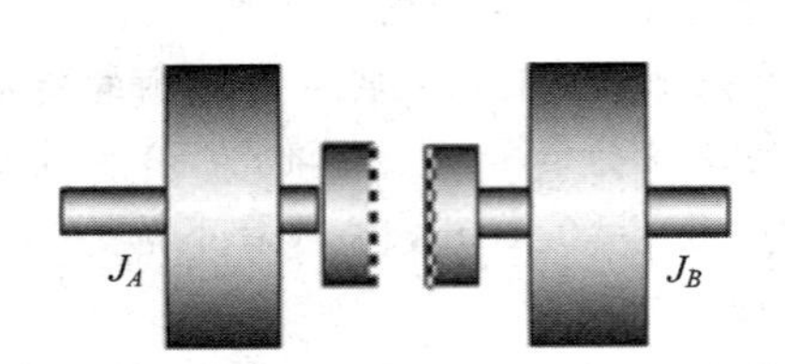

图 4.26　题 4-41 图

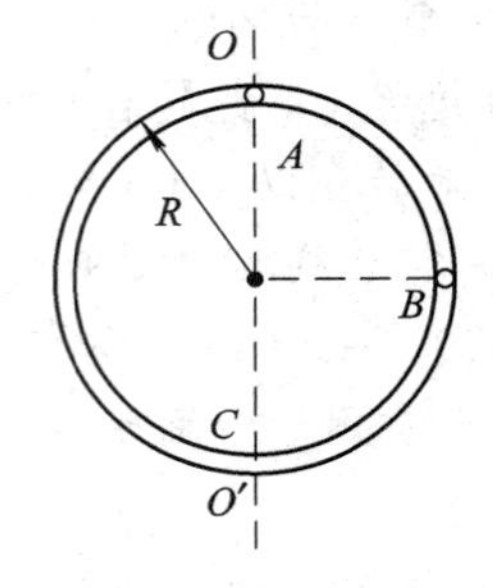

图 4.27　题 4-42 图

4-42　如图 4.27 所示，有一空心圆环可绕竖直固定 OO' 轴自由转动，转动惯量为 J_0，半径为 R，初始的角速度为 ω_0。今有一质量为 m 的小球静止在 A 点，由于某种扰动，小球沿环向下滑动，问小球滑到与环心同一高度的 B 点和环的最低处 C 点时，环的角速度及小球相对于环的速度各为多少？(设环的内壁光滑，小球可视为质点)

4-43　两个滑冰运动员，质量均为 50 kg，沿着距离为 3.0 m 的两条平行线相互滑近，具有 10.0 m/s 的等值反向速度。一个运动员手持一根 3.0 m 的轻杆的一端。当他们接近时，另一个运动员就抓住杆的另一端。

(1) 试定量描述他们将如何运动；

(2) 如果两个人又通过拉杆而将距离缩小为 1.0 m，他们又将如何运动？

4-44　一质量为 m，长为 l 的均质细棒，可绕过一端的水平轴在竖直平面内转动。将棒拉到水平位置，让它自由下落。当它到竖直位置时，其下端与放在水平面上的一静止物体相碰，物体的质量也为 m，它和水平面间的摩擦系数为 μ。已知碰撞后物体滑动的距离为 s 后静止，求棒和物体碰撞后，棒的质心所能达到的最大高度。

第5章 气体动理论

本章以气体为研究对象，从气体分子热运动观点出发，运用统计方法研究大量气体分子的热运动规律，并对理想气体的热学性质给以微观说明，这些内容称为气体动理论，它是统计物理中最简单、最基本的内容。本章主要介绍热学中的系统、平衡态、温度等概念，从物质的微观结构出发，阐明平衡状态下的宏观参量压强和温度的微观本质，能量均分定理，理想气体的内能，麦克斯韦气体分子速率分布律，玻尔兹曼能量分布律，以及分子平均自由程、碰撞次数等，并简单介绍在非平衡态下气体内的迁移现象，简述热力学第二定律的统计解释和玻尔兹曼关系式。

5.1 热运动的描述

5.1.1 平衡态、状态参量、准静态过程

热学的研究对象是大量微观粒子(分子、原子等)组成的宏观物体，通常称为热力学系统，简称系统。在研究热力学系统的热现象规律时，不仅要注意系统内部的各种因素，还要注意外部环境对系统的影响。研究对象以外的物体称为系统的外界(或环境)。一般情况下，系统与外界之间既有能量交换(例如做功、传递热量等)，又有物质交换(例如蒸发、凝结、扩散、泄漏等)。根据系统与外界交换的特点，通常把系统分为三种：一是孤立系统：与外界既无能量交换，又无物质交换的理想系统；二是封闭系统：与外界只有能量交换，而无物质交换的系统；三是开放系统：与外界既有能量交换，又有物质交换的系统。

热力学系统按所处的状态不同，可以分为平衡态系统和非平衡态系统两类。对于一个不受外界影响的系统，不论其初始状态如何，经过足够长的时间后，必将达到一个宏观性质不再随时间变化的稳定状态，这样的状态称为热平衡态，又称为热动平衡态，简称平衡态。热平衡态是一种理想状态。实际中并不存在孤立系统，但当系统受到外界的影响可以忽略，宏观性质变化很小时，系统的状态就可以近似地看做是平衡态。

如何描述一个热力学系统的平衡状态呢？系统在平衡状态下，拥有各种不同的宏观属性，如几何的体积、力学的压强、热学的温度、电磁的磁感应强度和电场强度、化学的摩尔质量和物质的量等。热力学用一些可以直接测量的量来描述系统的宏观属性，这些用来表征系统宏观属性的物理量称为宏观量。实验表明，这些宏观量在平衡态下都有确定的值，且不随时间变化。从诸多宏观量中选出一组相互独立的量来描述系统的平衡态，这些宏观量叫做系统的状态参量。对于给定的气体、液体和固体，常用体积(V)、压强(p)和温度

(T)等作为系统的状态参量。究竟用哪几个参量才能完全地描述系统的状态，是由系统本身的情况决定的。

统计物理学从物质的微观结构和微观运动研究物质的宏观属性，而每一个运动着的微观粒子(原子、分子等)都有其大小、质量、速度、能量等属性。用来描述单个微观粒子运动状态的物理量称为微观量。微观量一般只能间接测量。微观量与宏观量有一定的内在联系，气体动理论的任务之一就是要揭示气体宏观量的微观本质，即建立宏观量与微观量统计平均值之间的关系。

在国际单位制中，压强的单位是帕斯卡，简称帕(Pa)，它与大气压(atm)及毫米汞柱(mmHg)的关系为：

$$1\ \text{atm} = 760\ \text{mmHg} = 1.013 \times 10^5\ \text{Pa}$$

气体的体积是气体分子所能达到的空间，并非气体分子本身体积的总和。气体体积的单位是 m^3。

温度是物体冷热程度的度量。要想定量地确定物体的温度，必须给温度以具体的数量表示，温度的数值表示方法叫作温标。各种各样温度计的数值都是由各种温标决定的。根据 1987 年第 18 届国际计量大会对国际实用温标的规定，热力学温标为最基本的温标，一切温度的测量最终都应以热力学温标为准。在国际单位制中，热力学温度是基本量之一，热力学温度的符号为 T，它的单位是开尔文(Kelvin)，单位符号是 K。

在工程上和日常生活中，目前常使用摄修斯温标，简称摄氏温标。在摄氏温标中温度的符号为 t，单位符号是℃。摄氏温度与热力学温度之间的关系为 $t=T-273.15$ 或 $T=273.15+t$。

如果两个系统分别与第三个系统的同一平衡态达到热平衡，那么这两个系统彼此也处于热平衡，这个结论称为热力学第零定律。

热力学第零定律说明，处在相互热平衡状态的系统必定具有某一个共同的宏观物理性质。若两个系统的这一共同性质相同，当两系统热接触时，系统之间不会有热传导，彼此处于热平衡状态；若两系统的这一共同性质不相同，两系统热接触时就会有热传递。

当一热力学系统的状态随时间改变时，系统就经历了一个热力学过程(以下简称过程)。由于中间状态不同，热力学过程又分为非静态过程和准静态过程。过程进展的速度可以很快，也可以很慢。实际过程通常是比较复杂的，如果过程进展得十分缓慢，使所经历的一系列中间状态都无限接近平衡状态，这个过程叫做准静态过程或平衡过程。显然，准静态过程是个理想的过程，它和实际过程是有差别的，但在许多情况下，可近似地把实际过程当做准静态过程处理，所以准静态过程是个很重要的理想模型。非准静态过程即迅速压缩，快到无法和外界进行热交换(即使不是绝缘的压缩，也不会和外界热交换)。

5.1.2 理想气体的状态方程

表示平衡态的三个参量 p、V、T 之间存在着一定的关系。我们把反映气体的 p、V、T 之间的关系式叫做气体的状态方程。实验表明，一般气体在密度不太高、压强不太大(与大气压比较)和温度不太低(与室温比较)的实验范围内遵守玻意耳(R. Boyle)定律、盖-吕萨克(Uosephlollis Gay-lussac)定律和查理(J. A. C. Charles)定律。应该指出，对不同的气体来说，这三条定律的适用范围是不同的，不易液化的气体，例如氮、氢、氧、氦等适用的范围比较大。实际上在任何情况下都服从上述三条实验定律的气体是没有的。我们把实际气体抽象化，提出理想气体的概念，认为理想气体能无条件地服从这三条实验定律。理想气体是气体的一个理想模型，我们先从宏观上给予定义，当我们用这个模型研究气体的平衡态性质和规律时，还将对理想气体的分子和分子运动做一些基本假设，建立理想气体的微观模型。理想气体状态的三个参量 p、V、T 之间的关系(即理想气体状态方程)可从这三条实验定律导出。当质量为 m'、摩尔质量为 M 的理想气体处于平衡态时，它的状态方程为

$$pV = \frac{m}{M}RT \tag{5-1}$$

式(5-1)中的 R 叫作普适气体常量，在国际单位制中，有

$$R = 8.31\ \mathrm{J/(mol \cdot K)}$$

上面指出，一定质量的气体的每一个平衡状态可用一组(p, V, T)的量值来表示。由于 p、V、T 之间存在着式(5-1)所示的关系，所以通常用 p—V 图上的一点来表示气体的平衡状态。气体的一个准静态过程，在 p—V 图上则用一条相应的曲线来表示。如图 5.1 所示，$A \to B$ 曲线表示从初状态(p_1, V_1, T_1)向末状态(p_2, V_2, T_2)缓慢变化的一个准静态过程。

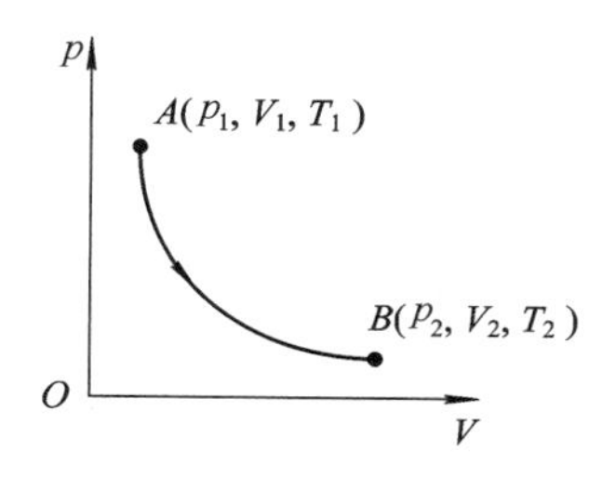

图 5.1　平衡状态和准静态

5.2　分子热运动和统计规律

5.2.1　分子的热运动、分子力

事实表明，常见的宏观物体——气体、液体、固体等都是由大量分子或原子组成的。实验证明，1 mol 任何物质中所含的分子(或原子、离子)数都是相同的，其值为

$$N_A = 6.022\ 141\ 99 \times 10^{23}\ \mathrm{mol^{-1}}$$

这就是阿伏伽德罗常数。分子直径(或线度)的数量级约为 10^{-10} m；分子的质量很小，如氢分子的质量为 0.332×10^{-26} kg，氧分子的质量为 5.31×10^{-26} kg。

实验表明，组成物体的分子之间存在一定的空隙。气体很容易被压缩，水与酒精混合后的体积小于两者原来体积之和等，都说明气体和液体的分子之间有空隙。用 2 万个大气压以上的压强挤压贮于钢筒中的油，会发现油能透过钢筒壁而渗出筒外，这说明钢作为固体其分子间也有空隙。

1. 物体的分子在永不停息地作无序热运动

人们在较远的地方能闻到物体发出的气味，一滴墨水滴入水中会慢慢地扩散开来，这类现象说明了气体、液体中的分子在永不停息地运动着。固体中也会发生扩散现象，把两块不同的金属紧压在一起，经过较长时间后，会在每块金属接触面的内部发现另一种金属的成分。总之，一切物体中的分子都在永不停息地运动着，大量分子的无规则运动叫做分子的热运动。布朗(R. Brown)在 1827 年用显微镜观察到，浮悬在水中的植物颗粒(如花粉等)不停地在作纷乱的无定向运动(见图 5.2)，这就是所谓的布朗运动。布朗运动是由杂乱

运动的液体分子碰撞植物颗粒引起的，它虽不是液体分子本身的热运动，却如实地反映了液体分子热运动的情况。液体的温度愈高，这种布朗运动就愈剧烈。

在标准状态下，对同一物质来说，气体的密度大约为液体的 1/1000。设液体分子是紧密排列的，那么气体分子之间的距离大约是分子本身线度(10^{-10} m)的 10 倍左右。所以，可把气体看做是彼此相距很大的分子集合。在气体中，由于分子的分布相当稀疏，分子与分子间的相互作用力，除了在碰撞的瞬间以外，极为微小。在连续两次碰撞之间，分子所经历的路程平均约为 10^{-7} m，而分子的平均速率很大，约为 500 m/s。因此，平均经过大约 10^{-10} s，分子与分子之间碰撞一次，即在 1 s 内，一个分子将受到 10^{10} 次碰撞。分子碰撞的瞬间时间大约等于 10^{-13} s，这一时间远比分子自由运动所经历的平均时间 10^{-10} s 小。因此，在分子的连续两次碰撞之间，分子的运动可看做由其惯性支配的自由运动。每个分子由于不断地经受碰撞，速度的大小跳跃地改变着，运动的方向不断地无定向地改变着，在连续两次碰撞之间所自由运行的路程也不同。

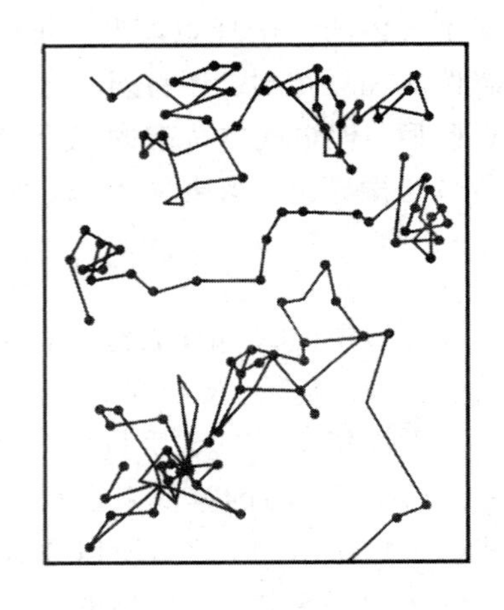

图 5.2　布朗运动

2. 分子力

拉断一根钢丝必须用力，甚至需要很大的力，这说明物体的分子间存在着相互吸引力。正是由于这个原因，才使得固体和液体分子聚集在一起并保持一定的体积，而不会因分子的热运动使其分子分散开来。固体和液体都很难压缩，则说明分子间除了引力外还有排斥力。

分子只有相互接近到一定距离(约 10^{-9} m)时，引力才会发生。分子间的引力和斥力统称为分子力，分子力与分子间距离 r 的关系如图 5.3 所示。当 $r<r_0$(约 10^{-10} m)时，分子力表现为斥力，并且斥力的大小随 r 的减小而急剧增大。当 $r=r_0$ 时，分子力为零；而 $r>r_0$ 时，分子力表现为引力。当 $r>10^{-9}$ m 时，分子力就可以忽略不计了。

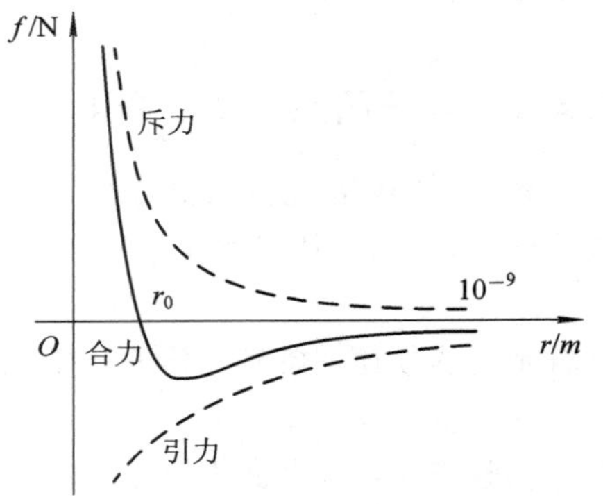

图 5.3　分子力

分子力的作用会使分子聚集在一起，甚至形成某种有规律的空间分布，称为分子的有序排列。而分子的热运动将破坏这种有序排列，使分子趋于分散。事实上，物质在不同温度下之所以表现为各种不同的聚集态，是由这两种对立的作用决定的。温度较低时，分子热运动不够剧烈，分子在分子力的作用下被束缚在各自的平衡位置附近作微小振动，这时便表现为固态。温度升高，分子热运动剧烈到一定程度时，分子力已不能把分子束缚在固定位置，但还不至于使其分散远离，这时表现为液态。温度继续升高，分子热运动更加剧烈，这时分子不但没有固定位置而且也不能维持一定的距离，从而分散远离，并且分子的运动近似于自由运动，这时表现为气态。

综上所述，可以得出以下结论：一切宏观物体都由大量分子组成，分子都在永不停息地作无序热运动，分子之间有相互作用的分子力。这就是分子热运动的基本概念。

5.2.2　分子热运动的无序性及统计规律性

由上述可知，一切宏观物体都由大量分子组成，分子间还有作用力。同时大量实验也表明，这些分子都在不停地作无规则热运动。

分子热运动的基本特征是分子的永恒运动和频繁地相互碰撞。显然，具有这种特征的分子热运动是一种比较复杂的物质运动形式，它与物质的机械运动有本质上的区别。因此，不能简单地用力学方法来解决。在大量分子中，每个分子的运动状态和经历(状态变化的历程)和其它分子都有显著的差别，这些都说明了分子热运动的混乱性或无序性。

尽管个别分子的运动是杂乱无章的，但就大量分子的集体来看，却又存在着一定的统计规律，这是分子热运动统计性的表现。例如，在热力学平衡状态下，气体分子的空间分布按密度来说是均匀的。据此，我们假设：分子沿各个方向运动的机会是均等的，没有任何一个方向上气体分子的运动比其它方向更占优势。也就是说，沿着各个方向运动的平均分子数应该相等，分子速度在各个方向上的分量的各平均值也应该相等。气体分子数目愈多，这个假设的准确度就愈高。由于运动的分子的数目非常巨大，如果该数目有几百个甚至有几万个分子的偏差，在百分比上仍是非常微小的。这一切说明，分子热运动除了具有无序性外，还服从统计规律，具有鲜明的统计性。两者的关系十分密切。

用伽尔顿板的实验可说明现实中分子热运动存在统计规律性。

如图 5.4 所示，有一块竖直平板，上部钉上一排排等间隔的铁钉，下部用隔板隔成等宽的狭槽，板顶装有漏斗形入口，小球可通过此入口落入狭槽内。这个装置称为伽尔顿板。若在入口处投入一个小球，小球在下落过程中将与一些铁钉发生碰撞，最后落入某一槽中。再投入另一小球，它落入槽中的位置与前者可能完全不相同。这说明，小球从入口处下落后，与哪些铁钉相碰撞以及落入哪个槽中完全是偶然的。但是，如果把很多小球从入口中投入，可以发现落入中间狭槽的小球较多，而落入两端狭槽的小球则较少，出现如图 5.4 所示的有规律的分布。重复这个实验也得到相似的结果。因此这个实验表明，尽管单个小球落入哪个狭槽是完全偶然的，而小球在各个狭槽内的分布则是确定的，小球的分布具有统计规律性。

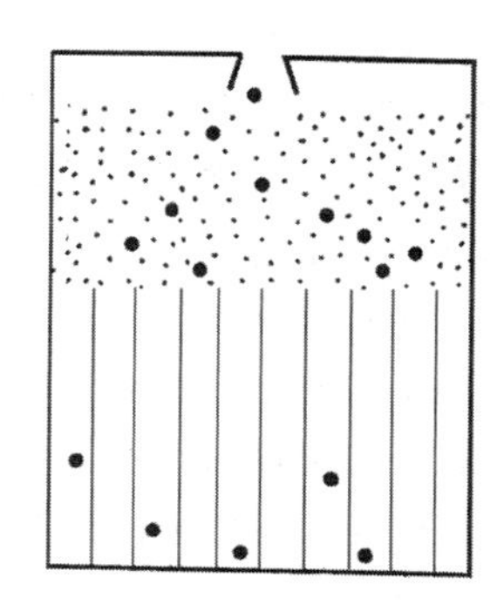

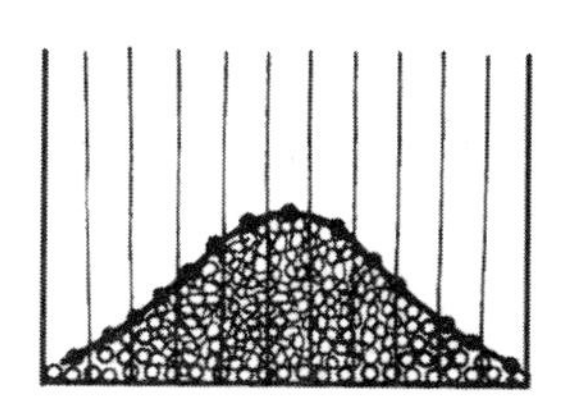

图 5.4　小球的分布

5.3　理想气体的压强公式

我们知道，容器中气体分子的数目很多，虽然每个分子的尺寸和质量都很小，但分子在容器中都占有一定的体积。此外，分子除与器壁碰撞时受力外，分子间还有相互作用力，而且这些相互作用力十分复杂。可以认为气体中每个分子都遵守经典力学定律，那么要完整地描述大量分子所组成的系统的行为，就必须同时建立和求解这些分子所遵循的力学方程。由于方程的数量非常多，而且分子间相互作用力又非常复杂，因此同时建立和求解这么多方程显然是不现实的和不可能的，而且也不能说明大量分子集体的宏观性质。然而，大量分子作热运动时具有一种有别于力学规律性的统计规律性，因此可以用统计的方法求出与大量分子运动有关的一些物理量的平均值，如平均能量、平均速度、平均碰撞次数等，从而对与大量气体分子热运动相联系的宏观现象作出微观解释。理想气体的压强公式是我们应用统计方法讨论的第一个问题。

5.3.1　理想气体的分子模型

从气体动理论的观点来看，理想气体是一种最简单的气体。理想气体的微观模型是：

(1) 分子本身的大小与分子间平均距离相比可以忽略不计，分子间的平均距离很大，分子可以看做是质点。

(2) 除碰撞的瞬间外，分子间的相互作用力可忽略不计。因此在两次碰撞之间，分子的运动可看做匀速直线运动。

(3) 处于平衡态的气体的宏观性质不变，这表明系统的能量不因碰撞而损失。因此分子间及分子与器壁之间的碰撞是完全弹性碰撞。

综上所述，理想气体的分子模型是具有弹性的、自由运动的质点。

含有大量分子的理想气体中，由于频繁的碰撞，一个分子的运动状态极为复杂和难以预测，而大量分子的整体却呈现出确定的规律性，这是统计平均的效果。平衡态时，理想气体分子的统计假设有：

(1) 在无外力场作用时，气体分子在各处出现的概率相同。平均而言，分子的数密度 n 处处相同，沿各个方向运动的分子数相同。

(2) 分子可以有各种不同的速度，速度取向在各方向上是等概率的。平衡态时，气体的性质与方向无关，每个分子速度按方向的分布完全相同，各个方向上速率的各种平均值相等，即

$$\overline{\boldsymbol{v}_x} = \overline{\boldsymbol{v}_y} = \overline{\boldsymbol{v}_z} = 0, \quad \overline{v_x^2} = \overline{v_y^2} = \overline{v_z^2} = \frac{1}{3}\overline{v^2}$$

5.3.2　理想气体的压强

从微观上看，单个分子对器壁的碰撞是间断的、随机的，而大量分子对器壁的碰撞是连续的、恒定的，也就是说气体对器壁的压强应该是大量分子对容器不断碰撞的平均统计结果。

假设有一边长分别为 l_1、l_2 和 l_3 的长方形容器，贮有 N 个质量为 m 的同类气体分子。如图 5.5 所示，在平衡态下器壁各处压强相同，任选器壁的一个面，例如选择与 x 轴垂直的 A_1 面，计算其所受的压强。

在大量分子中，任选一个分子 i，设其速度为

$$\boldsymbol{v}_i = v_{ix}\boldsymbol{i} + v_{iy}\boldsymbol{j} + v_{iz}\boldsymbol{k}$$

当分子 i 与器壁 A_1 碰撞时，由于碰撞是完全弹性的，故该分子在 x 方向的速度分量由 v_{ix} 变为 $-v_{ix}$，所以在碰撞过程中该分子的 x 方向动量增量为

$$\Delta p_{ix}=(-mv_{ix})-(mv_{ix})=-2mv_{ix}$$

由动量定理知，它等于器壁施于该分子的冲量，又由牛顿第三定律可知，分子 i 在每次碰撞时对器壁的冲量为 $2mv_{ix}$。

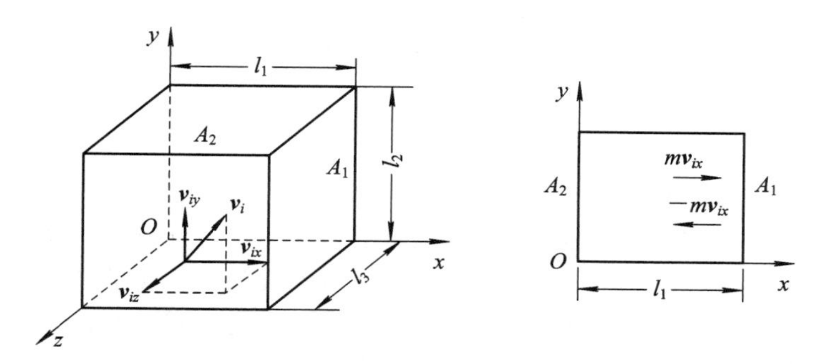

图 5.5　气体压强公式推导图

分子 i 在与 A_1 面碰撞后弹回作匀速直线运动，并与其它分子相碰，由于两个质量相等的弹性质点完全弹性碰撞时交换速度，故可等价为 i 分子直接飞向 A_2，与 A_2 面碰撞后又回到 A_1 面再作碰撞，分子 i 在相继两次与 A_1 面碰撞过程中，在 x 轴上移动的距离为 $2l_1$，因此分子 i 相继两次与 A_1 面碰撞的时间间隔为 $\Delta t=2l_1/v_{ix}$，那么单位时间内 i 分子对 A_1 面的碰撞次数 $Z=1/\Delta t=v_{ix}/2l_1$。所以在单位时间内 i 分子对 A_1 面的冲量等于 $2mv_{ix}\dfrac{v_{ix}}{2l_1}$，根据动量定理，该冲量就是 i 分子对 A_1 面的平均冲力 $\overline{F}_{ix}$，即

$$\overline{F}_{ix}=2mv_{ix}\frac{v_{ix}}{2l_1}$$

所有分子对 A_1 面的平均作用力为上式对所有分子求和，即

$$\overline{F}_x=\sum_{i=1}^{N}\overline{F}_{ix}=\frac{m}{l_1}\sum_{i=1}^{N}v_{ix}^2$$

由压强定义得

$$p=\frac{\overline{F}_x}{l_2l_3}=\frac{m}{l_1l_2l_3}\sum_{i=1}^{N}v_{ix}^2=\frac{mN}{l_1l_2l_3N}\sum_{i=1}^{N}v_{ix}^2$$

分子数密度 $n=\dfrac{N}{l_1l_2l_3}$，x 轴方向速度平方的平均值

$$\overline{v_x^2}=\frac{1}{N}\sum_{i=1}^{N}v_{ix}^2$$

有

$$p=nm\overline{v_x^2}$$

在平衡态下有

$$\overline{v_x^2}=\overline{v_y^2}=\overline{v_z^2}$$

$$\overline{v^2}=\overline{v_x^2}+\overline{v_y^2}+\overline{v_z^2}$$

所以有

$$\overline{v_x^2}=\frac{1}{3}\overline{v^2}$$

$$p=\frac{1}{3}nm\overline{v^2} \tag{5-2a}$$

或

$$p=\frac{2}{3}n\left(\frac{1}{2}m\overline{v^2}\right) \tag{5-2b}$$

若以$\bar{\varepsilon}_k$表示分子平均平动动能，即$\bar{\varepsilon}_k=\frac{1}{2}m\overline{v^2}$，则上式可写为

$$p=\frac{2}{3}n\bar{\varepsilon}_k \tag{5-2c}$$

上式叫做理想气体的压强公式。由式(5-2c)可知，气体作用于器壁的压强正比于分子的数密度n和分子的平均平动动能$\bar{\varepsilon}_k$。分子的数密度越大，压强越大；分子平均平动动能越大，压强也越大。实际上，分子对器壁的碰撞是不连续的，器壁所受到的冲量的数值是起伏不定的，只有在气体的分子数足够大时，器壁所获得的冲量才有确定的统计平均值。单独说个别分子产生多大压强，是没有意义的，压强是一个统计量。应当指出，压强虽说是由大量分子对器壁碰撞而产生的，但它是一个宏观量，可以从实验直接测得。式(5-2c)的右面是不能直接测量的微观量，所以式(5-2c)无法直接用实验来验证。但是从此公式出发，可以解释或论证已经验证过的理想气体诸定律。式(5-2c)是气体动理论的基本公式之一。

在式(5-2a)中，$nm=\rho$为气体的密度，故理想气体压强公式也可写成

$$p=\frac{1}{3}\rho\overline{v^2}$$

5.4　能量均分定理、理想气体的内能

5.4.1　理想气体分子的平均平动动能与温度的关系

由理想气体的状态方程和压强公式，可以得到气体的温度与分子的平均平动动能之间的关系，从而说明温度这一宏观量的微观本质。

设质量为m'的气体的分子数为N，分子的质量为m，又已知1 mol气体的分子数为N_A，1 mol气体的质量为M，故有$m'=mN$和$M=mN_A$。把它们代入理想气体状态方程

$$pV=\frac{m'}{M}RT$$

可得

$$p=\frac{N}{V}\frac{R}{N_A}T \tag{5-3}$$

式(5-3)中，R为摩尔气体常量，N_A为阿伏伽德罗常数。它们的比R/N_A也为一常量，用k表示，叫做玻尔兹曼常量，有

$$k=\frac{R}{N_A}=1.38\times10^{-23}\ \mathrm{J\cdot K^{-1}}$$

式(5-3)中，$N/V=n$，为分子数密度。于是，式(5-3)可写成

$$p = nkT \tag{5-4}$$

将上式与理想气体压强公式(5-2b)

$$p = \frac{2}{3}n\left(\frac{1}{2}m\overline{v^2}\right)$$

相比较，可得

$$\frac{1}{2}m\overline{v^2} = \frac{3}{2}kT \tag{5-5}$$

式(5-5)就是理想气体分子的平均平动动能与温度的关系式。如同压强公式一样，它也是气体动理论的基本公式之一。式(5-5)表明，处于平衡态时的理想气体，其分子的平均平动动能与气体的温度成正比。气体的温度越高，分子的平均平动动能越大；分子平均平动动能越大，分子热运动的程度越激烈。温度是表征大量分子热运动激烈程度的宏观物理量，它是大量分子热运动的集体表现。如同压强一样，温度也是一个统计量。对个别分子来说，说它有多少温度是没有意义的。

如有两种气体，它们分别处于平衡态。若这两种气体的温度相等，那么由式(5-5)可看出，这两种气体分子的平均平动动能也相等，若气体分子的平均平动动能用$\bar{\varepsilon}_k$表示，则有

$$\bar{\varepsilon}_{k1} = \bar{\varepsilon}_{k2} = \frac{3}{2}kT$$

换句话说，如果分别处于各自平衡态的两种气体，其分子的平均平动动能相等，那么这两种气体的温度也必相等。这时，若使这两种气体相接触，两种气体间将没有宏观的能量传递，它们各自处于热平衡状态。因此，也可以说温度是表征气体处于热平衡状态的物理量。

5.4.2 分子的自由度

决定一个物体的空间位置所需要的独立坐标数，称为这个物体的自由度，用i表示。

气体分子按其结构可分为单原子分子(如He、Ne等)、双原子分子(如H_2、O_2等)和多原子分子(由3个或3个以上原子组成的分子，如H_2O、NH_3等)。当分子内原子间距离保持不变(不振动)时，这种分子称为刚性分子；否则，称为非刚性分子。

单原子分子可视为质点。因此，在空间中一个自由的单原子分子只有3个平动自由度；如果这类分子被限制在平面或曲面上运动，则自由度降为2；如果这类分子被限制在直线或曲线上运动，则自由度降为1。

刚性双原子分子可用两个质点通过一个刚性键联结的模型(哑铃型)来表示。设点C为双原子分子的质心，并选如图5.6(b)所示的坐标轴。于是，双原子分子的运动可看做是质心C的平动，以及通过点C绕y轴和z轴的转动(由于两个原子均可视为质点，故绕联结两原子的轴的转动不存在)。确定其质心在空间的位置要由3个坐标(x，y，z)来表示，因此刚性双原子分子有3个平动自由度和2个转动自由度，共有5个自由度。用t表示平动自由度，r表示转动自由度，则

$$i = t + r$$

刚性双原子分子的平均能量$\bar{\varepsilon}$应为质心C的平均平动动能$\bar{\varepsilon}_{kt}$和绕y轴和z轴的平均转

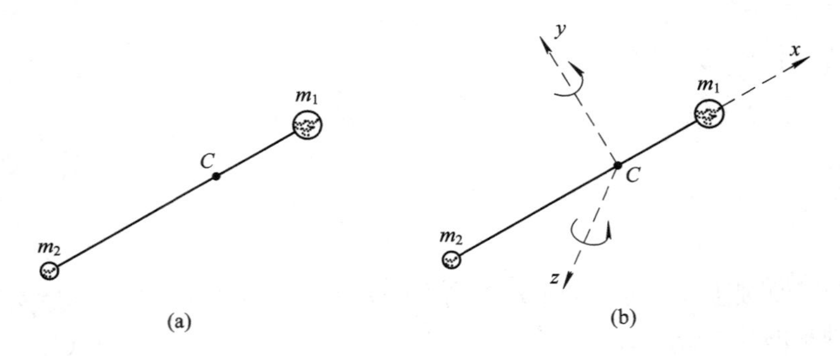

图 5.6 哑铃型双原子分子

动动能$\bar{\varepsilon}_{kr}$之和，由于

$$\bar{\varepsilon}_{kt} = \frac{1}{2}m\,\overline{v_{Cx}^2} + \frac{1}{2}m\,\overline{v_{Cy}^2} + \frac{1}{2}m\,\overline{v_{Cz}^2}$$

其中，m 为双原子分子的质量(即 $m=m_1+m_2$)，v_{Cx}、v_{Cy} 和 v_{Cz} 是质心的速度在 x、y、z 轴上的分量。而绕 y 轴和 z 轴的平均转动动能

$$\bar{\varepsilon}_{kr} = \frac{1}{2}J\,\overline{\omega_y^2} + \frac{1}{2}J\,\overline{\omega_z^2}$$

其中，J 为双原子分子绕通过点 C 的 y 轴或 z 轴的转动惯量，ω_y 和 ω_z 分别为双原子分子绕通过点 C 的 y 轴和 z 轴的角速度。所以刚性双原子分子的平均能量为

$$\bar{\varepsilon} = \bar{\varepsilon}_{kt} + \bar{\varepsilon}_{kr} = \frac{1}{2}m\,\overline{v_{Cx}^2} + \frac{1}{2}m\,\overline{v_{Cy}^2} + \frac{1}{2}m\,\overline{v_{Cz}^2} + \frac{1}{2}J\,\overline{\omega_y^2} + \frac{1}{2}J\,\overline{\omega_z^2}$$

在常温下，大多数气体分子属于刚性分子。在高温下，气体分子原子间会发生振动，则应视为非刚性分子。例如，非刚性双原子分子的两原子之间还有相对微振动，需要有一个坐标来确定两原子间的相对距离，这时有振动自由度 v，因此，有

$$i = t + r + v$$

本书只考虑刚性双原子分子。

5.4.3 能量均分定理

下面讨论理想气体无规则平动动能按自由度分配的统计平均值的规律。

前面我们知道，在平衡态下，理想气体分子的平均平动动能

$$\overline{\varepsilon_k} = \frac{1}{2}m\,\overline{v^2} = \frac{3}{2}kT$$

又

$$\overline{v^2} = \overline{v_x^2} + \overline{v_y^2} + \overline{v_z^2}$$

$$\overline{v_x^2} = \overline{v_y^2} = \overline{v_z^2} = \frac{1}{3}\overline{v^2}$$

代入后，可得

$$\frac{1}{2}m\,\overline{v_x^2} = \frac{1}{2}m\,\overline{v_y^2} = \frac{1}{2}m\,\overline{v_z^2} = \frac{1}{2}kT$$

对于 3 个平动自由度的分子而言，在平衡态下，分子的每一个平动自由度都具有相同

的平均动能，且大小均等于$\frac{1}{2}kT$。

在平衡态下，气体分子作无规则热运动，任何一种运动形式都应是机会均等的，即没有哪一种运动形式比其它运动形式占优势。因此，可以把平动动能的统计规律推广到转动或振动运动形式。

玻尔兹曼假设：气体分子处于平衡态时，分子任何一个自由度的平均能量都相等，均为$\frac{1}{2}kT$。

这就是能量按自由度均分定理，或简称为能量均分定理。能量均分定理指出，无论是平动、转动或者振动，每一个自由度所对应的平均能量均相等，都等于$\frac{1}{2}kT$。

由能量均分定理可以很方便地求得各种分子的平均能量。对自由度为i的分子，其平均能量$\bar{\varepsilon}=\frac{i}{2}kT$。如果以$t$、$r$和$v$分别表示分子能量中属于平动、转动和振动的独立坐标和速度的二次方项的数目，则分子的平均能量也可表示为

$$\bar{\varepsilon} = (t + r + v)\frac{1}{2}kT \tag{5-6}$$

5.4.4 理想气体的内能

除了上述的分子平动动能、转动动能、振动动能和势能以外，实验证明，气体的分子与分子之间存在一定的相互作用力，所以气体的分子与分子之间也具有一定的势能。气体分子的能量以及分子与分子之间的势能构成气体内部的总能量，称为气体的内能。对于理想气体来说，不计分子与分子之间的相互作用力，所以分子与分子之间相互作用的势能忽略不计。理想气体的内能只是分子各种运动能量的总和。应该注意，内能与力学中的机械能有明显的区别。静止在地球表面上的物体的机械能(动能和重力势能)可以等于零，但物体内部的分子仍然在运动和相互作用，因此内能永远不会等于零。物体的机械能是一种宏观能，它取决于物体的宏观运动状态。而内能是一种微观能，它取决于物体的微观运动状态。微观运动具有无序性，所以内能是一种无序能量。下面我们只考虑刚性分子。

因为每一个分子的总平均动能为$\frac{i}{2}kT$，而1 mol理想气体有N_A个分子，所以1 mol理想气体的内能是

$$E_0 = N_A\left(\frac{i}{2}kT\right) = \frac{i}{2}RT \tag{5-7}$$

质量为m(摩尔质量为M)的理想气体的内能是

$$E = \frac{m}{M}\left(\frac{i}{2}RT\right) \tag{5-8}$$

由此可知，一定量的理想气体的内能完全决定于分子运动的自由度i和气体的热力学温度T，而与气体的体积和压强无关。理想气体的内能是温度的单值函数。一定质量的理想气体在不同的状态变化过程中，只要温度的变化量相等，它的内能的变化量就相同，而与过程无关。我们将在热力学中应用这一结果来计算理想气体的热容量。

5.5 麦克斯韦气体分子速率分布律

设容器中有 N 个理想气体分子，当气体处于温度为 T 的平衡态时，分子的平均平动动能为

$$\frac{1}{2}m\overline{v^2} = \frac{3}{2}kT$$

如果我们把 $\sqrt{\overline{v^2}}$ 叫做分子的方均根速率，用符号 v_{rms} 表示，那么由上式可得分子的方均根速率为

$$v_{rms} = \sqrt{\overline{v^2}} = \sqrt{\frac{3kT}{m}} \tag{5-9}$$

式(5-9)表明，对于给定气体，当其温度恒定时，气体分子的方均根速率也是恒定的。实际上，N 个分子中任意一个分子的速率都可能与式(5-9)所表示的方均根速率相差很大。这一点不难理解，首先，分子数目是极其巨大的，在标准状态下 1 cm^3 的气体中约有 2.7×10^{19} 个分子；其次，分子处于无规则的热运动，这些巨大数目的作热运动的分子之间必然要产生极其频繁的碰撞，这种碰撞使得气体分子的速度大小和方向时刻不停地发生变化。就一个分子而言，其它分子对它的碰撞纯属偶然，因此它的速度变化也是偶然的，它的速率可以是从零到无限大之间的任意值。然而从式(5-9)可知，在给定温度 T 的情况下，分子的方均根速率却是确定的。这就是说，在给定温度下，处于热平衡状态的气体，个别分子的速率是偶然的，而大量分子的速率有一定的分布规律。

气体分子按速率分布的统计定律最早是麦克斯韦于 1859 年在概率理论的基础上导出的，后来玻尔兹曼(L. Boltzmann)从经典统计力学中也导出了这条定律。1920 年施特恩(O. Stern，1888—1969 年)从实验中证实了麦克斯韦分子按速率分布的统计定律。我国物理学家葛正权在 1934 年也从实验中证明了这条定律。限于数学上的原因和本课程的要求，我们不准备来导出这个定律，而只介绍它的一些最基本的概念。

5.5.1 测定气体分子速率分布的实验

继施特恩之后，分子速率分布实验装置有了不少改进，图 5.7 所示的是其中一种装置。全部装置放在高真空的容器中，图中 A 是产生金属蒸气分子的蒸气源。蒸气分子从 A 上的小孔射出，经狭缝后形成一细束分子射线到达 R。R 是一铝合金圆柱体，可绕其中心轴转动。圆柱上刻有许多螺旋形细槽，图 5.7(b)中画出了其中一条，细槽的入口与出口狭缝之间的夹角为 φ。在 R 的后面为检测器 D，用以测定通过细槽的分子射线强度。整个装置放在抽成高真空(10^{-5} Pa)的容器中。

实验时，要保证蒸气源温度固定。当 R 以匀角速度 ω 旋转时，虽然射线中各种速率的分子都能进入 R 上的细槽，但并不是所有分子都能通过细槽从出口狭缝飞出。只有那些速率 v 满足下列关系的分子才能通过细槽到达检测器 D，即必须有

$$\frac{L}{v} = \frac{\varphi}{\omega}$$

其它速率的分子将沉积在槽壁上。由此可见，圆柱体 R 实际上是一个速率选择器。

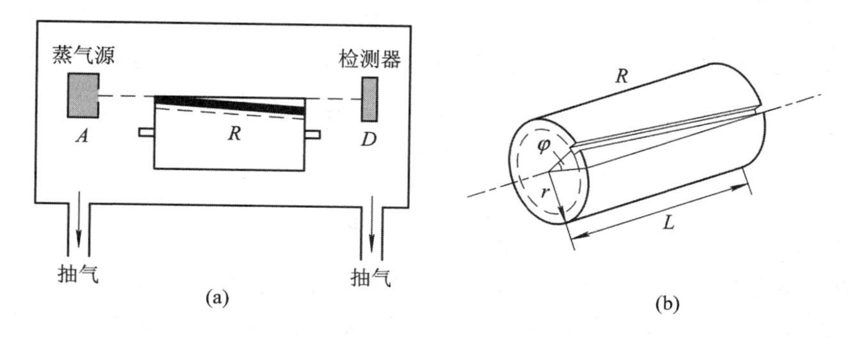

图 5.7　测定气体分子速率分布的实验装置

改变角速度 ω 的大小，可以让不同速率的分子通过细槽。由于细槽有一定宽度，与一定的 ω 相对应，所以通过细槽的分子的速率并不严格相等，而是在 v 到 $v+\Delta v$ 之间。角速度依次为 ω_1，ω_2，$\omega_3\cdots$ 的分子通过 R 后沉积在 D 上的金属层将有不同的厚度。用 N 表示到达 D 上的总分子数。ΔN 表示角速度为 ω 时到达 D 上的总分子数，也就是分布在速率间隔 $v\sim v+\Delta v$ 中的分子数。

图 5.8 是直接从实验结果作出的金属气体分子射线中分子速率分布图线。其中一块块矩形面积表示分布在各速率区间内的相对分子数。

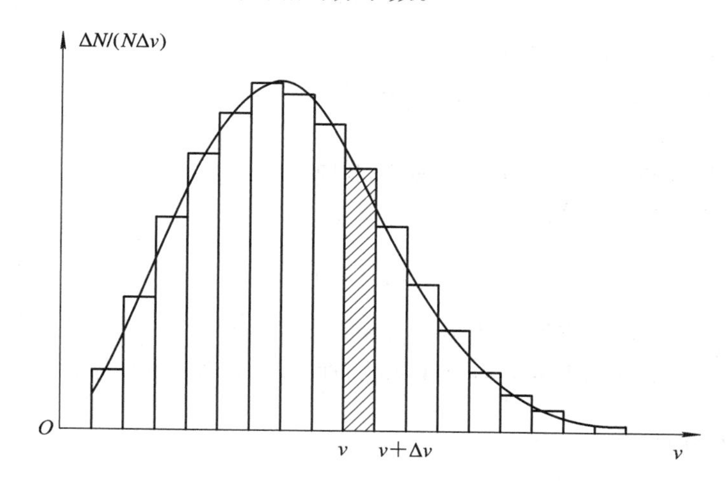

图 5.8　分子速率分布情况

实验结果表明，分布在不同速率区间内的相对分子数是不相同的，但在实验条件不变的情况下，分布在给定速率区间内的相对分子数是完全确定的。尽管个别分子的速率具有偶然性，但从整体来说，大量分子的速率分布却服从一定的规律，这个规律叫做分子速率的分布规律。

5.5.2　麦克斯韦气体分子速率分布定律

麦克斯韦根据气体在平衡态下分子热运动具有各向同性的特点，运用概率的方法，导出了在平衡态下气体分子速率的分布规律。这里我们只介绍其最基本的内容。

设在平衡状态下，一定量的气体分子总数为 N，其中速率在 $v\sim v+\Delta v$ 区间内的分子

数为 ΔN。从上面的实验知道，$\Delta N/N$ 与速率区间有关，在不同的速率区间，它的数值不同(见图 5.8)。所取的速率区间 Δv 越大，$\Delta N/N$ 就越大。当取 $\Delta v\to 0$ 时，$\Delta N/(N\Delta v)$的极限值变成 v 的一个连续函数，并用 $f(v)$表示，函数 $f(v)$叫做速率分布函数，即

$$f(v)=\lim_{\Delta v\to 0}\frac{\Delta N}{N\Delta v}=\frac{1}{N}\lim_{\Delta v\to 0}\frac{\Delta N}{\Delta v}=\frac{1}{N}\frac{\mathrm{d}N}{\mathrm{d}v}$$

于是有

$$\frac{\mathrm{d}N}{N}=f(v)\ \mathrm{d}v$$

$f(v)$表示速率分布在 v 附近单位速率间隔内的分子数占总分子数的百分率。对单个分子来说，它表示分子所具有的速率在该单位速率间隔内的概率，即图 5.8 中小长方形的面积，故有

$$f(v)\Delta v=\frac{\Delta N}{N\Delta v}\Delta v=\frac{\Delta N}{N}$$

上式表明，$f(v)\Delta v$ 表示分子的速率在间隔 $v\sim v+\Delta v$ 内的概率，也表示在该间隔内的分子数占总分子数的百分率。如图 5.8 所示，在不同的间隔内，有不同面积的小长方形，说明不同间隔内的分布百分率不相同。面积越大，表示分子具有该间隔内的速率值的概率越大。当 Δv 足够微小时，无数矩形的面积的总和将渐近于曲线下的面积，这个面积为

$$\int_0^{\infty}f(v)\ \mathrm{d}v=1$$

从速率分布曲线可知，具有很大速率或很小速率的分子数较少，其百分率较低，而具有中等速率的分子数很多，百分率很高。

麦克斯韦经过理论研究，指出在平衡状态中气体分子速率分布函数的具体形式是

$$f(v)=4\pi\left(\frac{m}{2\pi kT}\right)^{\frac{3}{2}}\mathrm{e}^{-\frac{mv^2}{2kT}}v^2 \qquad (5-10)$$

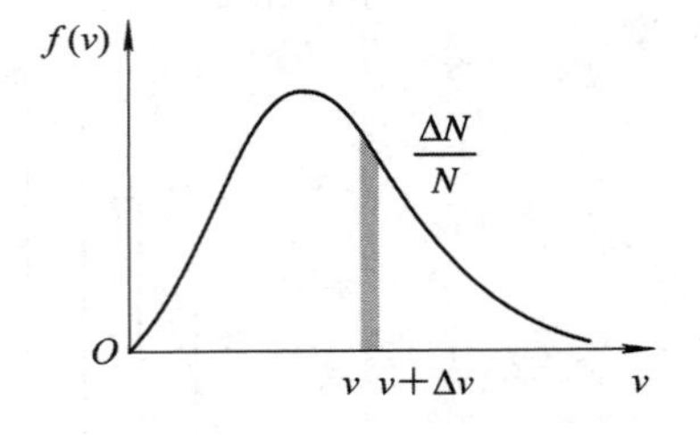

图 5.9　某一温度下速率分布曲线

式(5-10)中的 $f(v)$叫做麦克斯韦速率分布函数。表示速率分布函数的曲线叫做麦克斯韦速率分布曲线，如图 5.9 所示。

5.5.3　三个统计速率

1. 最概然速率 v_{p}

气体分子速率分布曲线有极大值，与这个极大值对应的速率叫做气体分子的最概然速率，常用 v_{p}表示，如图 5.10 所示。它的物理意义是：对所有的相同速率区间而言，速率在含有 v_{p}的那个区间内的分子数占总分子数的百分比最大。按概率表述，它的物理意义为：对所有相同的速率区间而言，某一分子的速率取含有 v_{p}的那个速率区间内的值的概率最大。由极值条件

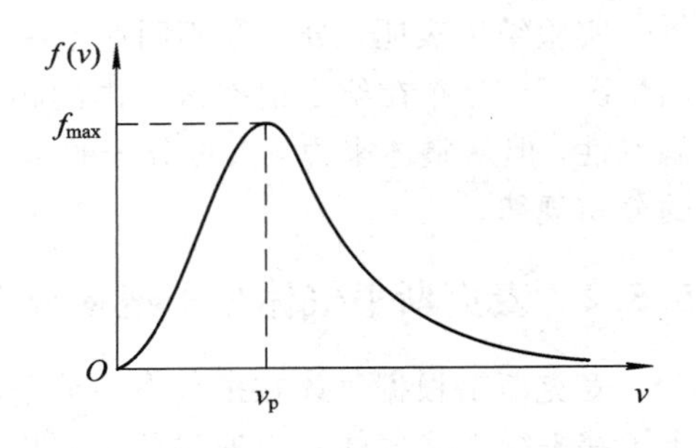

图 5.10　最概然速率

$$\frac{\mathrm{d}f(v)}{\mathrm{d}v}=0$$

可求得满足麦克斯韦速率分布规律的平衡态下气体分子的最概然速率

$$v_{\mathrm{p}}=\sqrt{\frac{2kT}{m}}=\sqrt{\frac{2RT}{M}}\approx 1.41\sqrt{\frac{RT}{M}} \tag{5-11}$$

2. 平均速率 $\bar{v}$

$\bar{v}$ 为大量分子速率的统计平均值。根据求平均值的定义，有

$$\bar{v}=\frac{\sum v_i \Delta N_i}{N}$$

对于连续分布，上式可写为

$$\bar{v}=\frac{\int_0^{\infty} v\ \mathrm{d}N}{N}=\int_0^{\infty} vf(v)\ \mathrm{d}v$$

将麦克斯韦函数 $f(v)$ 代入，可得理想气体速率从 0 到∞整个区间内的算术平均速率为

$$\bar{v}=\sqrt{\frac{8kT}{\pi m}}=\sqrt{\frac{8RT}{\pi M}}\approx 1.60\sqrt{\frac{RT}{M}} \tag{5-12}$$

3. 方均根速率 $\sqrt{\overline{v^2}}$

$\sqrt{\overline{v^2}}$ 为大量分子速率的平方平均值的平方根。根据求平均值的定义，有

$$\overline{v^2}=\frac{\sum v_i^2\ \Delta N_i}{N}$$

对于连续分布，有

$$\overline{v^2}=\frac{\int_0^{\infty} v^2\ \mathrm{d}N}{N}$$

同样把式(5-10)代入上式，经积分运算可得速率平方的平均值为

$$\overline{v^2}=\frac{3kT}{m}$$

由上式可得气体分子的方均根速率 v_{rms} 为

$$v_{\mathrm{rms}}=\sqrt{\overline{v^2}}=\sqrt{\frac{3kT}{m}}=\sqrt{\frac{3RT}{M}}\approx 1.73\sqrt{\frac{RT}{M}} \tag{5-13}$$

式(5-13)与由平均平动动能与温度关系式(5-9)所得的结果是相同的。

由上面的结果可以看出，气体的三种速率都与 $\sqrt{T}$ 成正比，与 $\sqrt{m}$（或 $\sqrt{M}$）成反比。在数值上 v_{rms} 最大，$\bar{v}$ 次之，v_{p} 最小，如图 5.11 所示。在计算分子的平均平动动能时，我们已经用了方均根速率。在讨论速率的分布时，要用到最概然速率，因为它是速率分布曲线中的极大值所对应的速率。在讨论分子的碰撞时，将要用到平均速率。

以上三种速率都具有统计平均的意义，都反映了大量分子作热运动的统计规律。对于给定的气体，它们只依赖于气体的温度。当温度升高时，气体分子热运动加剧，其中速率较小的分子数减少，而速率较大的分子数增加，分布曲线中的最高点向速率大的方向移

动。图 5.12 给出 N_2 分子在不同温度下的速率分布图线，温度升高时(图中 $T_2>T_1$)，曲线显得较为平坦。

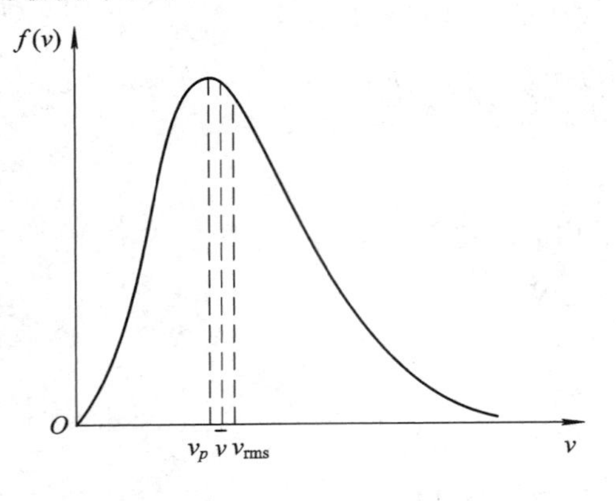

图 5.11　三种速率

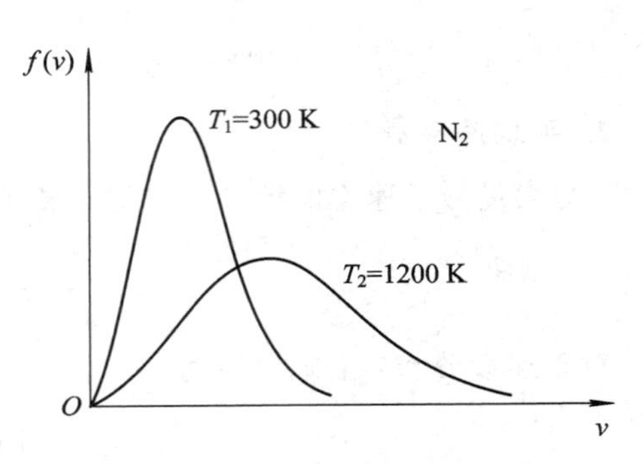

图 5.12　N_2 分子在两种温度下的速率分布

麦克斯韦速率分布是一个统计规律，它以概率的方式揭示了自然界的规律。如果概率非常小，实际上是不会发生的。相对论指出，一切实物粒子的速率都不可能超过真空中的光速 c，分子运动的速率不会趋于无限大。但表 5.1 已说明，分子运动的速率在远小于光速的一个很大范围内概率已基本为零，所以我们把这个最大速率值 v_{max} 定为无限大并不影响计算结果，然而在数学处理上却带来了很大的方便。

表 5.1　室温下氢分子在不同速率范围内的分子数占分子总数的百分率

速　率　范　围		百分率
v_{min}/(m/s)	v_{max}/(m/s)	
0	1578(室温下氢分子的最概然速率 v_p)	0.4276
0	5207(大约是 $3.3v_p$)	0.9999
3×10^4	3×10^8(光速 c)	4.36×10^{-151}

【例 5.1】 试分别求温度 $t=100$℃、0℃和 -150℃时，氮气分子的平均平动动能和方均根速率。

【解】 (1)当 $t=100$℃时，有

$$\bar{\varepsilon}_k=\frac{3}{2}kT=\frac{3}{2}\times1.38\times10^{-23}\times(100+273)=7.71\times10^{-21}\,(\mathrm{J})$$

$$\sqrt{\overline{v^2}}=\sqrt{\frac{3RT}{M}}=\sqrt{\frac{3\times8.31\times(100+273)}{28\times10^{-3}}}=574\ (\mathrm{m/s})$$

(2) 当 $t=0$℃时，有

$$\bar{\varepsilon}_k=\frac{3}{2}kT=\frac{3}{2}\times1.38\times10^{-23}\times273=5.65\times10^{-21}\,(\mathrm{J})$$

$$\sqrt{\overline{v^2}}=\sqrt{\frac{3RT}{M}}=\sqrt{\frac{3\times8.31\times273}{28\times10^{-3}}}=493\ (\mathrm{m/s})$$

(3) 当 $t=-150$℃时，有

$$\bar{\varepsilon}_k=\frac{3}{2}kT=\frac{3}{2}\times1.38\times10^{-23}\times123=2.55\times10^{-21}\,(\mathrm{J})$$

$$\sqrt{\overline{v^2}}=\sqrt{\frac{3RT}{M}}=\sqrt{\frac{3\times 8.31\times 123}{28\times 10^{-3}}}=331\ (\mathrm{m/s})$$

5.6　玻尔兹曼分布律

一定质量的气体处于平衡态时，如果不计外力场的作用，其分子将均匀地分布在容器的整个空间中。这时，气体的分子数密度、压强和温度都相等，但各个分子可以具有不同的速度和动能。当考虑外力场对气体的作用时，气体各处的分子还将具有不同的势能，气体的分子数密度和压强也将不再服从均匀分布。1877 年，玻尔兹曼(L. Boltzmann)求出了在外力场中气体分子按能量的分布规律，并由它出发重新导出了麦克斯韦速率分布定律。

5.6.1　玻尔兹曼分布律

麦克斯韦分布律是理想气体分子不受外力作用或者外力场可以忽略不计时，处于热平衡态下的气体分子速度分布律。由于没有外力场作用，分子在空间的分布是均匀的，即在容器中分子数密度 n 处处相同。当有保守外力(如重力场、电场等)作用时，气体分子在各空间位置的分布就不再均匀，不同位置处分子数密度不同。

玻尔兹曼将麦克斯韦速度分布推广到理想气体处在保守力场的情况。他认为：

(1) 分子在外力场应以总能量 $\varepsilon=\varepsilon_k+\varepsilon_p$ 取代$\frac{mv^2}{2}$。

(2) 分子速度处于 $v_x\sim v_x+\mathrm{d}v_x$、$v_y\sim v_y+\mathrm{d}v_y$、$v_z\sim v_z+\mathrm{d}v_z$ 区间，坐标处于 $x\sim x+\mathrm{d}x$、$y\sim y+\mathrm{d}y$、$z\sim z+\mathrm{d}z$ 区间的空间体积元 $\mathrm{d}V=\mathrm{d}x\,\mathrm{d}y\,\mathrm{d}z$ 内的分子数为

$$\mathrm{d}N_{v_x,v_y,v_z,x,y,z}=n_0\left(\frac{m}{2\pi kT}\right)^{\frac{3}{2}}\mathrm{e}^{-\frac{(\varepsilon_k+\varepsilon_p)}{kT}}\,\mathrm{d}v_x\,\mathrm{d}v_y\,\mathrm{d}v_z\,\mathrm{d}x\,\mathrm{d}y\,\mathrm{d}z \tag{5-14}$$

式(5-14)中，n_0 表示势能 $\varepsilon_p=0$ 处单位体积内所含各种速度的分子数。式(5-14)是在平衡态下气体分子按能量的分布规律，叫做玻尔兹曼能量分布律。

从式(5-14)中可以看出，当气体的温度给定时，在确定的速度区间和坐标区间内，分子的能量(即 $\varepsilon=\varepsilon_p+\varepsilon_k$)越大，分子数就越小。这表明，从统计意义上来看，气体分子占据能量较低状态的概率比占据能量较高状态的概率要大。

由于在体积元 $\mathrm{d}V$ 中存在各种速度的分子，因此若将式(5-14)对速度积分，可得在坐标 x、y、z 附近空间体积元 $\mathrm{d}V$ 中各种速率的分子数为

$$\mathrm{d}N_{x,y,z}=n_0\left(\frac{m}{2\pi kT}\right)^{3/2}\left[\int_{-\infty}^{+\infty}\mathrm{e}^{-\frac{\varepsilon_k}{kT}}\,\mathrm{d}v_x\,\mathrm{d}v_y\,\mathrm{d}v_z\right]\mathrm{e}^{-\frac{\varepsilon_p}{kT}}\,\mathrm{d}x\,\mathrm{d}y\,\mathrm{d}z \tag{5-15}$$

由于 $\varepsilon_k=\frac{1}{2}mv^2$，且 $v^2=v_x^2+v_y^2+v_z^2$，故式(5-15)中的积分可写成

$$\int_{-\infty}^{+\infty}\mathrm{e}^{-mv_x^2/2kT}\,\mathrm{d}v_x\int_{-\infty}^{+\infty}\mathrm{e}^{-mv_y^2/2kT}\,\mathrm{d}v_y\int_{-\infty}^{+\infty}\mathrm{e}^{-mv_z^2/2kT}\,\mathrm{d}v_z=\left(\frac{2\pi kT}{m}\right)^{3/2}$$

把它代入式(5-15)，得

$$\mathrm{d}N_{x,y,z}=n_0\mathrm{e}^{-\varepsilon_p/kT}\,\mathrm{d}x\,\mathrm{d}y\,\mathrm{d}z \tag{5-16}$$

我们把式(5-16)称为玻尔兹曼分布律。

因为在空间坐标 x、y、z 附近单位体积内具有各种速率的分子数(即分子的数密度)为

$$n = \frac{\mathrm{d}N_{x,\,y,\,z}}{\mathrm{d}x\,\mathrm{d}y\,\mathrm{d}z}$$

则

$$n = n_0 \mathrm{e}^{-\frac{\varepsilon_p}{kT}} \tag{5-17}$$

5.6.2 重力场中的等温气压公式

地球表面覆盖着一层大气，且大气的密度随高度变化，高空处气体的密度比地面处稀疏。现假设大气是理想气体，并忽略大气层上下的温度以及重力加速度的差异。

把式(5-17)代入理想气体状态方程 $p=nkT$ 中，可得

$$p = p_0 \mathrm{e}^{-\frac{mgz}{kT}} \tag{5-18}$$

式(5-18)中，p_0 和 p 分别表示高度从 0 和 z 处大气的压强。式(5-18)称为重力场中的等温气压公式。

应当指出，实际上大气层中气体的温度随高度变化，所以由式(5-18)所得的结果与实际情况略有差异。但是，当两点间的高度差不大时，式(5-18)与实际情况仍十分接近。

由式(5-18)可得

$$z = \frac{kT}{mg} \ln \frac{p_0}{p}$$

由于 $\frac{k}{m}=\frac{R}{M}$，所以上式也可写成

$$z = \frac{RT}{Mg} \ln \frac{p_0}{p} \tag{5-19}$$

在航测、登山、地质考察等活动中，可利用式(5-19)来估计某处的高度。

5.7 分子的平均碰撞频率和平均自由程

由气体分子平均速率公式 $\bar{v}\approx 1.60\sqrt{\frac{RT}{M}}$，可计算出氮分子在 27℃时的 $\bar{v}$ 的近似值为 476 m/s。既然气体分子速率较高，为什么气体的扩散进行得相当缓慢呢？例如，打开一瓶香水后，香味要经过几秒或十几秒才能传过几米的距离。如何理解气体分子的热运动速率高而扩散速度慢的矛盾呢？这个问题首先是克劳修斯解决的。由于常温常压下分子数的密度达 $10^{23}\sim10^{25}\ \mathrm{m^{-3}}$ 数量级。因此，一个分子以每秒几百米的速率在如此密集的分子中运动，必然要与其它分子作频繁的碰撞，而每碰撞一次，分子运动方向就发生改变，如图 5.13 所示为一个香水分子(黑点)在空气分子中不断碰撞而迂回曲折前进的示意图。设该香水分子 t 时刻在 A 处发生碰撞后，经过 Δt 时间后到达 B。显然，在相同的 Δt 时间内，由 A 到 B 的位移(实线长度)大小比它走过的路程(折线长度)小得多。因此气体分子的扩散速率较分子的平均速率小得多。

分子在任意两次连续碰撞之间自由通过的路程叫做分子的自由程。单位时间内一个分

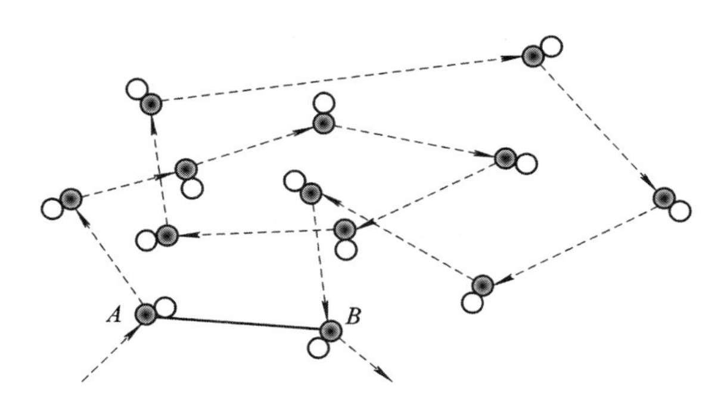

图 5.13 分子碰撞示意图

子与其它分子碰撞的次数称为分子的碰撞频率。由图 5.13 可知，分子的自由程有长有短，任意两次碰撞所需的时间多少也具有偶然性。分子的自由程和碰撞频率大小是随机变化的。但是，大量分子无规则热运动的结果使分子的自由程与碰撞频率服从一定的统计规律。我们可采用统计平均方法分别计算出平均自由程和平均碰撞频率。

5.7.1 分子的平均碰撞频率

为了使问题简化，假定每个分子都是有效直径为 d 的弹性小球，并且假定只有某一个分子 A 运动，其余分子都静止。在分子 A 的运动过程中，它的球心轨迹是一条折线。设想以分子 A 的中心所经过的轨迹为轴，以分子的有效直径 d 为半径作一圆柱体，如图 5.14 所示。

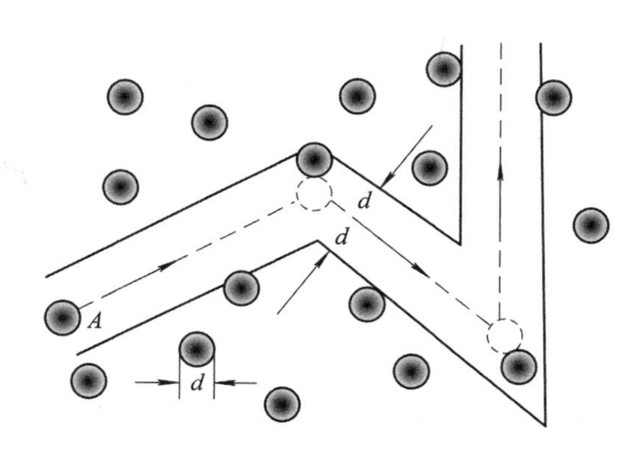

图 5.14 分子碰撞过程示意图

显然，凡是球心位于该圆柱体内的分子都将和分子 A 相碰。我们把 $\sigma=\pi d^2$ 称为碰撞截面。球心在圆柱体外的分子不会与它相碰。分子 A 在时间 t 内走过的路程为 $\bar{v}t$，与长为 $\bar{v}t$ 的轴线相应的圆柱体的体积为 $\pi d^2\bar{v}t$。设单位体积内的分子数为 n，则上述圆柱体内的分子数为 $n\pi d^2\bar{v}t$。由于所有中心落入上述圆柱体内的分子，在分子 A 运动的过程中都将与 A 发生碰撞，故分子 A 在时间 t 内与其它分子碰撞的次数，在数值上也等于落入上述圆柱体内的分子数，即等于 $n\pi d^2\bar{v}t$，所以单位时间内分子 A 与其它分子碰撞的次数应为

$$\bar{z}=\frac{n\pi d^2\bar{v}t}{t}=n\pi d^2\bar{v}$$

这个结论是假定在大量分子中，只有被考察的那个分子以平均速率 $\bar{v}$ 运动，其它分子

均静止不动的情况下得到的。考虑到所有分子实际上都在运动，而且各个分子的运动速率并不相同，因此式中的平均速率 $\bar{v}$ 应改为平均相对速率 $\bar{u}$。根据麦克斯韦速率分布定律可以证明，气体分子的平均相对速率 $\bar{u}$ 与平均速率 $\bar{v}$ 之间的关系为 $\bar{u}=\sqrt{2}\bar{v}$，所以

$$\bar{z}=\sqrt{2}\pi d^2\bar{v}n \tag{5-20}$$

式(5-20)表明，分子的平均碰撞频率 $\bar{z}$ 与单位体积中的分子数 n、分子的算术平均速率 $\bar{v}$ 和分子直径 d^2 的平方成正比。

5.7.2 分子的平均自由程

分子在连续两次碰撞之间自由运动的平均路程，称为分子的平均自由程，常用$\bar{\lambda}$表示。显然，分子的平均自由程$\bar{\lambda}$与 $\bar{z}$ 和 $\bar{v}$ 有如下的关系

$$\bar{\lambda}=\frac{\bar{v}}{\bar{z}} \tag{5-21}$$

把式(5-20)代入式(5-21)，得

$$\bar{\lambda}=\frac{1}{\sqrt{2}\pi d^2 n} \tag{5-22}$$

式(5-22)表明，分子的平均自由程$\bar{\lambda}$只与单位体积内的分子数 n 及分子直径 d 有关，当气体处于平衡状态、温度为 T 时，有

$$\bar{\lambda}=\frac{kT}{\sqrt{2}\pi d^2 p} \tag{5-23}$$

可见当温度一定时，$\bar{\lambda}$与压强成反比，压强越小分子的平均自由程越大。

在标准状态下，各种气体分子的平均碰撞频率 $\bar{z}$ 的数量级约为 $5\times10^9\ s^{-1}$左右，平均自由程$\bar{\lambda}$的数量级约为 $10^{-7}\sim10^{-8}$ m。海平面上的大气压约为 1.013×10^5 Pa，空气分子的 $\bar{z}$ 约为 $10^9\ s^{-1}$，$\bar{\lambda}$约为 10^{-7} m；在地面上空 100 km 处，大气压强约为 0.133 Pa，则 $\bar{z}$ 约为 $10^2\ s^{-1}$，$\bar{\lambda}$约为 1 m；高空 300 km 处，大气压强约为 1.33×10^{-5} Pa，因而 $\bar{z}$ 约为 $10\ s^{-1}$，$\bar{\lambda}$约为 10 m。

常温常压下，一个分子在一秒内平均要碰撞几十亿次，所以其平均自由程非常短。表5.2列出了几种气体分子在标准状态下的平均自由程。

表 5.2 标准状态下几种气体分子的$\bar{\lambda}$值

气体	氢	氮	氧	空气
$\bar{\lambda}$/m	1.123×10^{-7}	0.599×10^{-7}	0.647×10^{-7}	7×10^{-8}

应当指出，在前面的讨论中把气体分子看成直径为 d 的小球，并且把分子间的碰撞看成是完全弹性的，这都不能准确地反映实际情况。因为分子是一个由电子和原子核等组成的复杂系统，并不是一个球体，而且分子间的相互作用也很复杂。所谓碰撞，实质上是在分子力作用下的散射过程。两个分子质心靠近的最小距离的平均值就是 d，所以由式(5-22)或(5-23)计算出的 d 常叫做分子的有效直径。实验表明，在 n 一定时，$\bar{\lambda}$随温度的升高而略有增加。这是因为分子的平均速率随温度升高而增大时，更容易彼此穿插，因而分子的有效直径将随温度的升高而略有减小。

5.8 气体的输运现象

我们在前面讨论的都是气体在平衡状态下的性质。实际上，许多问题都牵涉到气体在非平衡状态下的变化过程。如果气体各部分的物理性质原来是不均匀的(例如密度、流速或温度等不相同)，则由于气体分子不断地相互碰撞和相互掺和，分子之间将经常交换质量、动量和能量，分子速度的大小和方向也不断地改变，最后气体内各部分的物理性质将趋向均匀，气体状态将趋向平衡。这种现象叫做气体的输运现象。

气体的输运现象有三种，即黏滞现象、热传导现象和扩散现象。实际上，这三种输运现象可以同时存在。

5.8.1 黏滞现象

物体在流体中运动时要受到黏滞力的作用。气体中流动中的气体，如果各气层的流速不相等，那么相邻的两个气层之间的接触面上，会形成一对阻碍两气层相对运动的等值而反向的摩擦力，其情况与固体接触面间的摩擦力相似，这种摩擦力叫做黏性力，气体的这种性质叫做黏性。例如用管道输送气体，气体在管道中前进时，紧靠着管壁的气体分子附着于管壁，流速为零，稍远一些的气体分子才有流速，但不是很大。在管道中心部分的气体流速最大。这正是从管壁到中心各层气体之间有黏性作用的表现。

黏性力所遵从的实验定律可用图5.15来说明。设有一气体，限制在两个无限大的平行平板 A、B 之间，平板 B(在 $y=0$ 处)是静止的，而平板 A(在 $y=h$ 处)以速度 u_0 沿 Ox 轴方向运动。我们把这一气体想象为许多平行于平板的薄层，其中顶层附着在运动平板 A 上，底层附着在静止平板 B 上。由于顶层的流速(正 x 方向)比下层大，顶层将对它的下一层施加一个沿 Ox 轴正方向的拉力，并依次对下一层作用这样一个拉力。与此同时，下一层将依次对上一层作用一个沿 Ox 轴负方向的阻力。于是，气体就出现黏性。在这个例子中，流速变化最大的方向是沿着 Oy 轴的方向。我们把流速在它变化最大的方向上每单位间距上的增量 $\frac{\mathrm{d}u}{\mathrm{d}y}$ 叫做流速梯度。实验证明，在图5.15中 CD 平面处，黏性力 F 与该处的流速梯度

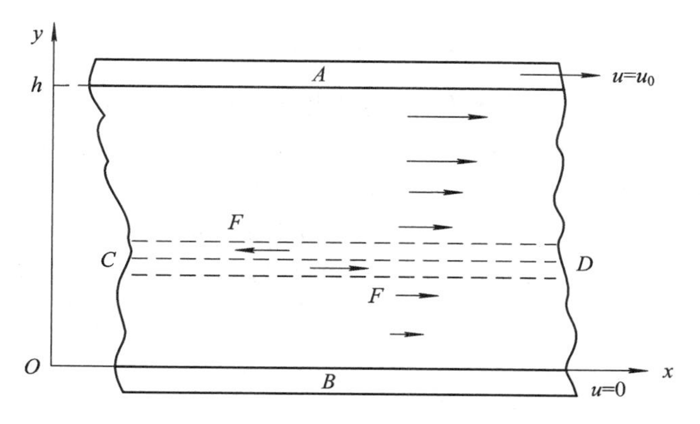

图5.15 两个无限大的平行平板之间的黏性气体

成正比，同时也与 CD 的面积 ΔS 成正比，即

$$F=\pm\eta\frac{\mathrm{d}u}{\mathrm{d}y}\Delta S$$

式中比例系数 $\eta=\frac{1}{3}\rho\overline{v\lambda}$，$\eta$ 叫做动力黏度或者黏度。式中的正负号表明黏性力是成对出现的，当取 Oy 轴向上为正时，式中 F 分别表示上层对下层的作用力与下层对上层的反作用力。

从气体动理论的观点来看，对黏滞现象可作如下的解释。如图 5.16 所示，在既作整体流动又有分子热运动的气体中，沿着流速的方向任选一平面 P。在这一平面上、下两侧，将有许多分子穿过这一平面。在同一时间内，自上而下和自下而上穿过 P 面的分子数目，平均地说是相等的，这些分子除了带着它们热运动的动量和能量之外，同时还带着它们定向运动的动量。由于上侧的流速大于下侧的流速，所以上、下两侧这样交换分子的结果是每秒内都有定向动量从上面气层向下面气层的净输运。也就是说，上面气层的定向动量减少，下面气层的定向动量有等量的增加。根据定义，力是物体间因相对运动而引起的动量转移率，因此，在宏观上，这一效应正与上层对下层作用一个沿 Ox 轴方向的摩擦力相似。所以，气体黏性力起源于：气体分子的定向动量在垂直于流速的方向上，向流速较小气层的净转移或净输运。

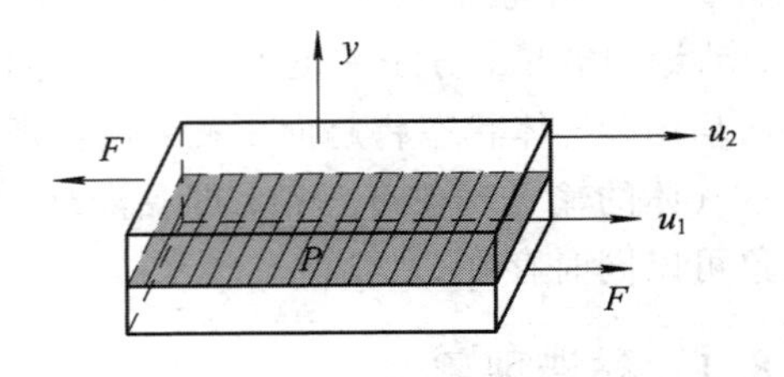

图 5.16　黏性力

5.8.2　热传导

物体内各部分温度不均匀时，热量总是通过介质由高温处传递到低温处，这种现象称为热传导。

如果气体内各部分的温度不同，设想简单情形，气体温度沿 z 轴正向逐渐升高，温度梯度为$\frac{\mathrm{d}T}{\mathrm{d}z}$。假设在 $z=z_0$ 处垂直于 z 轴有一界面，其面积为 $\mathrm{d}S$。从实验可知，$\mathrm{d}t$ 时间内，从高温的一侧通过 $\mathrm{d}S$ 面向低温一侧传递的热量与这一平面处的温度梯度、面积及时间成正比，即

$$\mathrm{d}Q=-\kappa\frac{\mathrm{d}T}{\mathrm{d}z}\mathrm{d}S\,\mathrm{d}t$$

上式中的 κ 与物质的种类和状态有关，称为热导率或导热系数，它的单位是瓦/(米·开)(W/(m·K))，负号表示热量沿温度减小的方向输运。该实验规律首先由傅里叶(J. B. J. Fourier)在 1808 年提出，因而称为傅里叶定律。

从分子动理论来看，气体内部温度不均匀，表明内部各处分子平均热运动能量 $\bar{\varepsilon}$ 不同，沿 z 轴正向穿过 $\mathrm{d}S$ 面的分子带有较小的，平均热运动能量，而沿 z 轴负向穿过 $\mathrm{d}S$ 面的分子带有较大的平均热运动能量，经过分子交换，能量向下净迁移，宏观上表现为热传导。

每个分子平均热运动能量为 $\bar{\varepsilon}=\frac{1}{2}ikT$，其中 i 为分子自由度。$\mathrm{d}t$ 时间内，沿 z 轴正、负方向通过 $\mathrm{d}S$ 的分子数近似为$\frac{1}{6}n\bar{v}\,\mathrm{d}t\,\mathrm{d}S$，经过分子交换的能量，即沿 z 轴负方向传递的

热量为

$$dQ = \frac{1}{6}n\bar{v}\ dt\ dS\bar{\varepsilon}_z - \frac{1}{6}nv\ dt\ dS\bar{\varepsilon}_{z+dz}$$

$$dQ = \frac{1}{6}n\bar{v}\ dt\ dS\ \frac{1}{2}ik(T_z - T_{z+dz})$$

$$dQ = -\frac{1}{6}n\bar{v}\ dt\ dS\ \frac{1}{2}ik\ \frac{dT}{dZ}dz$$

同上述扩散方法一样，取 $dz=2\bar{\lambda}$，得

$$dQ = -\frac{1}{3}n\bar{v}\bar{\lambda}\ dt\ dS\ \frac{1}{2}ik\ \frac{dT}{dz}$$

得热导率

$$\kappa = \frac{1}{3}n\bar{v}\bar{\lambda}\ \frac{1}{2}ik$$

利用气体定体摩尔热容量公式 $C_V=\frac{1}{2}iR$，得

$$\kappa = \frac{1}{3}n\bar{v}\bar{\lambda}\ \frac{1}{2}ik = \frac{1}{3}\bar{v}\bar{\lambda}\ \frac{1}{2}iR\ \frac{n}{N_A} = \frac{1}{3}\bar{v}\bar{\lambda}C_V = \frac{m}{MV} = \frac{1}{3}\bar{v}\bar{\lambda}C_V\ \frac{\rho}{M}$$

故

$$\kappa = \frac{1}{3}\bar{v}\bar{\lambda}C_V\ \frac{\rho}{M} \tag{5-24}$$

式(5-24)中，$\rho=nm$ 为气体密度，式(5-24)表明了热导率与气体分子平均速率和平均自由程的关系。

热传导由原子或分子间的相互作用所导致，它是热量交换的3种基本方式之一，另两种是对流和辐射。

5.8.3 扩散

在混合气体内部，如果某种气体在容器中各部分密度不均匀，该种气体分子将从密度大处向密度小处迁移，这种现象叫做扩散。就单一气体来说，在温度均匀的情况下，密度的不均匀会导致压强不均匀而形成宏观气流，这样在气体内部发生的就不是单纯的扩散现象。为研究单纯的扩散过程，选两种温度、压强和分子量都相等的气体(如 N_2 和 CO)，分别装入一中间被隔板分成两部分的容器中，抽出隔板后，由于温度、压强处处相同，不会有流动发生，但两种气体单一的密度不均匀会形成单纯扩散过程。为研究扩散过程的规律，只需集中注意一种气体就可以了。

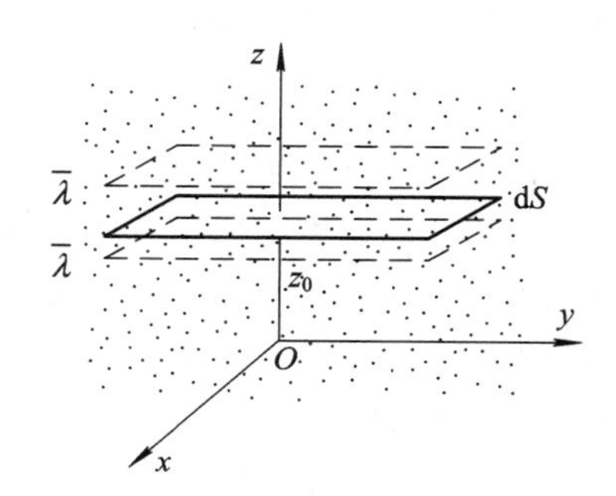

图5.17　分子扩散示意图

在图5.17中，设气体质量密度 ρ 沿 z 轴正向增大，密度梯度为$\frac{d\rho}{dz}$。设想在 $z=z_0$ 处垂直于 z 轴有一界面，其面积为 dS。实验证明，dt 时间内，从密度较大的一侧通过 dS 面向密度较小的一侧扩散的气体质量与这一界面处的密度梯度、面积及时间成正比，即

$$dM = -D\frac{d\rho}{dz}dS\ dt \tag{5-25}$$

式(5-25)中，D 为扩散系数，它的数值与气体种类有关；负号表示扩散总是沿质量密度 ρ 减小的方向进行。

从分子理论的观点来看，由于在 dS 面两边分子数密度 n 不同，使得在相同的时间内，从数密度大的一边迁移到数密度小的一边的分子数(沿 z 轴负向穿过 dS 面的分子数)，大于从数密度小的一边迁移到数密度大的一边的分子数(沿 z 轴正向穿过 dS 面的分子数)，净分子数向下迁移，在宏观上形成了质量的输运。

若分子的质量为 m_0，气体分子密度为 n，则气体的质量密度为 $\rho = nm_0$，分子数密度梯度$\frac{dn}{dz}$变为

$$dN = -D\frac{dn}{dz}dS\ dt$$

由统计观点可以认为，在任一体积中，沿 z 轴正、负方向运动的分子各占分子总数的1/6。这样，在 dt 时间内通过 dS 的净分子数为

$$\begin{aligned} dN &= \frac{1}{6}n_z\bar{v}\ dt\ dS - \frac{1}{6}n_{z+dz}\bar{v}\ dtdS \\ &= -\frac{1}{6}\bar{v}\frac{dn}{dz}dz\ dS\ dt \end{aligned}$$

平均说来，越过 dS 的分子都是在离 dS 距离等于平均自由程$\bar{\lambda}$处发生最后一次碰撞的，所以取 $dz = 2\bar{\lambda}$，于是有

$$dN = -\frac{1}{3}\bar{v}\bar{\lambda}\frac{dn}{dz}dS\ dt$$

得气体扩散系数

$$D = \frac{1}{3}\bar{v}\bar{\lambda}$$

5.9 真实气体、范德瓦耳斯方程

前面已知指出，理想气体状态方程只适用于压强不太大、温度不太低的气体。当气体的压强比较大、温度比较低，即气体分子的数密度 n 比较大时，气体的状态与理想气体状态方程就有较大的差异。因此，必须找出实际气体所遵循的状态方程。当气体分子的数密度比较大时，气体分子之间的间距就没有理想气体分子之间的那么大。分子间的相互作用力和分子本身的体积必须加以考虑，而不能略去不计。

关于实际气体状态方程有许多个，这些方程多半是经验性的，但也有一些是从气体动理论或经典统计力学得出的，其中范德瓦耳斯方程就是在理想气体状态方程的基础上，考虑了分子间的相互作用力和分子本身的体积这两个因素，对理想气体状态方程加以修正后得出的。虽然范德瓦耳斯方程不如有些经验方程那样与实际气体符合得那么好，但范德瓦耳斯所提出的物理模型比较明确，且能定性说明液体与气体共存时的一些特性。

前面讨论压强时，对理想气体有如下假设：

(1) 气体分子可当做质点，分子本身体积忽略不计。

(2) 气体分子间的相互作用，除在碰撞时可以忽略。

范德瓦耳斯认为这些假设是引起偏差的主要原因，对于真实气体必须考虑分子本身体积和分子间的作用力。

气体分子是个复杂系统，分子与分子之间有相互作用的引力和斥力存在，引力和斥力统称为分子力。分子力随分子间距而变化的情况如图5.18所示。图中r_0为分子间的平衡距离，当两个分子彼此相距r_0时，每个分子上所受的斥力F_1与引力F_2恰好平衡(见图5.18(a)Ⅰ)，r_0的数量级约为10^{-10} m。当两个分子的间距小于r_0时，分子力表现为斥力，如图5.18(a)Ⅱ所示，(斥力)$F_1' >$(引力)F_2'。所谓分子本身有体积，不能尽量压缩，正反映了这种斥力的存在。当两个分子的间距大于r_0时，分子力表现为引力，如图5.18(a)Ⅲ所示，(引力)$F_2' >$(斥力)F_1'，这种引力随着距离增大时，很快地趋近于零。在一般压强下，气体分子间的力是引力。在低压状态下，分子间距离相当大，这种引力几乎可以忽略不计。

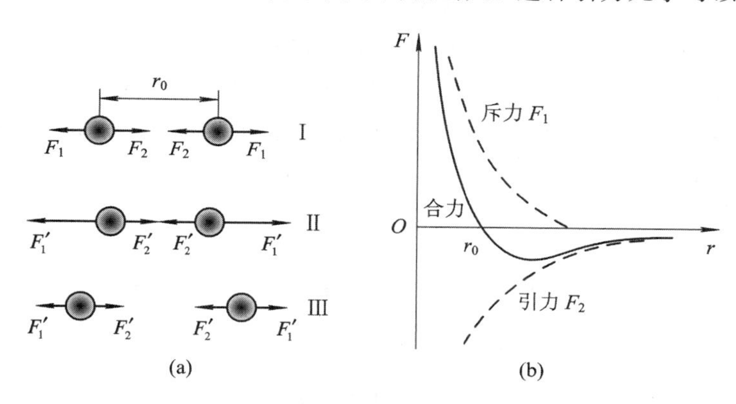

图5.18　分子力的分析图

在1 mol的理想气体状态方程$pV_m = RT$中，V_m表示1 mol气体可被压缩的空间就是整个容器的容积；对理想气体来说，分子本身的体积略而不计，所以气体可被压缩的空间就是整个容器的容积；但对真实气体来说，分子占有一定的体积，所以气体可被压缩的空间应小于容器的容积一个量值b，b是与分子本身体积有关的量。对于给定的气体，b是个恒量，可由实验来测定。据此，气体的状态方程应修正为

$$p(V_m - b) = RT$$

或写成

$$p = \frac{RT}{V_m - b}$$

以上考虑的是分子间斥力的存在导致了气体可被压缩的空间的减少。

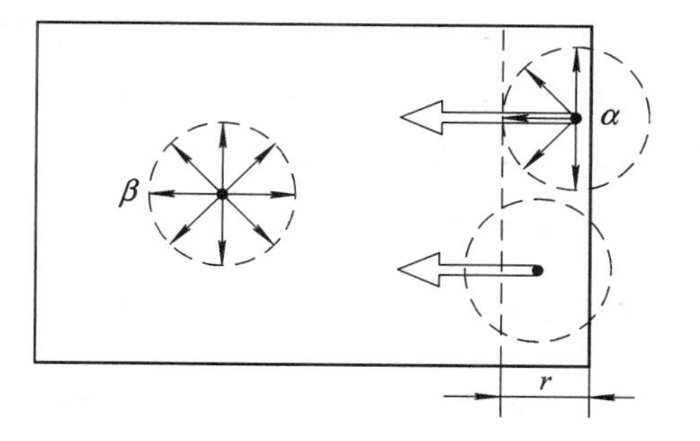

图5.19　气体分子所受的力

现在，我们要研究分子间引力对气体压强的影响。在容器中气体内部认定一个分子β，如图5.19所示。以β为中心，取分子间相互引力为零的距离r为半径作一球。

对β有引力作用的其它分子，都分布在这个球内。这个球叫做分子引力作用球，r叫做

分子引力的作用半径。在引力作用球内，其它分子对β是对称分布的，因此，对β分子的作用正好抵消。至于靠近器壁的分子，情况就与β不同了，每个分子的引力作用球都是不完整的。例如，α分子的引力作用球在气体内外各占一半。在外面的一半，没有气体分子对α分子起引力作用；而在里面半个引力作用球内的气体分子，都对α分子有引力作用，这些引力的合力与边界面垂直且指向气体内部。当分子从气体内部进入这个分子层中，就要受到指向内部的引力作用，因而削弱了碰撞器壁时的动量，也就削弱了施予器壁的压强。因$p=\frac{RT}{V_m-b}$是不考虑分子引力作用的结果，如果考虑分子间的引力，则分子施予器壁的压强应减少一个量值p_i。所以，器壁所受到的压强(即实际的压强)应为

$$p=\frac{RT}{V_m-b}-p_i$$

整理后，得

$$(p+p_i)(V_m-b)=RT$$

其中，p_i叫做内压强，它表示真实气体表面层所受到的内部分子的引力压强。因为引力压强一方面与器壁附近被吸引的气体分子数成正比，另一方面又与内部的吸引分子数成正比，而这两者又都与单位体积内的分子数成正比，因此，p_i正比于n^2。考虑到n与气体的体积成反比，所以p_i与气体体积的平方成反比，即

$$p_i=\frac{a}{V_m^2}$$

式中的比例系数a取决于气体的性质，也可由实验来测定，于是有

$$\left(p+\frac{a}{V_m^2}\right)(V_m-b)=RT$$

上式为1 mol实际气体的范德瓦耳斯方程，其中a是另一个修正数。

本 章 小 结

本章应掌握的重点：平衡态，理想气体的微观模型，理想气体的压强和温度，理想气体分子的平均平动动能，能量均分定理，理想气体的内能，麦克斯韦气体分子速率分布律、三个统计速率，气体分子的平均碰撞频率和平均自由程，玻尔兹曼能量分布律。本章的难点是麦克斯韦气体分子速率分布律的应用。

1. 基本概念

理想气体的压强：$p=\frac{1}{3}nm\overline{v^2}$或$p=\frac{2}{3}nm\overline{\varepsilon_k}$

平均平动动能：$\overline{\varepsilon_k}=\frac{1}{2}m\overline{v^2}=\frac{3}{2}kT$

理想气体的内能：$E=\frac{m}{M}\left(\frac{i}{2}RT\right)$

气体分子速率分布函数：$f(v)=\frac{\mathrm{d}N}{N\ \mathrm{d}v}$

最概然速率：$v_p=\sqrt{\frac{2kT}{m}}\approx 1.41\sqrt{\frac{RT}{M}}$

平均速率：$\bar{v}=\sqrt{\frac{8kT}{\pi m}}\approx 1.60\sqrt{\frac{8kT}{m}}\approx 1.60\sqrt{\frac{RT}{M}}$

方均根速率：$\sqrt{\overline{v^2}}=\sqrt{\frac{3kT}{m}}=1.73\sqrt{\frac{kT}{m}}=1.73\sqrt{\frac{RT}{M}}$

平均碰撞频率：$\bar{z}=\sqrt{2}n\pi d^2\bar{v}$

平均自由程：$\bar{\lambda}=\frac{1}{\sqrt{2}n\pi d^2}$

2. 定理和定律

能量均分定理：$\bar{\varepsilon}_k=\frac{1}{2}ikT$

麦克斯韦气体分子速率分布定律：$\frac{dN}{N}=4\pi\left(\frac{m}{2\pi kT}\right)^{3/2}e^{-\frac{mv^2}{2kT}}v^2\,dv$

玻尔兹曼分布律：$dN_{v_x,v_y,v_z,x,y,z}=n_0\left(\frac{m}{2\pi kT}\right)^{3/2}e^{-(\varepsilon_k+\varepsilon_p)/kT}\,dv_x\,dv_y\,dv_z\,dx\,dy\,dz$

习 题

一、思考题

5-1 一定量的某种理想气体，当温度不变时，其压强随体积的增大而变小；当体积不变时，其压强随温度的升高而增大。从微观角度来看，压强增加的原因是什么？

5-2 阿伏伽德罗定律指出：在温度和压强相同的条件下，相同体积中含有的分子数是相等的，与气体的种类无关。你能用气体动理论对此予以说明吗？

5-3 为什么说温度具有统计意义？讲一个分子具有多少温度，行吗？

5-4 从观测中发现，在地球的大气层中几乎没有自由的氧分子，为什么？

5-5 一定量的气体，容积不变，当温度增加时分子运动得更剧烈，因而平均碰撞次数增多。那么，平均自由程是否也因此而减小？

5-6 在一个球形容器中，如果气体分子的平均自由程大于容器的直径，能否把容器当成是真空的？

二、计算题

5-7 有一水银气压计，当水银柱高为 0.76 m 时，管顶离水银柱液面为 0.12 m。管的截面积为 2.0×10^{-4} m²。当有少量氦气混入水银管内顶部时，水银柱高下降为 0.60 m。此时温度为 27℃，试计算在管顶的氦气的质量(氦的摩尔质量为 0.004 kg/mol，0.76 m 的水银柱压强为 1.013×10^5 Pa)。

5-8 一体积为 1.0×10^{-3} m³ 的容器中，含有 4.0×10^{-5} kg 的氦气和 4.0×10^{-5} kg 的氢气，它们的温度为 30℃，试求容器中混合气体的压强。

5-9 一容器内储有氧气，其压强为 1.01×10^5 Pa，温度为 27.0℃，求：

(1) 气体分子的数密度。

(2) 氧气的密度。

(3) 分子的平均平动动能。

(4) 分子间的平均距离(设分子间均匀等距排列)。

5-10　2.0×10^{-2} kg 氢气装在 4.0×10^{-3} m^3 的容器内，当容器内的压强为 3.90×10^5 Pa 时，氢气分子的平均平动动能为多大？

5-11　温度为 0℃和 100℃时理想气体分子的平均平动动能各为多少？欲使分子的平均平动动能等于 1 eV，气体的温度需多高？

5-12　某些恒星的温度约可达到 1.0×10^8 K，这也是发生聚变反应(也称热核反应)所需的温度。在此温度下，恒星可视为由质子组成。问：

(1) 质子的平均动能是多少？

(2) 质子的方均根速率为多大？

5-13　求温度为 127.0℃时的氢气分子和氧气分子的平均速率、方均根速率及最概然速率。

5-14　如图 5.20 所示，Ⅰ、Ⅱ两条曲线是两种不同气体(氢气和氧气)在同一温度下的麦克斯韦分子速率分布曲线。由图中数据试求：

(1) 氢气分子和氧气分子的最概然速率。

(2) 两种气体所处的温度。

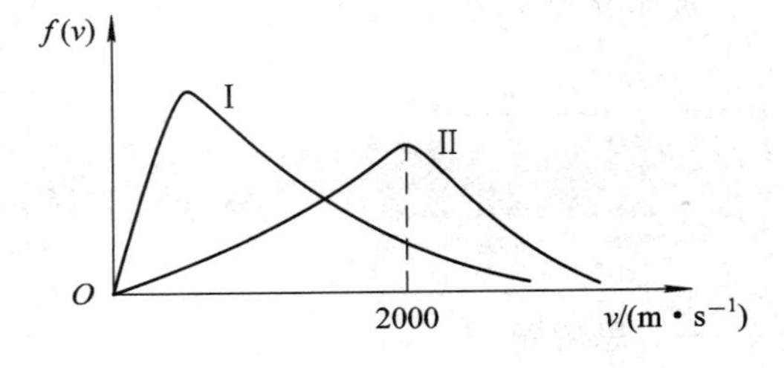

图 5.20　题 5-14 图

5-15　体积为 1.0×10^{-3} m^3 的容器中含有 1.01×10^{23} 个氢气分子。如果其中压强为 1.01×10^5 Pa，求该氢气的温度和分子的方均根速率。

5-16　在容积为 2.0×10^{-3} m^3 的容器中，有内能为 6.75×10^2 J 的刚性双原子分子理想气体。

(1) 求气体的压强。

(2) 若容器中分子总数为 5.4×10^{22} 个，求分子的平均平动动能及气体的温度。

5-17　在 3.0×10^{-2} m^3 的容器中装有 2.0×10^{-2} kg 气体，容器内气体的压强为 5.06×10^4 Pa，求气体分子的最概然速率。

5-18　声波在理想气体中传播的速率正比于气体分子的方均根速率。问声波通过氧气的速率与通过氢气的速率之比为多少？设这两种气体都为理想气体，并具有相同的温度。

5-19　质点离开地球引力作用所需的逃逸速率为 $v=\sqrt{2gr}$，其中 r 为地球半径(取 $r=6.40\times10^6$ m)。求：

(1) 若使氢气分子和氧气分子的平均速率分别与逃逸速率相等，温度需要多高？

(2) 说明大气层中为什么氢气比氧气要少。

5-20　有 N 个质量均为 m 的同种气体分子，它们的速率分布如图 5.21 所示。

(1) 说明曲线与横坐标所包围面积的含义。

(2) 由 N 和 v_0 求 a 值。

(3) 求在速率 $v_0/2$ 到 $3v_0/2$ 间隔内的分子数。

(4) 求分子的平均平动动能。

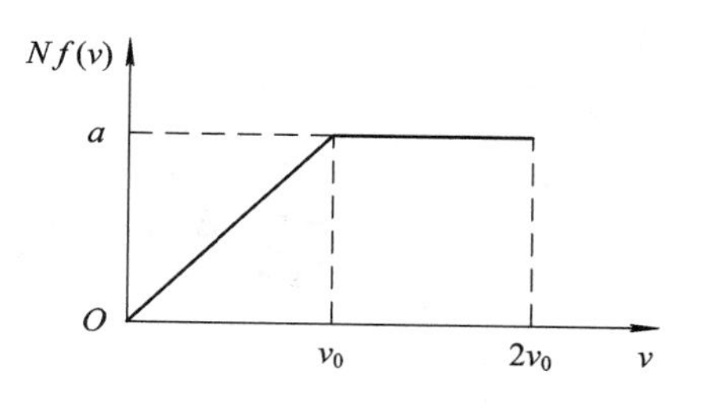

图 5.21 题 5-20 图

5-21 试用麦克斯韦分子速率分布定律导出方均根速率和最概然速率。

5-22 一飞机在地面时，机舱中的压力计指示为 1.01×10^5 Pa，到高空后压强降为 8.11×10^4 Pa。设大气的温度均为 27.0℃。问此时飞机距地面的高度为多少？(设空气的摩尔质量为 2.89×10^{-2} kg・mol^{-1})

5-23 试求氧气在压强为 2.026 Pa、体积为 3×10^{-2} m^3 时的内能。

5-24 已知空气分子的平均分子量为 28.97。求在 $T=300$ K 的等温大气中，分子数密度相差一倍的两处的高度差。

5-25 实验测得常温下距海平面不太高处，每升高 10 m，大气压约降低 133.3 Pa。试用恒温气压公式验证此结果(海平面上大气压按 1.013×10^5 Pa 计，温度取 273 K)。

5-26 氮分子的有效直径为 3.8×10^{-10} m，求它在标准状态下的平均自由程及平均碰撞频率。

5-27 已知真空管的线度为 10^{-2} m，真空度为 1.333×10^{-3} Pa。设空气分子的有效直径为 3×10^{-10} m，求在 27℃时空气的分子数密度、平均碰撞频率和平均自由程。

5-28 已知氖分子的有效直径为 2.04×10^{-10} m，求温度为 600 K、压强为 1.333×10^2 Pa 时氖分子的平均碰撞频率。

5-29 实验测得标准状态下氧气的扩散系数为 0.19×10^{-4} m^2/s，试由此计算氧分子的有效直径和平均自由程。

第6章 热力学基础

热力学是研究物质热现象与热运动规律的一门学科，它的观点和方法与物质分子动理论中的观点和方法差异很大。在热力学中，并不考虑物质的微观结构和过程，而是以观测和实验事实为根据，从能量观点出发，分析热力学系统在状态变化中有关热功转换的关系与条件。现代社会人们越来越关注能量的转换方案和能源的利用效率，其中所涉及的范围极广的技术问题，都可用热力学的方法进行研究，其实用价值很高。

热力学的理论基础是热力学第一定律与热力学第二定律。热力学第一定律包括热现象在内的能量转换与守恒定律。热力学第二定律指明了热力学过程进行的方向与条件。人们发现，热力学过程包括自发过程和非自发过程，它们都有明显的单方向性，都是不可逆过程。热力学所研究的物质宏观性质，特别是气体的性质，经过气体动理论的分析才能了解其本质；气体动理论经过热力学的研究而得到验证。它们两者相互补充，缺一不可。此外，由于世界上存在着大量不可逆过程，所以熵的理论对自然科学很重要。

6.1 准静态过程

6.1.1 准静态过程

热力学系统由某一平衡状态开始进行变化，状态的变化必然要破坏原来的平衡态，需要经过一段时间才能达到新的平衡态。系统从一个平衡态过渡到另一个平衡态所经过的变化历程就是一个热力学过程。

由于中间状态不同，热力学过程分为非静态过程与准静态过程。准静态过程是无限缓慢的状态变化过程。如果过程中的中间状态为非平衡态，这个过程叫做非静态过程。要使一个热力学过程成为准静态过程，应该怎样办呢？例如，要使系统的温度由 T_1 上升到 T_2 的过程是一个准静态过程，就必须采用温度极为相近的很多物体(例如装有大量水的很多水箱)作为中间热源。这些热源(如这里的水箱)的温度分别是 T_1，$T_1+\mathrm{d}T$，$T_1+2\mathrm{d}T$，…，$T_2-\mathrm{d}T$，T_2(见图 6.1)，其中 $\mathrm{d}T$ 代表极为微小的温度差。我们把温度为 T_1 的系统与温度为 $T_1+\mathrm{d}T$ 的热源相接触，系统的温度也将升到 $T_1+\mathrm{d}T$ 而与热源建立热平衡；然后再把系统移到温度为 $T_1+2\mathrm{d}T$ 的热源上，使系统的温度升到 $T_1+2\mathrm{d}T$，而与这一热源建立热平衡；以此类推，直到系统的温度升到 T_2 为止。由于所有热量的传递都是在系统和热源的温度相差极小的情形下进行的，所以这个温度升高的过程无限接近于准静态过程，而且这种过程的进行一定无限缓慢，它好比是平衡状态的不断延续。热力学的研究以准静态过程的研究为基础，理想的准静态过程的研究，将有助于对实际的非静态过程的探讨。

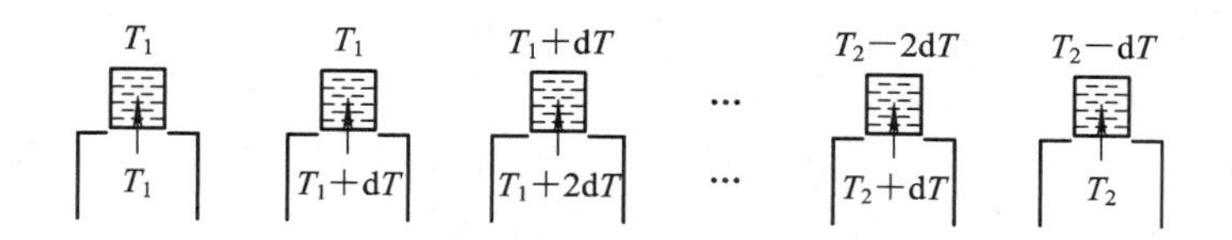

图 6.1 一系列有微小温度差的恒温热源

前面已经指出，只有气体处于平衡态时，才能在 $p-V$ 图上用一点来表示其状态。由此可见，当气体经历一准静态过程时，就可以在 $p-V$ 图上用一条相应的曲线来表示其准静态过程。$p-V$ 图上两点之间的连线称为两状态间的准静态过程曲线，简称过程曲线。

6.1.2 功

现在讨论系统在准静态过程中，由于其体积变化所做的功。如图 6.2(b)所示，在一个有活塞的气缸内盛有一定量的气体，气体的压强为 p，活塞的面积为 S，则作用在活塞上的力为 $F=pS$。当系统经历一微小的准静态过程使活塞移动一微小距离 Δl 时，气体所做的功为

$$\Delta W = F\Delta l = pS\Delta l = p\Delta V$$

其中 ΔV 为气体体积的变化量。功 ΔW 可用图 6.2(b)中画有斜线的矩形小面积来表示，故气体在由状态 A 变化到状态 B 的准静态过程中所做的功为

$$W = \sum \Delta W = \sum p\Delta V \tag{6-1a}$$

在 $p-V$ 图上，W 为所有矩形小面积的总和。式(6-1a)也可用积分式表示，当气体的体积有无限小变化 dV 时，气体所做的功为 $dW=p\,dV$，则式(6-1a)可写成

$$W = \int_{V_1}^{V_2} p\,dV \tag{6-1b}$$

式(6-1b)中，$\int_{V_1}^{V_2} p\,dV$ 等于 $p-V$ 图上实线下的面积。所以，气体所做的功等于 $p-V$ 图上过程曲线下面的面积。当气体膨胀时，它对外界做正功；当气体被压缩时，它对外界做负功，但其数值都等于过程曲线下面的面积。

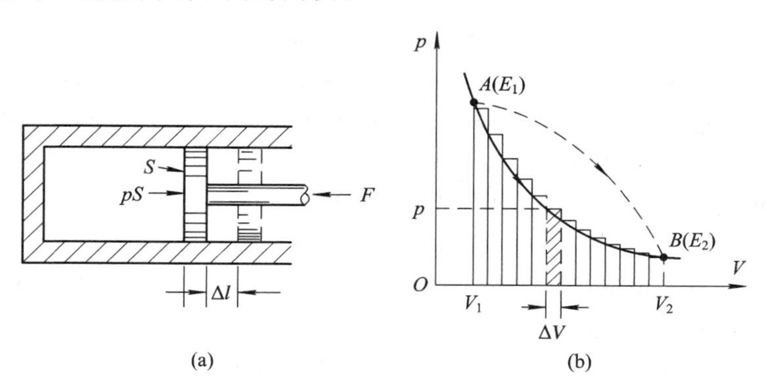

图 6.2 气体膨胀时所做的功

6.1.3 内能

向系统传递热量可以使系统的状态发生变化，对系统做功也可使系统的状态改变，而且对于已定的始状态和末状态，单独向系统传递热量或对系统做功，其值会随过程的不同

而不同。若向系统传递热量的同时又对系统做功，那么，系统状态的变化就与热量和功有关了。然而大量事实表明，对于已定的始状态和末状态，传递热量与做功的总和与路径或过程无关，而为一确定值。这就告诉我们，系统状态的改变可以用这个确定值给出量化的表述。也就是说，系统的状态可以用一个物理量 E 来表征；当系统由始状态改变到末状态时，不管系统从初态至末态所经历的是什么，这个物理量的增量 ΔE 是个确定值。这与力学中依据保守力做功与路径无关，从而定义出系统的势能一样。这个表征系统状态的物理量 E 叫做系统的内能。因此，系统的内能仅是系统状态的单值函数。从前一章我们知道，理想气体的内能仅是温度的函数，即 $E=E(T)$。对一般气体来说，其内能则是气体的温度和体积的函数，即 $E=E(T, V)$。总之，当气体的状态一定时，其内能也是一定的；而气体状态变化时的 ΔE 值只由始状态和末状态决定，与过程无关。

6.1.4 热量

热量是系统与外界，或系统与其它系统交换(或传递)的热运动能量的度量。或者说，热量是系统与外界，或系统与其它系统交换的内能。它是由于各系统之间存在温度差而引起它们之间分子热运动能量的传递过程。对某系统传递热量，就是把高温物体的分子热运动能量传递给该系统，并转化为该系统的分子热运动能量，从而使它的内能增加。

功、内能、热量是三个不同的物理量，它们之间既有严格的区别，又存在着密切的联系。

6.1.5 热力学第一定律

在系统状态变化的过程中，做功与传递热量往往同时存在。假定系统从内能为 E_1 的状态变化到内能为 E_2 的状态的某一过程中，外界对系统传递的热量为 Q，同时系统对外界做功为 W，那么根据能量守恒与转换定律，有

$$Q = (E_2 - E_1) + W \tag{6-2}$$

式(6-2)中 Q 与 W 的正、负号规定为：$Q>0$ 表示系统从外界吸收热量；反之，表示系统向外界放出热量；$W>0$ 表示系统对外界做正功；反之，表示外界对系统做正功。式(6-2)是热力学第一定律的数学表示式，它表明系统从外界吸收的热量，一部分使其内能增加，另一部分则用来对外界做功。显然，热力学第一定律实际上就是包含热现象在内的能量守恒与转换定律。应当指出，在应用式(6-2)时，只要求系统的初、末状态是平衡态，过程中经历的各状态则并不一定是平衡态。

对于无限小的状态变化过程，热力学第一定律可表示为

$$\mathrm{d}Q = \mathrm{d}E + \mathrm{d}W \tag{6-3}$$

由于内能是状态的单值函数，所以式(6-3)中的 $\mathrm{d}E$ 代表内能函数在相差无限小的两状态的微小增量(即微分)。但是功和热量都与过程有关而不是状态的函数，所以上式中的 $\mathrm{d}W$ 和 $\mathrm{d}Q$ 都不是某一函数的微分，而只代表在无限小过程中的一个无限小量。

在热力学第一定律建立以前，曾有不少人尝试制造一种机器，它可以使系统不断地经历状态变化后又回到原来状态，而不消耗系统的内能，同时又不需要外界供给任何能量，但可以不断地对外界做功，这种机器叫做第一类永动机。经过无数次尝试，所有的这种试验最后都以失败而告终。热力学第一定律指出，作功必须由能量转化而来，不消耗能量而获得功不可能实现。为了与人类在长期生产实践中积累的经验相联系，热力学第一定律也

可表示为：第一类永动机是不可能制成的。

6.2　理想气体的几个等值准静态过程

热力学第一定律确定了系统在状态变化过程中热量、功和内能之间的相互关系。不论是气体、液体或固体，热力学第一定律都适用。在本节中，我们讨论在理想气体的几种准静态过程中，热力学第一定律的应用。

6.2.1　等体过程、定体摩尔热容

等体过程的特征是气体的体积保持不变，即 V 为恒量（$\mathrm{d}V=0$）。

设有一气缸，活塞保持固定不动，让气缸连续地与一系列有微小温度差的恒温热源相接触，使气体的温度逐渐上升，压强增大，但是气体的体积保持不变，这样的准静态过程是一个等体过程（见图 6.3(a)）。在等体过程中，$\mathrm{d}V=0$，所以 $\mathrm{d}W=0$，根据热力学第一定律，得

$$\mathrm{d}Q_V = \mathrm{d}E \tag{6-4a}$$

对于有限量变化，则有

$$Q_V = E_2 - E_1 \tag{6-4b}$$

式(6-4a)和式(6-4b)中，下标 V 表示体积保持不变。

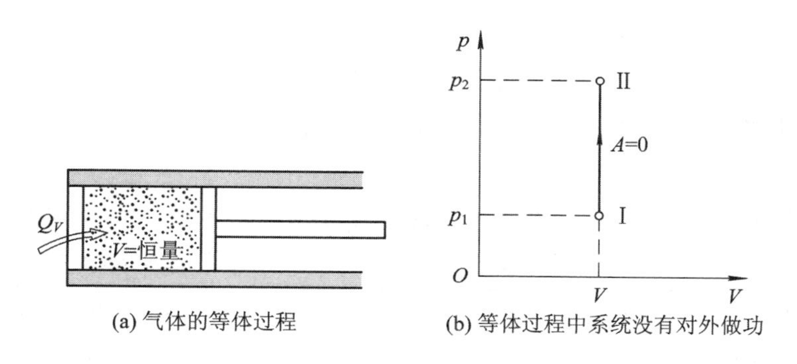

(a) 气体的等体过程　　(b) 等体过程中系统没有对外做功

图 6.3　等体过程示意图

根据上式可以看到，在等体过程中，外界传给气体的热量全部用来增加气体的内能，而系统没有对外做功（见图 6.3(b)）。

为了计算向气体传递的热量，要用到摩尔热容的概念。同一种气体在不同过程中有不同的热容，最常用的是等体过程与等压过程中的两种热容。气体的定体摩尔热容是指1 mol 气体在体积不变而且没有化学反应与相变的条件下，温度改变 1 K(或 1℃)所吸收或放出的热量，用 $C_{V,\mathrm{m}}$ 表示，其值可由实验测定。这样，质量为 m' 的气体在等体过程中，温度改变 $\mathrm{d}T$ 时所需要的热量为

$$\mathrm{d}Q_V = \frac{m'}{M}C_{V,\mathrm{m}}\,\mathrm{d}T \tag{6-5}$$

可得

$$C_{V,m} = \frac{dQ_V}{\frac{m'}{M}dT}$$

把式(6-5)代入式(6-4a)，得

$$dE = \frac{m'}{M}C_{V,m}dT \tag{6-6}$$

应该注意，式(6-6)是计算过程中理想气体内能变化的通用公式。前面已经指出，理想气体的内能只与温度有关，所以一定质量的理想气体在不同的状态变化过程中，如果温度的增量 dT 相同，那么气体所吸取的热量和所作的功虽然随过程的不同而异，但是气体内能的增量相同，与所经历的过程无关。现在从等体过程中我们知道理想气体温度升高 dT 时，内能的增量由式(6-6)给出。那么，在任何过程中都可用这个式子来计算理想气体的内能增量。

已知理想气体的内能为

$$E = \frac{m'}{M}\frac{i}{2}RT$$

则

$$C_{V,m} = \frac{i}{2}R \tag{6-7}$$

温度由 T_1 改变为 T_2 时，所吸收的热量为

$$Q_V = \frac{m'}{M}C_{V,m}(T_2 - T_1) \tag{6-8}$$

气体内能的增量为

$$\Delta E = E_2 - E_1 = \frac{m'}{M}C_{V,m}\int_{T_1}^{T_2}dT = \frac{m'}{M}C_{V,m}(T_2 - T_1) \tag{6-9}$$

定体摩尔热容 $C_{V,m}$ 可以由理论计算得出，也可通过实验测出。表6.1给出了几种气体的 $C_{V,m}$ 实验值。

表6.1　几种气体的摩尔热容实验值(在 1.013×10^5 Pa、25℃时)

($C_{p,m}$、$C_{V,m}$ 的单位均为 $J\cdot mol^{-1}\cdot K^{-1}$，M的单位为 $kg\cdot mol^{-1}$)

气体		M	$C_{p,m}$	$C_{V,m}$	$C_{p,m}-C_{V,m}$	$\gamma=C_{p,m}/C_{V,m}$
单原子气体	氦(He)	4.003×10^{-3}	20.79	12.52	8.27	1.66
	氖(Ne)	20.18×10^{-3}	20.79	12.68	8.11	1.64
	氩(Ar)	39.95×10^{-3}	20.79	12.45	8.34	1.67
双原子气体	氢(H_2)	2.016×10^{-3}	28.82	20.44	8.38	1.41
	氮(N_2)	28.01×10^{-3}	29.12	20.80	8.32	1.40
	氧(O_2)	32.00×10^{-3}	29.37	20.98	8.39	1.40
	空气	28.97×10^{-3}	29.01	20.68	8.33	1.40
	一氧化碳(CO)	28.01×10^{-3}	29.04	20.74	8.30	1.40
多原子气体	二氧化碳(CO_2)	44.01×10^{-3}	36.62	28.17	8.45	1.30
	一氧化氮(N_2O)	40.01×10^{-3}	36.90	28.39	8.51	1.31
	硫化氢(H_2S)	34.08×10^{-3}	36.12	27.36	8.76	1.32
	水蒸气	18.016×10^{-3}	36.21	27.82	8.39	1.30

6.2.2 等压过程、定压摩尔热容

在等压过程中，理想气体的压强保持不变。如图6.4所示，等压过程在$p-V$图上是一条平行于V轴的直线，即等压线。

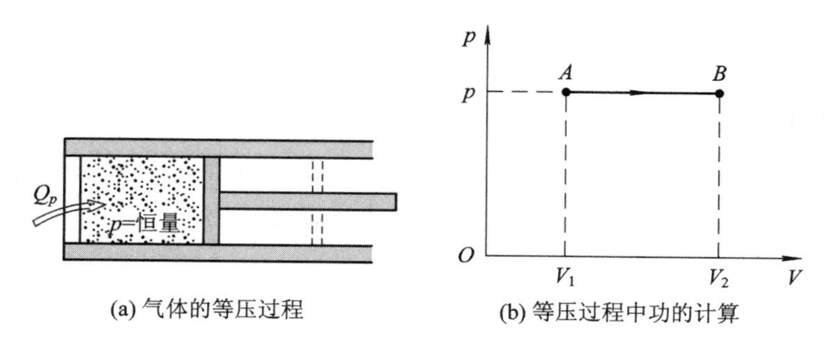

(a) 气体的等压过程　　(b) 等压过程中功的计算

图6.4　气体的等压过程示意图

在等压过程中，向气体传递的热量为dQ_p，气体对外所做的功为$p\,dV$，所以热力学第一定律可写成

$$dQ_p = dE + p\,dV \tag{6-10}$$

式(6-10)表明，在等压过程中，理想气体吸收的热量一部分用来增加气体的内能，另一部分使气体对外做功。

对有限的等压过程来说，向气体传递的热量为Q_p，则有

$$Q_p = E_2 - E_1 + \int_{V_1}^{V_2} p\,dV$$

得

$$Q_p = E_2 - E_1 + p(V_2 - V_1) = E_2 - E_1 + \frac{m'}{M}R(T_2 - T_1) \tag{6-11}$$

在压强不变以及没有化学变化与相变的条件下，把1 mol气体温度改变1 K所需要的热量叫做气体的定压摩尔热容，用$C_{p,m}$表示，即

$$C_{p,m} = \frac{dQ_p}{\frac{m'}{M}dT}$$

可得

$$Q_p = \frac{m'}{M}C_{p,m}\,dT$$

又因为$E_2 - E_1 = \frac{m'}{M}C_{V,m}(T_2 - T_1)$，把这两个式子代入式(6-11)，得

$$C_{p,m} = C_{V,m} + R \tag{6-12}$$

上式叫做迈耶公式，它的意义是：1 mol理想气体温度升高1 K时，在等压过程中比在等体过程中要多吸收热量，这些能量转化为对外所做的膨胀功。由此可见，普适气体常量R等于1 mol理想气体在等压过程中温度升高1 K时对外所做的功，因$C_{V,m} = \frac{i}{2}R$，从式(6-12)得

$$C_{p,m}=\frac{i}{2}R+R=\frac{i+2}{2}R \tag{6-13}$$

定压摩尔热容 $C_{p,m}$ 与定体摩尔热容 $C_{V,m}$ 之比，用 γ 表示，叫做摩尔热容比或绝热指数，得

$$\gamma=\frac{C_{p,m}}{C_{V,m}}=\frac{i+2}{i} \tag{6-14}$$

6.2.3 等温过程

等温过程的特征是系统的温度保持不变，即 dT=0。由于理想气体的内能只取决于温度，所以在等温过程中，理想气体的内能保持不变，即 dE=0。

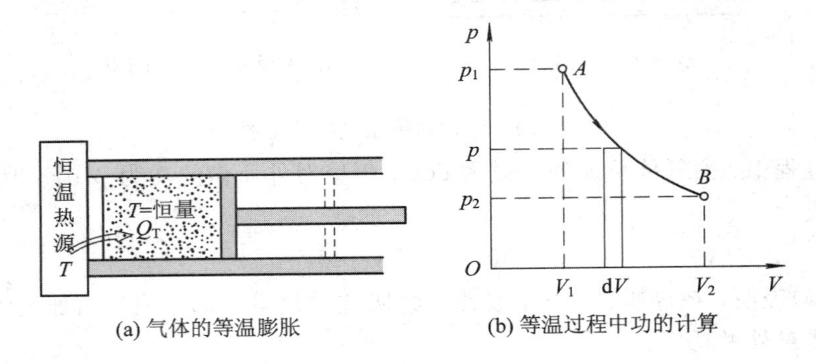

图 6.5 气体的等温过程示意图

设想一气缸壁是绝对不导热的，而底部则是绝对导热的(见图 6.5(a))。现将气缸的底部和一恒温热源相接触。当活塞上的外界压强非常缓慢地降低时，缸内气体也将随之逐渐膨胀，对外做功，气体内能就随之缓慢减少，温度也将随之微微降低。可是，由于气体与恒温热源相接触，当气体温度比热源温度略低时，就有微量的热量传给气体，使气体温度保持原值不变。这一准静态过程是一个等温过程。

在等温过程中，$p_1V_1=p_2V_2$，系统对外做的功为

$$W_T=\int_{V_1}^{V_2}p\,\mathrm{d}V=\int_{V_1}^{V_2}\frac{p_1V_1}{V}\,\mathrm{d}V=p_1V_1\ln\frac{V_2}{V_1}=p_1V_1\ln\frac{p_1}{p_2}$$

根据理想气体状态方程，可得

$$W_T=\frac{m'}{M}RT\ln\frac{V_2}{V_1}=\frac{m'}{M}RT\ln\frac{p_1}{p_2} \tag{6-15}$$

根据热力学第一定律，系统在等温过程中所吸收的热量应和它所做的功相等，即

$$Q_T=W_T=\frac{m'}{M}RT\ln\frac{V_2}{V_1}=\frac{m'}{M}RT\ln\frac{p_1}{p_2} \tag{6-16}$$

等温过程在 $p-V$ 图上是一条等温线(双曲线)上的一段。图 6.5(b)中所示的过程中 $A\rightarrow B$ 是一等温膨胀过程。在等温膨胀过程中，理想气体所吸取的热量全部转化为对外所做的功；反之，在等温压缩时，外界对理想气体所做的功将全部转化为传给恒温热源的热量。

6.2.4 绝热过程

在不与外界做热量交换的条件下，系统的状态变化过程叫发生绝热过程，它的特征是

$dQ=0$。要实现绝热过程，系统的外壁必须是完全绝热的，过程也应该进行得非常缓慢(如图6.6所示)。但在自然界中，完全绝热的器壁是找不到的，因此理想的绝热过程并不存在，实际进行的都是近似的绝热过程。例如，气体在杜瓦瓶(一种保温瓶)内或在用绝热材料包起来的窗口内所经历的变化过程，就可看成近似的绝热过程。又如声波传播时所引起的空气压缩和膨胀，内燃机中的爆炸过程等。由于这些过程进行得很快，热量来不及与四周交换，也可近似地看做是绝热过程。当然，这种绝热过程是非静态过程。

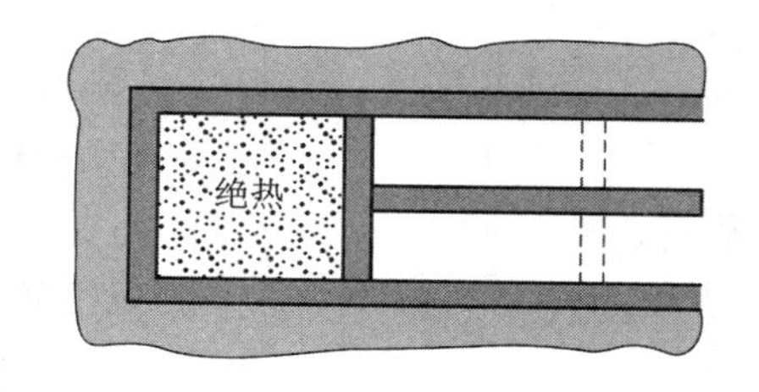

图6.6 气体的绝热过程

下面讨论绝热过程中功和内能转换的情形。

根据绝热过程的特征，热力学第一定律($dQ=dE+p\,dV$)可写成

$$dE+p\,dV=0$$

或

$$dW=p\,dV=-dE$$

也就是说，在绝热过程中，通过计算内能的变化可得出系统所做的功。系统所做的功完全来自内能的变化。据此，质量为 m 的理想气体由温度为 T_1 的初状态绝热地变到温度为 T_2 的末状态，在这个过程中气体所做的功为

$$W=-(E_2-E_1)=-\frac{m'}{M}C_{V,m}(T_2-T_1) \tag{6-17}$$

在绝热过程中，理想气体的三个状态参量 p、V、T 是同时变化的。利用热力学第一定律、理想气体状态方程以及绝热条件，可以证明：对于平衡的绝热过程，在 p、V、T 三个参量中，每两者之间的相互关系式为

$$\begin{cases} pV^{\gamma}=\text{常量} \\ V^{\gamma-1}T=\text{常量} \\ p^{\gamma-1}T^{-\gamma}=\text{常量} \end{cases} \tag{6-18}$$

式(6-18)中的方程叫做绝热过程方程，式中 $\gamma=\frac{C_{p,m}}{C_{V,m}}$ 为热容比，等号右面的常量的大小在三个式子中各不相同，它们与气体的质量及初始状态有关，可根据实际情况选一个比较简单的应用。

下面推导绝热过程方程。

根据热力学第一定律及绝热过程的特征($dQ=0$)，可得

$$p\,dV=-\frac{m'}{M}C_{V,m}\,dT$$

理想气体同时又要适合方程 $pV=\frac{m'}{M}RT$，在绝热过程中，因为 p、V、T 三个量都在变化，所以对理想气体状态方程取微分，得

$$p\,dV+V\,dp=\frac{m'}{M}R\,dT$$

由上面两式中消去 dT 得

$$C_{V,m}(p\,dV+V\,dp)=-Rp\,dV$$

又因为

$$R = C_{p,m} - C_{V,m}$$

所以

$$C_{V,m}(p\,dV + V\,dp) = (C_{V,m} - C_{p,m})p\,dV$$

简化后，得

$$C_{V,m}V\,dp + C_{p,m}p\,dV = 0$$

或

$$\frac{dp}{p} + \gamma\frac{dV}{V} = 0$$

式中，$\gamma = \frac{C_{p,m}}{C_{V,m}}$，将上式积分得

$$pV^{\gamma} = 常量$$

这就是绝热过程中 p 与 V 的关系式，应用上式和 $pV = \frac{m'}{M}RT$ 消去 p 或者 V，即可分别得到 V 与 T 以及 p 与 T 之间的关系，如式(6-18)所示。

当气体发生绝热变化时，也可在 $p-V$ 图上画出 p 与 V 的关系曲线，这条曲线叫做绝热线。在图6.7中，实线表示绝热线，虚线表示同一气体的等温线，两者有些相似，A 点是两线的相交点。等温线(pV=常量)和绝热线(pV^{γ}=常量)在交点 A 处的斜率$\left(\frac{dp}{dV}\right)$可以分别求出：等温线的斜率$\left(\frac{dp}{dV}\right)_T = -\frac{P_A}{V_A}$；绝热线的斜率$\left(\frac{dp}{dV}\right)_Q = -\gamma\frac{P_A}{V_A}$。由于 $\gamma > 1$，所以在两线的交点处，绝热线的斜率的绝对值较等温线斜率的绝对值大。这表明同一气体从同一初状态作同样的体积压缩时，压强的变化在绝热过程中比在等温过程中要大。

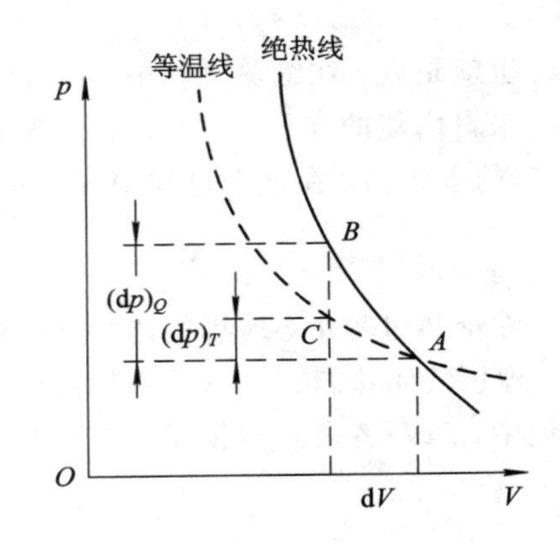

图 6.7　等温线与绝热线的斜率的比较

我们也可用物理概念来说明这一结论：假定从交点 A 起，气体的体积压缩了 dV，那么不论过程是等温的或绝热的，气体的压强总要增加，但是在等温过程中，温度不变，所以压强的增加只是由于体积的减小；在绝热过程中，压强的增加不仅由于体积的减小，而且还由于温度的升高。因此，在绝热过程中，压强的增量$(dp)_Q$应较等温过程的$(dp)_T$多，所以绝热线在 A 点的斜率的绝对值较等温线大。

*6.2.5　多方过程

实际上在气体中所进行的过程，既不是等温过程，也不是绝热过程，而是介于两者之间的过程，它的过程方程为

$$pV^n = 常量$$

式中 n 是一个常量，称为多方指数。凡是满足上式的过程，称为多方过程。

表 6.2 列举了理想气体在上述各过程中的一些重要公式，可供参考。

表 6.2 理想气体热力学过程的主要公式

过程	特征	过程方程	吸收热量 Q	对外做功 W	内能增量 ΔE
等体	V=常量	$\frac{p}{T}$=常量	$\frac{m'}{M}C_{V,m}(T_2-T_1)$	0	$\frac{m'}{M}C_{V,m}(T_2-T_1)$
等压	p=常量	$\frac{V}{T}$=常量	$\frac{m'}{M}C_{p,m}(T_2-T_1)$	$p(V_2-V_1)$ 或$\frac{m'}{M}R(T_2-T_1)$	$\frac{m'}{M}C_{V,m}(T_2-T_1)$
等温	T=常量	pV=常量	$\frac{m'}{M}RT\ln\frac{V_2}{V_1}$ 或$\frac{m'}{M}RT\ln\frac{p_1}{p_2}$	$\frac{m'}{M}RT\ln\frac{V_2}{V_1}$ 或$\frac{m'}{M}RT\ln\frac{p_1}{p_2}$	0
绝热	$dQ=0$	pV^γ=常量 $V^{\gamma-1}T$=常量 $p^{\gamma-1}T^{-\gamma}$=常量	0	$-\frac{m'}{M}C_{V,m}(T_2-T_1)$ 或$\frac{p_1V_1-p_2V_2}{\gamma-1}$	$\frac{m'}{M}C_{V,m}(T_2-T_1)$
多方		pV^n=常量	$W+\Delta E$	$\frac{p_1V_1-p_2V_2}{n-1}$	$\frac{m'}{M}C_{V,m}(T_2-T_1)$

【例 6.1】 设有 8 g 氧气，体积为 $0.41\times10^{-3}\ m^3$，温度为 300 K。如果氧气作绝热膨胀，膨胀后的体积为 $4.10\times10^{-3}\ m^3$，问气体做多少功？如果氧气作等温膨胀，膨胀后的体积也是 $4.10\times10^{-3}\ m^3$，问这时气体做多少功？

【解】 氧气的质量 $m'=0.008$ kg，摩尔质量 $M=0.032$ kg/mol，初始温度 $T_1=300$ K。令 T_2 为氧气绝热膨胀后的温度，由式(6-17)可得

$$W=\frac{m'}{M}C_{V,m}(T_1-T_2)$$

根据绝热方程中 T 与 V 的关系式

$$V_1^{\gamma-1}T_1=V_2^{\gamma-1}T_2$$

得

$$T_2=T_1\left(\frac{V_1}{V_2}\right)^{\gamma-1}$$

以 $T_1=300$ K，$V_1=0.41\times10^{-3}\ m^3$，$V_2=4.10\times10^{-3}\ m^3$ 及 $\gamma=1.40$ 代入上式，得

$$T_2=119\ K$$

又因氧分子是双原子分子，$i=5$，$C_{V,m}=\frac{i}{2}R=20.8$ J/(mol·K)，于是由式(6-17)得

$$W=\frac{m'}{M}C_{V,m}(T_1-T_2)=941\ (J)$$

如果氧气作等温膨胀，气体所做的功为

$$W_T=\frac{m'}{M}RT_1\ln\frac{V_2}{V_1}=1.44\times10^3(J)$$

【例 6.2】 设有 5 mol 的氢气，最初的压强为 1.013×10^5 Pa、温度为 20℃。如图 6.8 所示，(1) 求在下列过程中，把氢气压缩为原来体积的 1/10 需要做的功：① 等温过程；② 绝热过程；(2) 经过这两个过程后，气体的压强各为多少？

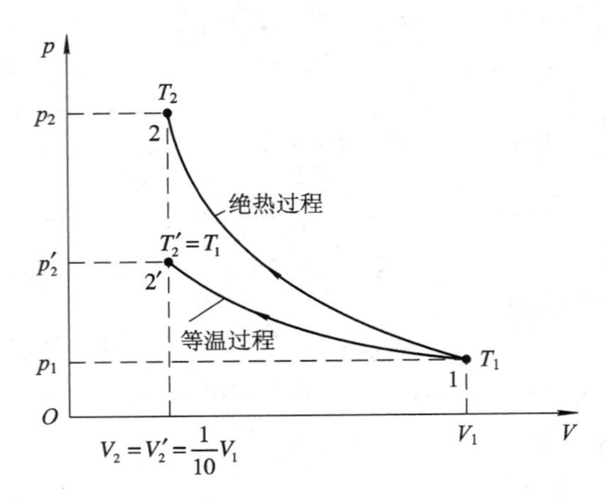

图 6.8　例 6.2 图

【解】 (1) 对等温过程，由式(6-15)可得氢气由点 1 等温压缩到点 2′做的功为

$$W'_{12}=\frac{m'}{M}RT\ln\frac{V'_2}{V_1}$$

$$=5\times8.31\times293\ln\frac{1}{10}$$

$$=-2.80\times10^4\,(\text{J})$$

上式中负号表示外界对气体做功。

(2) 因为氢气是双原子气体，由表 6.1 可知其 $\gamma=1.41$。所以对绝热过程，由式(6-18)可求得点 2 的温度为

$$T_2=T_1\left(\frac{V_1}{V_2}\right)^{\gamma-1}=293\times10^{0.41}=753\ (\text{K})$$

氢气由点 1 绝热压缩到点 2 做的功为

$$W_{12}=-\frac{m'}{M}C_{V,\text{m}}(T_2-T_1)$$

由表 6.1 可查得氢的定体摩尔热容 $C_{V,\text{m}}=20.44\ \text{J}\cdot\text{mol}^{-1}\cdot\text{K}^{-1}$。把已知数据代入上式，得

$$W_{12}=-5\times20.44(753-293)=-4.70\times10^4\,(\text{J})$$

上式中负号表示外界对气体做功。

(3) 下面求点 2′和点 2 的压强。对等温过程，有

$$p'_2=p_1\left(\frac{V_1}{V'_2}\right)=1.013\times10^5\times10=1.013\times10^6\,(\text{Pa})$$

对绝热过程，有

$$p_2=p_1\left(\frac{V_1}{V_2}\right)^{\gamma}=1.013\times10^5\times10^{1.41}=2.55\times10^6\,(\text{Pa})$$

6.3　循环过程、卡诺循环

6.3.1　循环过程

在生产技术上需要将热与功之间的转换持续进行下去，就需要利用循环过程。系统经过一系列状态变化过程以后，又回到原来状态的过程叫做热力学循环过程，简称循环。

现考虑以气体为工作物质的循环过程。如图6.9所示，设气体吸收热量推动气缸的活塞而膨胀，经准静态过程从状态A到状态B，在此膨胀过程中，气体所做的功为W_{AB}。若使气体从状态B沿原来的路径压缩到状态A，则气体所做的功$W_{BA}=-W_{AB}$。上述从状态A出发又回到状态A的过程，即为一循环过程。但是在这个循环过程中，系统所做的净功为零，即$W_{AB}+W_{BA}=0$。

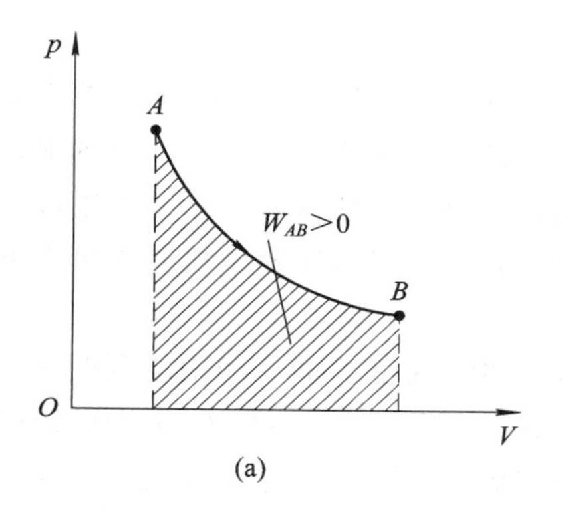

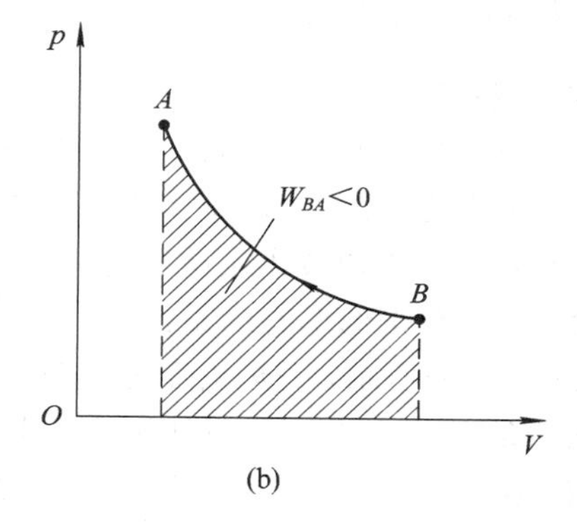

图6.9　压缩过程及重复膨胀过程

若气体在压缩过程中所经过的路径，与在膨胀过程中所经过的路径不重复，如图6.10(a)所示，那么，气体经历这样一个循环后就要做净功。在图6.10(b)中，设有一定量的气体，先由起始状态$A(p_A、V_A、T_A)$在较高温度的条件下，沿过程AaB吸收热量而膨胀到状态$B(p_B、V_B、T_B)$，在此过程中，气体对外所做的功W_a等于A、B两点间过程曲线AaB下面的面积。然后再将气体由状态B在较低温度的条件下，沿过程BbA放出热量并压缩到起始状态A，如图6.10(c)所示。

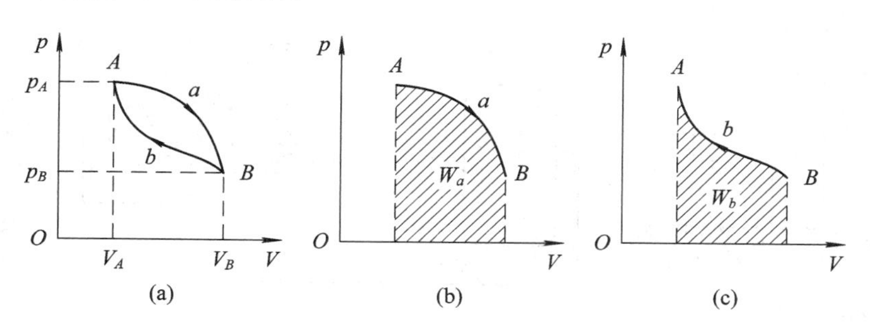

图6.10　循环过程所做的功

在压缩过程中，外界对气体所做的功W_b等于A、B两点间过程曲线BbA下面的面积。按照图中所选定的过程，W_b的值小于W_a的值。所以气体经历一个循环以后，既从高温热源吸热，又向低温热源放热并做功，而对外所做的净功W应是W_a与W_b之差，即

$$W = W_a - W_b$$

在讲述热力学第一定律时，对$Q=E_2-E_1+W$中的热量Q和功W规定：系统吸热时，Q为正值；放热时，Q为负值。系统对外做功时，W为正值；外界对系统做功时，W为负值。但自本节起，为书写方便，Q与W均为绝对值，因此系统吸热为$+Q$，放热为$-Q$，系统对外做功为$+W$，外界对系统做功为$-W$。

显然，在$p-V$图上，W是由AaB和BbA两个过程组成的循环所包围的面积(见图6.10(d))。应当指出，在任何一个循环过程中，系统所做的净功都等于$p-V$图上所示循环包围的面积。因为内能是系统状态的单值函数，所以系统经历一个循环过程后，它的内能没有改变，这是循环过程的重要特征。

6.3.2　热机和制冷机

按过程进行的方向可把循环过程分为两类。在$p-V$图上按顺时针方向进行的循环过程叫做正循环，图6.10(d)就是一个正循环；在$p-V$图上按逆时针方向进行的循环过程叫做逆循环。工作物质作正循环的机器叫做热机(如蒸气机、内燃机)，它是把热量持续地转变为功的机器。工作物质作逆循环的机器叫制冷机，它是利用外界做功使热量由低温处流入高温处，从而获得低温的机器。

如图6.11(a)所示，一热机经过一个正循环后，由于它的内能不变化，因此它从高温热源吸收的热量Q_1一部分用于对外做功，另一部分则向低温热源放热，Q_2为向低温热源放出的热量值。这就是说，在热机经历一个正循环后，吸收的热量Q_1不能全部转变为功，转变为功的只是$W=Q_1-Q_2$。通常把

$$\eta = \frac{W}{Q_1} = \frac{Q_1 - Q_2}{Q_1} = 1 - \frac{Q_2}{Q_1} \tag{6-19}$$

叫做热机效率或循环效率。

第一部实用的热机是蒸气机，如图6.11(b)所示，它创制于17世纪末，用于从煤矿中抽水。目前蒸气机主要用于发电厂中。

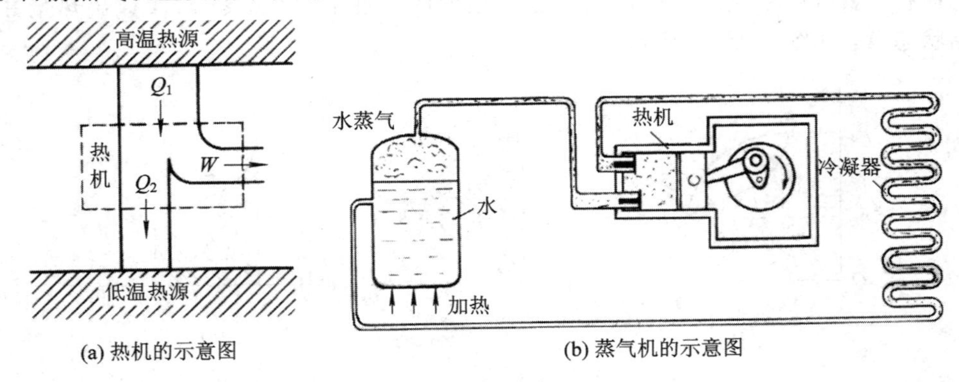

(a) 热机的示意图　　　　(b) 蒸气机的示意图

图6.11　热机和蒸气机示意图

热机除蒸气机外，还有内燃机、喷气机等。虽然它们在工作方式、效率上各不相同，但工作原理基本相同，都是不断地把热量转变为功。表6.3给出了几种装置的热效率。

图6.12是一个制冷机的示意图，它从低温热源吸取热量而膨胀，并在压缩过程中把热量传送给高温热源。为实现这一点，外界必须对制冷机做功。图中Q_2为制冷机从低温热源吸收的热量，W为外界对它做的功，Q_1为它传给高温热源热量的值。当制冷机完成一个逆循环后，有$-W=Q_2-Q_1$，即$W=Q_1-Q_2$。这就是说，制冷机经历一个逆循环后，由于外界对它做功，可把热量由低温热源传递到高温热源。外界不断做功，制冷机就能不断地从低温热源吸取热量，传递到高温热源，这就是制冷机的工作原理。通常把

$$e=\frac{Q_2}{W}=\frac{Q_2}{Q_1-Q_2} \tag{6-20}$$

叫做制冷机的制冷系数。

表6.3 几种装置的热效率

装置	热效率
液体燃料火箭	$\eta=0.48$
燃气轮机	$\eta=0.46$
柴油机	$\eta=0.37$
汽油机	$\eta=0.25$
蒸气机车	$\eta=0.08$
热电偶	$\eta=0.07$

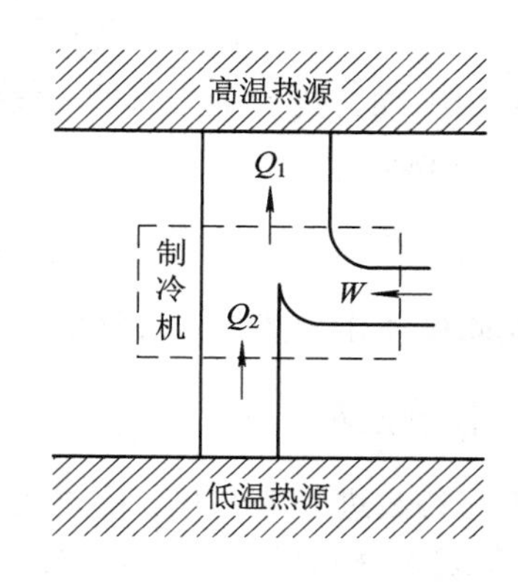

图6.12 制冷机的示意图

【例6.3】 1 mol 氦气经过如图6.13所示的循环，其中$p_2=2p_1$，$V_4=2V_1$，求在1-2、2-3、3-4、4-1过程中气体吸收的热量和循环的效率。

【解】 气体经过循环做的净功W为图中1-2-3-4-1线所包围的面积，即$(p_2-p_1)(V_4-V_1)$，而由于$p_2=2p_1$，$V_4=2V_1$，故

$$W=p_1V_1$$

利用理想气体状态方程$pV=\frac{m'}{M}RT$，因为$\frac{m'}{M}=1$，所以上式为

$$W=RT_1$$

式中T_1为点1的温度。从图中可知，$p_2=2p_1$，$V_2=V_1$；$p_3=2p_1$，$V_3=2V_1$；$p_4=p_1$，$V_4=2V_1$。所以，由理想气体状态方程可以分别求得2、3、4点的温度为

$$T_2=2T_1$$

$$T_3=4T_1$$

$$T_4=2T_1$$

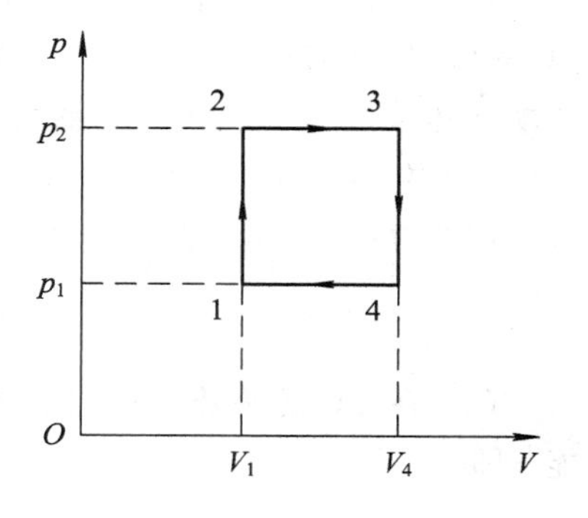

图6.13 例6.3图

由上述内容可知，在等体过程1-2及等压过程2-3中，氦气分别吸热Q_{12}和Q_{23}；在等体过程3-4及等压过程4-1中，氦气分别放热Q_{34}和Q_{41}。由表6.2可知

$$Q_{12}=C_V(T_2-T_1)=C_VT_1$$

$$Q_{23} = C_p(T_3 - T_2) = 2C_pT_1$$
$$Q_{34} = C_V(T_4 - T_3) = -2C_VT_1$$
$$Q_{41} = C_p(T_1 - T_4) = -C_pT_1$$

所以，氦气经历一个循环吸收的热量之和为

$$Q_1 = Q_{12} + Q_{23} = C_VT_1 + 2C_pT_1$$

由于 $C_{p,\mathrm{m}} = C_{V,\mathrm{m}} + R$，故有

$$Q_1 = C_{V,\mathrm{m}}T_1 + 2(C_{V,\mathrm{m}} + R)T_1 = T_1(3C_{V,\mathrm{m}} + 2R)$$

氦气在此循环中放出的热量之和为

$$Q_2 = |Q_{34}| + |Q_{41}| = 2C_{V,\mathrm{m}}T_1 + C_{p,\mathrm{m}}T_1 = T_1(3C_{V,\mathrm{m}} + R)$$

式中 Q_2 为其绝对值。此循环的效率为

$$\eta = \frac{W}{Q_1} = \frac{Q_1 - Q_2}{Q_1} = \frac{RT_1}{T_1(3C_{V,\mathrm{m}} + 2R)} = \frac{R}{3C_{V,\mathrm{m}} + 2R}$$

由表 6.1 知，氦气的定体摩尔热容 $C_{V,\mathrm{m}} = 12.52\ \mathrm{J \cdot mol^{-1} \cdot K^{-1}}$，而摩尔气体常量 $R = 8.31\ \mathrm{J \cdot mol^{-1} \cdot K^{-1}}$，所以有

$$\eta = \frac{8.31}{3 \times 12.52 + 2 \times 8.31} = 15.3\%$$

若以此循环作为热机，其效率为 15.3%。

6.3.3 卡诺循环

由于瓦特改进了蒸气机，使热机的效率大为提高。人们迫切要求进一步提高热机的效率，那么，提高热机效率的主要方向在哪里？提高热机效率有没有极限？为此，法国的年青工程师卡诺(S. Carnot，1796～1832 年)于 1824 年提出了一个工作在两个热源之间的理想循环——卡诺循环，找到了在两个给定热源温度的条件下，热机效率的理论极限值。他还提出了著名的卡诺定理。这里先介绍卡诺循环，下一节再讲述卡诺定理。

卡诺循环由四个准静态过程组成，其中两个是等温过程，两个是绝热过程。卡诺循环对工作物质没有规定，为方便讨论，以理想气体为工作物质。如图 6.14(a)所示，曲线 AB 和 CD 分别是温度为 T_1 和 T_2 的两条等温线，曲线 BC 和 DA 分别是两条绝热线。如果工作物质即理想气体从点 A 出发，按顺时针方向沿封闭曲线 $ABCDA$ 进行，这种正循环为卡诺正循环，又称卡诺热机。

在经历一个循环后，理想气体又回到原先的状态，其内能不变，但要对外做功，并与两个热源之间有能量传递。由热力学第一定律可求得在四个过程中，气体的内能、对外做的功和传递的热量之间的关系如下：

(1) 在 AB 的等温膨胀过程中，气体的内能没有改变，而气体对外做的功 W_1 等于气体从温度为 T_1 的高温热源中吸收的热量 Q_1，即

$$W_1 = Q_1 = \frac{m'}{M}RT_1 \ln\frac{V_2}{V_1} \tag{6-21}$$

(2) 在 BC 的绝热膨胀过程中，气体不吸收热量，对外做的功 W_2 等于气体减少的内能，即

$$W_2 = -\Delta E = E_B - E_C = \frac{m'}{M}C_{V,\mathrm{m}}(T_1 - T_2)$$

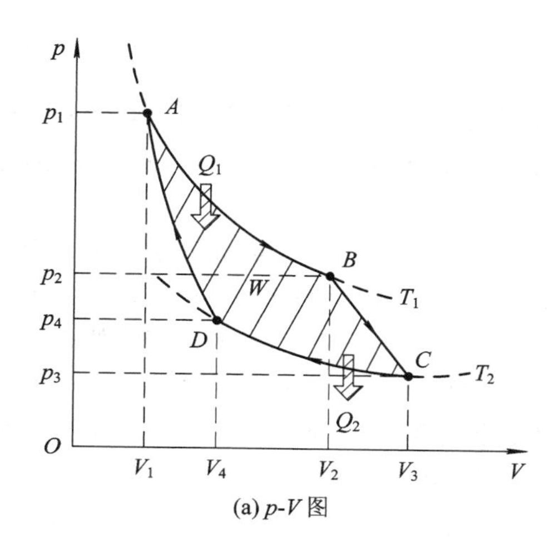

(a) p-V 图

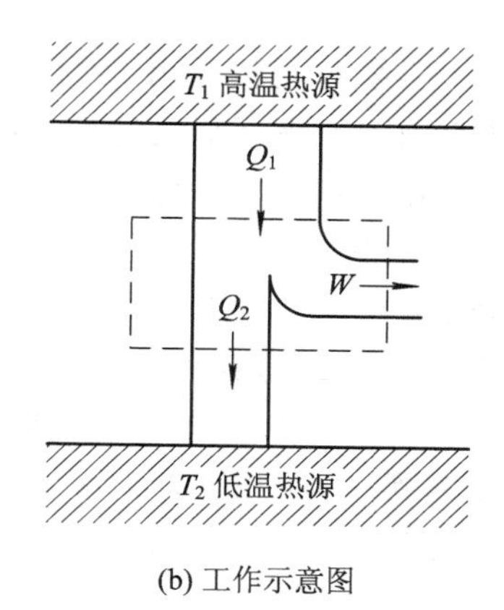

(b) 工作示意图

图 6.14 卡诺正循环——热机

(3) 在 CD 的等温压缩过程中，外界对气体做的功($-W_3$)，等于气体向温度为 T_2 的低温热源放出的热量($-Q_2$)，即

$$W_3=-Q_2=\frac{m'}{M}RT_2\ln\frac{V_4}{V_3}$$

有

$$Q_2=\frac{m}{M}RT_2\ln\frac{V_3}{V_4}\tag{6-22}$$

(4) 在 DA 的绝热压缩过程中，气体不吸收热量，外界对气体做的功($-W_4$)用于增加气体的内能，即

$$W_4=\Delta E=E_A-E_D=\frac{m'}{M}C_{V,m}(T_1-T_2)$$

由以上四式可得理想气体经历一个卡诺循环后所做的净功为

$$W=W_1+W_2-W_3-W_4=Q_1-Q_2$$

可以看出这个净功 W 就是图中循环所包围的面积。由热机效率公式式(6-19)可得卡诺热机的效率为

$$\eta=\frac{W}{Q_1}=\frac{Q_1-Q_2}{Q_1}=1-\frac{Q_2}{Q_1}\tag{6-23a}$$

由理想气体绝热方程 $TV^{\gamma-1}=$常量，可得

$$T_1V_2^{\gamma-1}=T_2V_3^{\gamma-1}$$
$$T_1V_1^{\gamma-1}=T_2V_4^{\gamma-1}$$

以上两式相除，有

$$\frac{V_2}{V_1}=\frac{V_3}{V_4}$$

把上式代入式(6-21)和式(6-22)，化简后有

$$\frac{Q_1}{T_1}=\frac{Q_2}{T_2}$$

把上式代入式(6-23a)，得到以理想气体为工作物质的卡诺热机效率为

$$\eta = 1 - \frac{T_2}{T_1} = \frac{T_1 - T_2}{T_1} \tag{6-23b}$$

从式(6－23b)可以看出：要完成一次卡诺循环必须有高温和低温两个热源；卡诺热机的效率与工作物质无关，只与两个热源的温度有关，高温热源的温度越高，低温热源的温度越低，卡诺循环的效率越高。

下面讨论图 6.15(a)所示的由两个绝热过程和两个等温过程组成的卡诺逆循环，即卡诺制冷机。图中曲线 BA 和 DC 是等温线，曲线 AD 和 CB 是绝热线。设工作物质为理想气体，它从温度为 T_1 的点 A 绝热膨胀到点 D，在此过程中，气体的温度逐渐降低，在点 D 时气体的温度为 T_2；接着，气体等温膨胀到点 C，它从低温热源中吸收热量 Q_2；然后，气体被绝热压缩到点 B，由于外界对气体做功，使它的温度上升到 T_1；最后，气体被等温压缩到点 A，使气体回到起始的状态，在此过程中它把热量 Q_1 传递给了高温热源。

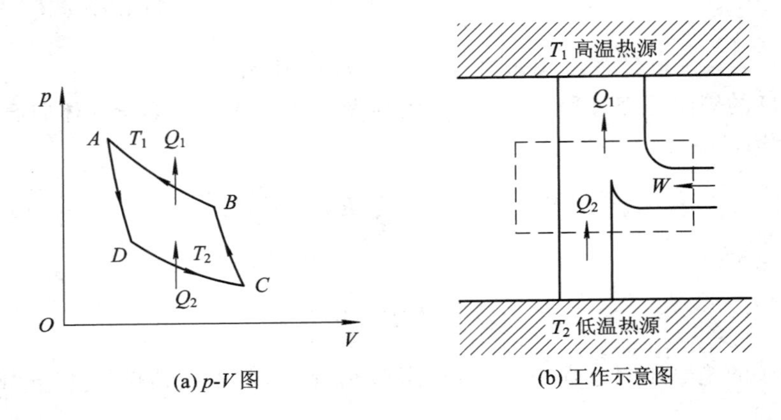

图 6.15　卡诺逆循环——制冷机

由于$\frac{Q_1}{T_1} = \frac{Q_2}{T_2}$，由制冷系数的表达式(6－20)可得卡诺制冷机的制冷系数

$$e = \frac{Q_2}{Q_1 - Q_2} = \frac{T_2}{T_1 - T_2}$$

【例 6.4】 有一台电冰箱放在室温为 20℃的房间里。冰箱贮物柜内的温度维持在 5℃。假设每天有 2.0×10^7 J 的热量自房间通过热传导方式传入电冰箱内。若要使电冰箱内保持 5℃的温度，外界每天需做多少功，其功率为多少？设在 5℃和 20℃之间运转的制冷机(电冰箱)的制冷系数是卡诺制冷机的制冷系数的 55%。

【解】 设 e 为制冷机的制冷系数，$e_{卡}$ 为卡诺制冷机的制冷系数。卡诺制冷机的制冷系数 $e_{卡} = \frac{T_2}{(T_1 - T_2)}$，其中 $T_2 = 5℃ = 278$ K，$T_1 = 20℃ = 293$ K。于是有

$$e = e_{卡}\frac{55}{100} = \frac{T_2}{T_1 - T_2} \times \frac{55}{100} = \frac{278}{293 - 278} \times \frac{55}{100} = 10.2$$

由制冷机的制冷系数的定义式

$$e = \frac{Q_2}{Q_1 - Q_2}$$

其中，Q_2 为制冷机从低温热源(贮物柜)吸收的热量，Q_1 为传递给高温热源(大气等)的热量。

可得

$$Q_1 = \frac{e+1}{e}Q_2$$

设 Q' 为自房间传入电冰箱内的热量，其值为 2.0×10^7 J。在热平衡时，$Q_2=Q'$，于是上式为

$$Q_1 = \frac{e+1}{e}Q'$$

把已知数据代入，得

$$Q_1 = \frac{10.2+1}{10.2}2.0\times10^7 = 2.2\times10^7(\mathrm{J})$$

所以，为保持电冰箱在5℃和20℃之间运转，每天需做的功为

$$W = Q_1 - Q_2 = Q_1 - Q' = (2.2-2.0)\times10^7 = 0.2\times10^7(\mathrm{J})$$

功率为

$$P = \frac{W}{t} = \frac{0.2\times10^7}{24\times3600} = 23\ (\mathrm{W})$$

6.4　热力学第二定律

6.4.1　热力学第二定律的简介

19世纪初期，热机的广泛应用使提高热机的效率成为一个十分迫切的问题。人们根据热力学第一定律，知道制造一种效率大于100%的循环热机只是一种空想，因为第一类永动机违反能量转换与守恒定律，所以不可能实现。但是，制造一个效率为100%的循环动作的热机，有没有可能呢？设想的这种热机只从一个热源吸取热量，并使之全部转变为功；它不需要冷源，也没有释放出热量。这种热机不违反热力学第一定律，因而对人们有很大的诱惑力。

从一个热源吸热，并将热全部转变为功的循环动作的热机，叫做第二类永动机。有人早就计算过，如果能制成第二类永动机，使它从海水吸热而做功的话，全世界大约有 10^{18} t海水，只要冷却1 K，就会放出 10^{21} kJ的热量，这相当于 10^{14} t煤完全燃烧所提供的热量。无数尝试证明，第二类永动机同样是一种幻想，也是不可能实现的。以上节介绍的卡诺循环来说，它也是一个理想循环。工作物质从高温热源吸取热量，经过卡诺循环，总要向低温热源放出一部分热量，才能回复到初始状态。卡诺循环的效率总是小于1。

根据这些事实，开尔文(W. Thomson, Lord Kelvin)总结出一条重要的原理，叫做热力学第二定律。开尔文叙述的热力学第二定律是这样的：不可能制成一种循环动作的热机，只从一个热源吸取热量，使之全部变为有用的功，而不产生其它影响。在这一叙述中，要特别注意“循环动作”几个字。如果工作物质进行的不是循环过程，例如气体做等温膨胀，那么，气体只使一个热源冷却做功而不放出热量，这是可以实现的。从文字上看，热力学第二定律的开尔文叙述反映了热功转换的一种特殊规律。

1850年，克劳修斯(R. J. E. Clausius)在大量事实的基础上提出热力学第二定律的另一

种叙述：热量不可能自动地从低温物体传向高温物体。从上一节卡诺制冷机的分析中可以看出，热量不可能自发地从低温物体传到高温物体，必须依靠外界作功。克劳修斯的叙述反映了热量传递的这种特殊规律。

在热功转换的热力学过程中，利用摩擦，功可以全部变为热。但是，热量不能通过一个循环过程全部变为功。在热量传递的热力学过程中，热量可以从高温物体自动地传向低温物体，但热量不能自动地从低温物体传向高温物体。由此可见，自然界中出现的热力学过程是单方向的，某些方向的过程可以自动地实现而另一个方向的过程不能自动地实现。热力学第一定律说明在任何过程中能量必须守恒；热力学第二定律说明并非所有能量守恒的过程均能实现。热力学第二定律是反映自然界过程进行的方向和条件的一个规律，在热力学中，它和第一定律相辅相成，缺一不可。

还可以看到，在热力学中把做功和传递热量这两种能量传递方式加以区别，是因为热量传递具有只能自动地从高温物体传向低温物体的方向性。

6.4.2 两种表述的等价性

热力学第二定律的两种表述，看起来似乎毫不相干，其实二者是等价的。可以证明，如果开尔文叙述成立，则克劳修斯叙述也成立；反之，如果克劳修斯叙述成立，则开尔文叙述也成立。下面，我们用反证法来证明两者的等价性。

假设开尔文叙述不成立，即允许有一循环 E 可以只从高温热源 T_1取得热量 Q_1，并把它全部转变为功 A（见图 6.16）；再利用一个逆卡诺循环 D 接受 E 所做的功 $W=Q_1$，使它从低温热源 T_2取得热量 Q_2，输出热量 Q_1+Q_2并传给高温热源。现在，把这两个循环看成一部复合制冷机，其总的结果是外界没有对它做功，而它却把热量 Q_2从低温热源传给了高温热源。这就说明，如果开尔文叙述不成立，则克劳修斯叙述也不成立。反之，也可以证明如果克劳修斯叙述不成立，则开尔文叙述也必然不成立。

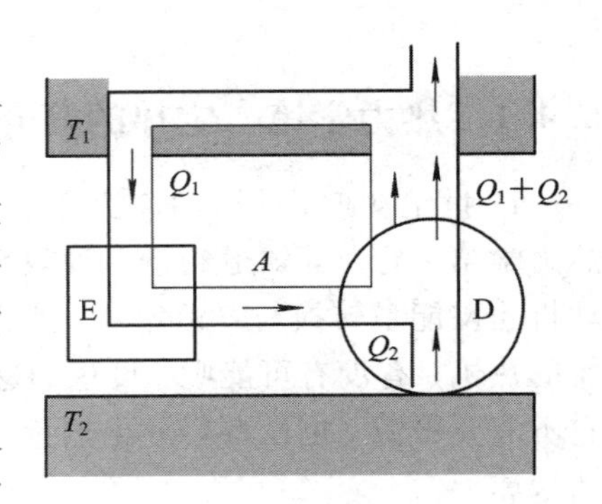

图 6.16 表述等价性示意图

热力学第二定律可以有多种叙述，人们公认开尔文叙述和克劳修斯叙述是该定律的标准叙述，其原因有两个：一是热功转换与热量传递是热力学过程中最有代表性的典型事例，又正好分别被开尔文和克劳修斯叙述，而且这两种叙述彼此等效；二是他们两人是历史上最先完整地提出热力学第二定律的人，为了尊重历史和肯定他们的功绩，所以就采用了这两种叙述。

6.5 可逆过程与不可逆过程、卡诺定理

6.5.1 可逆过程与不可逆过程

在研究气体内输运现象时，谈到了过程的方向性问题。为了进一步研究热力学过程的

方向性问题，下面介绍可逆过程与不可逆过程的概念。

设有一个过程，使物体从状态 A 变为状态 B，如果存在另一个过程，它不仅使物体进行反向变化，即从状态 B 恢复到状态 A，而且当物体恢复到状态 A 时，周围一切也都各自恢复原状，则从状态 A 进行到状态 B 的过程是可逆过程。反之，如果对于某一个过程，不论经过怎样复杂曲折的方法都不能使物体和外界恢复到原来状态而不引起其它变化，则此过程是不可逆过程。

如果单摆不受空气阻力和其它摩擦力的作用，则当它离开某一个位置后，经过一个周期又回到原来位置，且周围一切都没有变化，因此单摆的摆动是一个可逆过程。由此可以看出，单纯的、无机械能耗散的机械运动过程是可逆过程。

现在分析热力学过程的性质，例如通过摩擦，功变为热量的过程的性质。根据热力学第二定律，热量不可能通过循环过程全部变为功。因此，功通过摩擦转换为热量的过程是一个不可逆过程。又如热量直接从高温物体传向低温物体也是一个不可逆过程，因为根据热力学第二定律，热量不能再自动地从低温物体传向高温物体。

以上两个例子是可以直接用热力学第二定律来判断的不可逆过程。现在我们再举两个不可逆过程的例子，它们需要间接地用热力学第二定律来判断。

设有一容器分为 A、B 两室，A 室中贮有理想气体，B 室中为真空(见图 6.17)。如果将隔板抽开，A 室中的气体将向 B 室膨胀，这是气体对真空的自由膨胀，最后气体将均匀分布于 A、B 两室中，温度与原来温度相同。气体膨胀后，我们仍可用活塞将气体等温地压回 A 室，使气体回到初始状态。不过应该注意，此时必须对气体做功，所做的功转化为气体向外界传出热量。根据热力学第二定律，我们无法通过循环过程再将热量完全转化为功，所以气体对真空的自由膨胀过程是不可逆过程。

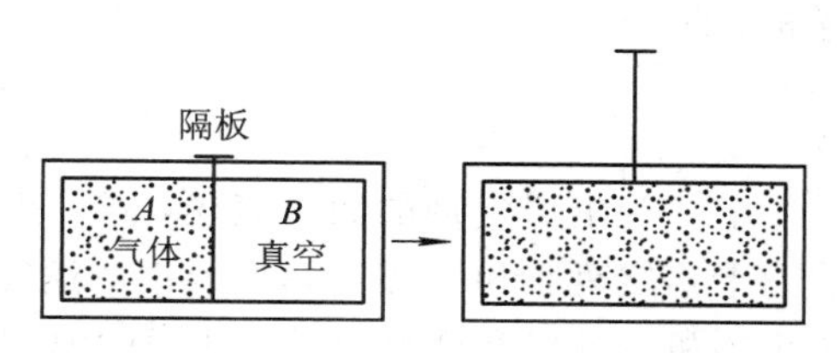

图 6.17 气体的自由膨胀

气体迅速膨胀的过程也是不可逆的。气缸中气体迅速膨胀时，活塞附近气体的压强小于气体内部的压强。设气体内部的压强为 p，气体迅速膨胀一微小体积 ΔV，则气体所做的功 W_1 将小于 $p\Delta V$。然后，将气体压回原来体积，活塞附近气体的压强不能小于气体内部的压强，外界所做的功 W_2 不能小于 $p\Delta V$。因此，迅速膨胀后，虽然可以将气体压缩，使它回到原来状态，但外界必须多做 W_2-W_1 的功。功将增加气体的内能，然后以热量的形式放出。根据热力学第二定律，不能通过循环过程再将这部分热量全部变为功，所以气体迅速膨胀的过程是不可逆过程。

只有当气体膨胀非常缓慢，活塞附近的压强非常接近气体内部的压强 p 时，气体膨胀一微小体积 ΔV 所做的功恰好等于 $p\Delta V$，才有可能非常缓慢地对气体做功 $p\Delta V$，将气体压回原来的体积。所以，只有非常缓慢的准静态的膨胀过程，才是可逆的膨胀过程。同理，也可以证明，只有非常缓慢的准静态的压缩过程，才是可逆的压缩过程。

通过上面的叙述可知，在热力学中，过程的可逆与否和系统所经历的中间状态是否为平衡态密切相关。只有过程进行得无限地缓慢，且没有因为摩擦等引起机械能的耗散，由一系列无限接近于平衡状态的中间状态所组成的准静态过程，才是可逆过程。当然，这在实际情况中是不存在的，我们可以实现的只是与可逆过程非常接近的过程。也就是说，可逆过程只是实际过程在某种精确度上的极限情形。

实践中遇到的一切过程都是不可逆过程，或者说只是或多或少地接近可逆过程。研究可逆过程，也就是研究从实际情况中抽象出来的理想情况，可以基本上掌握实际过程的规律性，并可进一步寻找实际过程的更精确的规律。

自然现象中的不可逆过程是多种多样的，各种不可逆过程之间存在内在的联系。由热功转化的不可逆性证明气体自由膨胀的不可逆性，就反映了这种内在联系。

6.5.2 卡诺定理

卡诺循环中每个过程都是平衡过程，所以卡诺循环是理想的可逆循环。完成可逆循环的热机叫做可逆机。从热力学第二定律可以证明热机理论中非常重要的卡诺定理，卡诺定理指出：

(1) 在同样高低温热源(设高温热源的温度为 T_1，低温热源的温度为 T_2)之间工作的一切可逆机，不论用什么工作物质，效率都等于$\left(1-\dfrac{T_2}{T_1}\right)$。

(2) 在同样高低温热源之间工作的一切不可逆机的效率不可能高于(实际上是小于)可逆机，即

$$\eta \leqslant 1-\frac{T_2}{T_1}$$

上式为卡诺定理的数学表述，式中等号用于可逆热机，小于号用于不可逆热机。

卡诺定理指出了提高热机效率的途径。就过程而言，应该使实际的不可逆机尽量地接近可逆机。对高温热源和低温热源的温度来说，应该尽量地提高两热源的温度差，温度差越大，热量的可利用的价值也越大。但是在实际热机(如蒸气机等)中，低温热源的温度是用来冷却蒸气的冷凝器的温度，想获得更低的低温热源温度必须用制冷机，而制冷机要消耗外功，因此用降低低温热源的温度来提高热机的效率是不经济的，要提高热机的效率应当从提高高温热源的温度着手。

6.5.3 卡诺定理的证明

下面证明卡诺定理。

(1) 在同样高低温热源之间工作的一切可逆机，不论用什么工作物质，它们的效率均等于$\left(1-\dfrac{T_2}{T_1}\right)$。

设有两热源：高温热源的温度为 T_1，低温热源的温度为 T_2。一个卡诺理想可逆机 E 与另一个可逆机 E′(不论用什么工作物质)在此两热源之间工作(见图 6.18)，设法调节使两个热机可做相等的功 W。现在使两个热机结合，由可逆机 E′从高温热源吸取热量 Q_1'，向低温热源放出热量 $Q_2'=Q_1'-W$，它的效率 $\eta'=\dfrac{W}{Q_1'}$。可逆机 E′所做的功 W 恰好供给卡诺机 E，而使 E 逆向进行。可逆机 E′从低温热源吸取热量 $Q_2=$

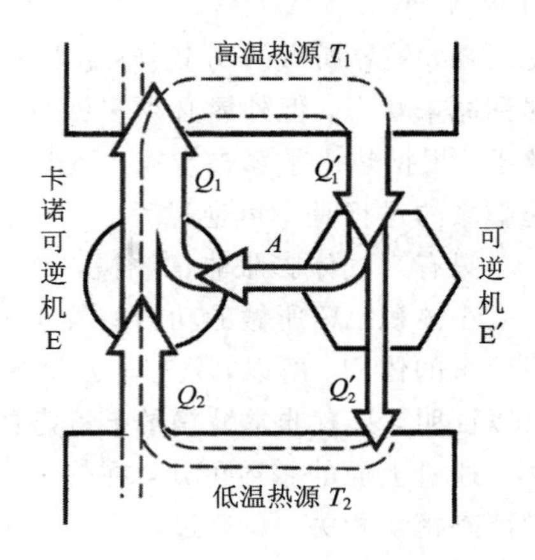

图 6.18 卡诺定理的证明

Q_1-W，向高温热源放出热量 Q_1，它的效率 $\eta=\dfrac{W}{Q_1}$。

我们用反证法，先假设 $\eta'>\eta$，由

$$\frac{W}{Q'_1}>\frac{W}{Q_1}$$

可知

$$Q'_1<Q_1$$

由 $Q_1-Q_2=Q'_1-Q'_2$ 可知

$$Q'_2<Q_2$$

两个热机一起运行时，可把它们看作一个复合机。此时，外界没有对这个复合机做功，而复合机能将热量 $Q_2-Q'_2=Q_1-Q'_1$ 从低温热源送至高温热源，这就违反了热力学第二定律。所以，$\eta'>\eta$ 是不可能的，即 $\eta\geqslant\eta'$。

反之，卡诺机 E 正向运行，可逆机 E′逆向运行时，$\eta>\eta'$ 是不可能的，即 $\eta\leqslant\eta'$。

从上述两个证明中可知 $\eta'>\eta$ 或 $\eta>\eta'$ 均不可能，只有 $\eta=\eta'$ 才成立。再考虑到以理想气体为工作物质的卡诺热机的效率为 $1-\dfrac{T_2}{T_1}$，所以结论是在相同的 T_1 和 T_2 两温度的高低温热源间工作的一切可逆机，其效率均等于 $1-\dfrac{T_2}{T_1}$。

(2) 在同样的高温热源和同样的低温热源之间工作的不可逆机，其效率不可能高于可逆机。

如果用一个不可逆机 E″来代替前面所说的 E′，按同样方法可以证明 $\eta''>\eta$ 是不可能的，即只有 $\eta\geqslant\eta''$。由于 E″是不可逆机，因此无法证明 $\eta\leqslant\eta''$。

所以结论是 $\eta\geqslant\eta''$，也就是说，在相同的 T_1 和 T_2 两温度的高低温热源间工作的不可逆机，它的效率不可能大于可逆机的效率。

6.6　熵、玻尔兹曼关系

6.6.1　熵

根据热力学第二定律，我们论证了一切与热现象有关的实际宏观过程都是不可逆的。这就是说，一个过程产生的效果，无论用什么曲折复杂的方法，都不能使系统恢复原状而不引起其它变化。例如，在一个系统中，有两个温度不同的物体相接触，这时热量总是从高温物体向低温物体传递，直到两物体处于热平衡为止。与之相反的过程，即热量自动地从低温物体向高温物体传递，而且把前一过程的效果完全消除，这种现象绝对不可能发生。又如，气体能自动地向真空作自由膨胀，充满整个容器，但是不可能产生气体自动地向一边收缩而使另一边出现真空的现象。

从这些现象的共同特点可以看出：当给定系统处于非平衡态时，总要发生从非平衡态向平衡态的自发性过渡；反之，当给定系统处于平衡态时，系统却不可能发生从平衡态向非平衡态的自发性过渡。我们希望能找到一个与系统平衡状态有关的状态函数，根据这个

状态函数单向变化的性质来判断实际过程进行的方向。下面，我们将看到，这个新的状态函数确实是存在的。

根据卡诺定理，可逆卡诺热机的效率

$$\eta=\frac{Q_1+Q_2}{Q_1}=\frac{T_1-T_2}{T_1}$$

这里，我们改用 Q_2 表示工作物质从低温热源吸收的热量。因为 Q_2 是负值，所以上式中 Q_2 的前面用了正号。从上式可知

$$-\frac{Q_1}{Q_2}=\frac{T_1}{T_2}$$

这个公式对任何可逆卡诺机都适用，并且它的值与工作物质无关。可把上式改写成

$$\frac{Q_1}{T_1}=-\frac{Q_2}{T_2}$$

或

$$\frac{Q_1}{T_1}+\frac{Q_2}{T_2}=0$$

上式说明在卡诺循环中，量 Q/T 的总和等于零。Q_1 和 Q_2 都表示气体在等温过程中所吸收的热量。

现在让我们考虑一个可逆循环 $abcdefghija$，如图 6.19 所示，它由几个等温过程和绝热过程组成。把绝热线 bh 和 cg 画出后，可以看出，这个循环过程相当于 3 个可逆卡诺循环 $abija$，$bcghb$，$defgd$。因此，对整个循环过程，量 Q/T 的和等于 3 个卡诺循环的 Q/T 之和，所以有

$$\sum\frac{Q}{T}=0$$

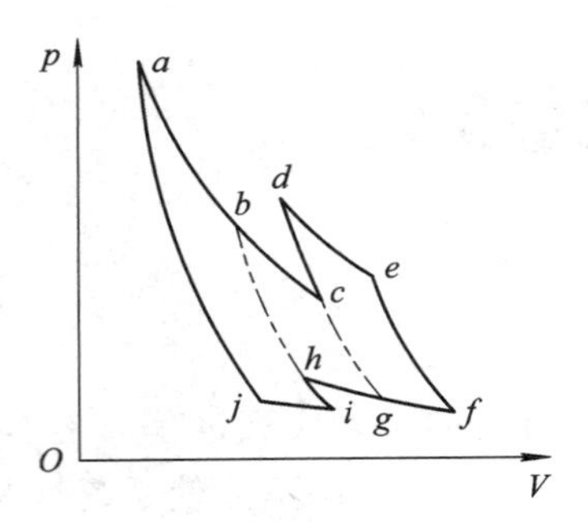

图 6.19　一个可逆循环，具有 $\sum\frac{Q}{T}=0$ 的特性

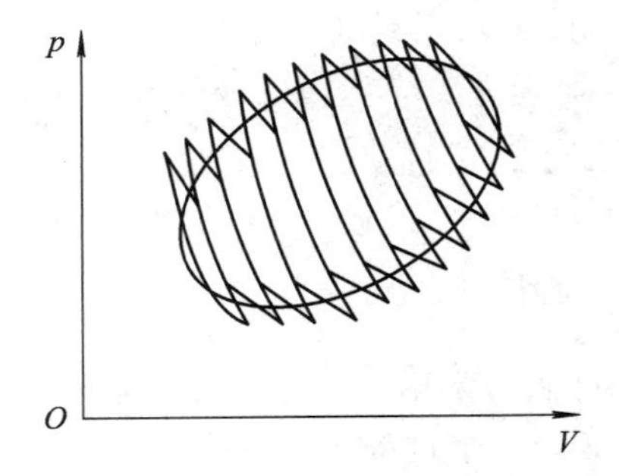

图 6.20　任意一个可逆循环，具有 $\oint\frac{\mathrm{d}Q}{T}=0$ 的特性

实际上，对于任意可逆循环，一般都可近似地看做由许多卡诺循环组成，而且所取的卡诺循环数目越多就越接近于实际的循环过程，如图 6.20 所示。在极限情况下，循环的数目趋于无穷大，因而对 Q/T 由求和变为积分。于是，对任意可逆循环有

$$\oint\left(\frac{\mathrm{d}Q}{T}\right)_{\text{可逆}}=0 \tag{6-24}$$

式(6－24)中$\oint$表示积分沿整个循环过程进行，dQ表示在各无限短的过程中吸收的微小热量。

我们把式(6－24)用于图6.21中的$la2bl$循环，这时有

$$\oint\left(\frac{dQ}{T}\right)_{可逆}=\int_{1a2}\left(\frac{dQ}{T}\right)_{可逆}+\int_{2b1}\left(\frac{dQ}{T}\right)_{可逆}=0$$

或写成

$$\int_{1a2}\left(\frac{dQ}{T}\right)_{可逆}=-\int_{2b1}\left(\frac{dQ}{T}\right)_{可逆}=\int_{1b2}\left(\frac{dQ}{T}\right)_{可逆}$$

上式表明，系统从状态1变为状态2，可用无限多种方法进行；在这些所有的可逆过程中，系统可得到不同的热量，但在所有的情况中，$\int_1^2\left(\frac{dQ}{T}\right)_{可逆}$将有相同的数值。这就是说，$\int_1^2\left(\frac{dQ}{T}\right)_{可逆}$与过程无关，只依赖于始末状态。因此，系统存在一个状态函数，这个状态函数叫做熵，并以S来表示。如果以S_1和S_2分别表示状态1和状态2时的熵，那么系统沿可逆过程从状态1变到状态2时，熵的增量

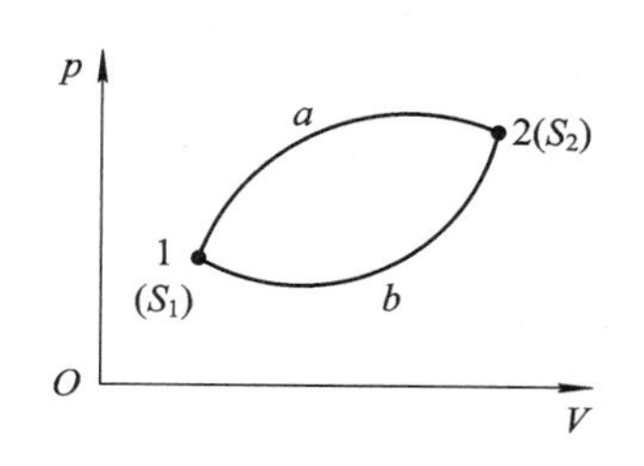

图6.21　一个新的的状态函数——熵的引入

$$S_2-S_1=\int_1^2\left(\frac{dQ}{T}\right)_{可逆}\tag{6－25}$$

对于一段无限小的可逆过程，上式可写成微分形式

$$dS=\left(\frac{dQ}{T}\right)_{可逆}\tag{6－26}$$

也就是说，在可逆过程中，可把$\frac{dQ}{T}$看做系统的熵变。而且，从式(6－24)还可看出：在一个可逆循环中，系统的熵变等于零。这些结论都是很重要的。

6.6.2　自由膨胀的不可逆性

现在，我们应用熵的概念讨论不可逆过程。自由膨胀是不可逆过程的典型例子，通过对它的不可逆性的微观剖析，将使我们对熵的认识更加深刻。

设理想气体在膨胀前的体积为V_1，压强为p_1，温度为T，熵为S_1，膨胀后体积变为$V_2(V_2>V_1)$，压强降为$p_2(p_2<p_1)$，温度不变。因气体现在的状态不同于初始状态，它的熵可能变化，用S_2表示这时的熵。我们来计算这一过程中的熵变。

有人考虑到在自由膨胀中，$dQ=0$，于是由式(6－26)可求得$dS=\frac{dQ}{T}=0$，这是错误的。因为只有过程是可逆过程时，才能把$\frac{dQ}{T}$理解为熵的变化。为了计算系统在不可逆过程中的熵变，要利用熵是状态函数的性质。这就是说，熵的变化只决定于初态与终态，而与所经历的过程无关。因此，我们可任意设想一个可逆过程，使气体从状态1变为状态2，从而计算这一过程中的熵变。在自由膨胀的情况下，我们假设一可逆等温膨胀过程，让气体

从 V_1、p_1、T 和 S_1 变化为 V_2、p_2、T 和 S_2。在此等温过程中，系统的熵也是从 S_1 变到 S_2，但所吸收的热量 $\mathrm{d}Q>0$。因在等温过程中，气体温度不变，系统对外做功，其值与气体从外界吸收的热量相等，所以熵的变化为

$$S_2-S_1=\int_1^2\frac{\mathrm{d}Q}{T}=\int_1^2\frac{p\ \mathrm{d}V}{T}=\frac{m}{M}R\int_{V_1}^{V_2}\frac{\mathrm{d}V}{V}=\frac{m}{M}R\ \ln\frac{V_2}{V_1}>0$$

这就是说，气体在自由膨胀这个不可逆过程中，它的熵是增加的。

气体自由膨胀的不可逆性，可用气体动理论的观点给以解释。如图 6.22 所示，用隔板将容器分成容积相等的 A、B 两室，使 A 室充满气体，B 室保持真空。我们考虑气体中任意一个分子，比如分子 a，在隔板抽掉前，它只能在 A 室运动，把隔板抽掉后，它就在整个容器中运动，由于碰撞，它有可能在 A 室，有可能在 B 室。因此，就单个分子来看，它是有可能自动地退回到 A 室的，因为 A、B 两室的体积相等，它在 A、B 两室的机会是均等的，所以退回到 A 室的概率是 $\frac{1}{2}$。如果我们考虑 4 个分子，把隔板抽掉后，它们将在整个容器内运动，如果以 A 室和 B 室来分类，则这 4 个分子在容器中的分布有 16 种可能。每一种分布状态出现的概率相等，情况见表 6.3。

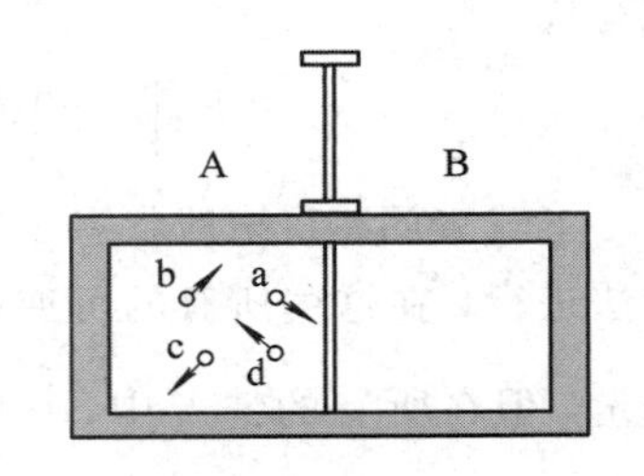

图 6.22　气体自由膨胀不可逆性的统计意义

表 6.3　气体自由膨胀后分子各种分布状态出现的概率

分子的分布																		
容器的部分	A	0	abcd	a	b	c	d	bcd	acd	abd	abc	ab	ac	ad	bc	bd	cd	总计
	B	abcd	0	bcd	acd	abd	abc	a	b	c	d	cd	bd	bc	ad	ac	ab	
状态数		1	1	4				4				6						16

从表 6.3 中可以看出：4 个分子同时退回到 A 室的可能性是存在的，其概率为 $\frac{1}{16}=\frac{1}{2^4}$，但比一个分子退回到 A 室的概率小。相应的计算可以证明：如果共有 N 个分子，若以分子处在 A 室或 B 室来分类，则共有 2^N 种可能的分布，而全部 N 个分子都退回到 A 室的概率为 $\frac{1}{2^N}$。例如，对 1 mol 的气体来说，$N\approx6\times10^{23}$，所以当气体自由膨胀后，所有这些分子全都退回到 A 室的概率是 $\frac{1}{2^{6\times10^{23}}}$，这个概率非常小，实际上是不会发生的。

由以上的分析可以看到，如果我们以分子在 A 室或 B 室分布的情况来分类，把每一种可能的分布称为一个微观状态，则 N 个分子共有 2^N 个可能的概率均等的微观状态。但是全部气体都集中在 A 室这样的宏观状态却仅包含了一个可能的微观状态。基本上是均匀分布的宏观状态却包含了 2^N 个可能的微观状态中的绝大多数。一个宏观状态所包含的微观状态的数目越多，分子运动的混乱程度就越高，实现这个宏观状态的方式也越多，即这个宏观状态出现的概率也越大。就全部气体都集中回到 A 室这样的宏观状态来说，它只包含了一个可能的微观状态，分子运动显得很有秩序，很有规则，即混乱程度极低，实现这种

宏观状态的方式只有一个。因而这个宏观状态出现的概率也就小得接近于零。由此可见，自由膨胀的不可逆性，实质上反映了这个系统内部发生的过程总是由概率小的宏观状态向概率大的宏观状态进行，即由包含微观状态数目少的宏观状态向包含微观状态数目多的宏观状态进行。与之相反的过程，没有外界的影响是不可能自动实现的。

6.6.3 玻尔兹曼关系

根据上面的分析，我们用 W 表示系统(宏观)状态所包含的微观状态数，或把 W 理解为(宏观)状态出现的概率，这个概率叫做热力学概率。玻耳兹曼给出如下关系：

$$S = k\ \ln W \tag{6-27}$$

其中 k 是玻尔兹曼常量，上式叫做玻尔兹曼关系。式(6-27)中熵的定义表明它是分子热运动无序性或混乱性的量度。以气体为例，分子数目越多，它可以占有的体积越大，分子可能出现的位置与速度就越多样化。这时，系统可能出现的微观状态就越多，即分子运动的混乱程度越高。如果把气体分子设想为都处于同一速度元间隔与同一空间元间隔之内，则气体的分子运动将是很有规则的，混乱程度应该是零。显然，由于这时宏观状态只包含一个微观状态，即系统的宏观状态只能以一种方式产生出来，所以状态的热力学概率是1。把 $W=1$ 代入式(6-27)得到熵等于零。但是，如果系统的宏观状态包含许多微观状态，那么它就能以许多方式产生出来，W 将是很大的，宏观状态的熵因而也很大。对自由膨胀这类不可逆过程来说，实质上表明这个系统内自发进行的过程总是沿着熵增加的方向进行的。

我们将通过具体过程中分子运动无序性的增减来说明熵的增减。例如，在等压膨胀过程中，由于压强不变，所以体积增大的同时温度也在上升。体积的增大，表明气体分子分布的空间范围变大了，而温度的升高意味着气体分子的速率分布范围扩大了。这两种分布范围的变大，使气体分子运动的混乱程度增加，因而熵是增大的。又如在等温膨胀过程中，在内能不变的条件下，因气体体积的增大，分子可能占有的空间位置增多了，因而可能出现的微观状态的数目(即状态概率)也增加了，混乱度增高，熵变大了。在等体降温过程中，由于温度的降低，麦克斯韦速率分布曲线变得高耸起来，气体中大部分分子速率分布的范围变窄，因此分子运动的混乱程度有所改善，熵将是减小的。最有意义的是绝热过程，对绝热膨胀来说，因系统体积的增大，分子运动的混乱程度是增大的，但系统温度的降低，却使分子运动的混乱程度减少。计算表明，在可逆的绝热过程中，这两个截然相反的作用恰好相互抵消。因此，可逆的绝热过程是个等熵过程。

【例 6.5】 试用式(6-27)计算理想气体在等温膨胀过程中的熵变。

【解】 在这个过程中，对于一指定分子，在体积为 V 的容器内找到它的概率 W_1 是与这个容器的体积成正比的，即

$$W_1 = cV$$

式中 c 是比例系数。对于 N 个分子，它们同时在 V 中出现的概率 W 等于各单个分子出现概率的乘积，而这个乘积也就是在 V 中由 N 个分子所组成的宏观状态的概率，即

$$W = (W_1)^N = (cV)^N$$

由式(6-27)得系统的熵

$$S = k\ \ln W = kN\ \ln(cV)$$

经等温膨胀，熵的增量为

$$\Delta S = kN\ \ln(cV_2) - kN\ \ln(cV_1) = kN\ \ln\frac{V_2}{V_1}$$

$$= \frac{R}{N_A}\frac{N_A m'}{M}\ln\frac{V_2}{V_1} = \frac{m'}{M}R\ \ln\frac{V_2}{V_1}$$

事实上，这个结果已在自由膨胀的论证中用式(6-25)计算出来了。

6.7 熵增加原理、热力学第二定律的统计意义

6.7.1 熵增加原理

上一节已经指出，可逆的绝热过程是等熵过程，系统的熵是不变的。上节讨论的理想气体自由膨胀过程也是绝热过程，但它是一个不可逆的绝热过程，具有明显的单方向性。这时，系统的熵增加。

不可逆过程的另一典型例子是热传导，它也是一个具有明显单方向性的过程。在这个过程中，系统的熵又是怎样变化的呢？设有温度不同的两物体1和2，它们的温度分别为T_1、T_2，它们与外界没有能量交换。当两者相互接触时，如果$T_1 > T_2$，那么在一个很短时间内将有热量dQ从物体1传到物体2。显然，对每个物体来说，进行的都不是绝热过程，但它们组成的系统与外界没有能量交换。我们把与外界没有能量交换的系统叫做封闭系统。这样，物体1与物体2组成了一个封闭系统。对一个封闭系统来说，不论系统内各物体间发生了什么过程(包括热传导)，作为整个系统而言，过程是绝热的。现在，我们考察上述这个封闭系统中的熵变情况。当物体1向物体2传递微小热量dQ时，两者的温度都不会显著改变，我们可设想一可逆的等温过程来计算熵变。这样，物体l的熵变是$-\mathrm{d}Q/T_1$，物体2的熵变是$\mathrm{d}Q/T_2$。于是，系统总的熵变为

$$\frac{\mathrm{d}Q}{T_2} - \frac{\mathrm{d}Q}{T_1}$$

由于$T_1 > T_2$，上式将大于零。这说明在封闭系统中的热传导过程也引起了整个系统熵的增加。

综上所述，无论是自由膨胀还是热传导，对于这些发生在封闭系统中的典型的不可逆过程，系统的熵总是增加的。在实际过程中，无论是自由膨胀、摩擦，还是热传导，都是不可避免的。实际过程的不可逆性，都归结为它们或多或少地和这些典型的不可逆过程有关联。因此，我们的结论是：在封闭系统中发生的任何不可逆过程，都会导致这个系统的熵增加，系统的总熵只有在可逆过程中才是不变的。这个普遍结论叫做熵增加原理。

熵增加原理只能用于封闭系统或绝热过程。若不是封闭系统或不是绝热过程，则借助系统与外界作用，使系统的熵减小是可能的。例如，在可逆的等温膨胀中熵增加，而在可逆的等温压缩中熵减少。但是，如把系统和外界作为整个封闭系统考虑，则系统的总熵是不可能减少的。在可逆过程的情况下，总熵保持不变，而在不可逆过程的情况下，总熵一定增加。因此，我们可以根据总熵的变化判断实际过程进行的方向和限度。因此，我们把熵增加原理看做是热力学第二定律的另一种叙述形式。

6.7.2 热力学第二定律的统计意义

在气体自由膨胀的讨论中，我们介绍了玻耳兹曼关系，从统计意义上了解了自由膨胀的不可逆性。现在，将对另外几个典型的不可逆过程作类似的讨论。

对于热量传递，高温物体分子的平均动能比低温物体分子的平均动能大，两物体相接触时，能量从高温物体传到低温物体的概率显然比反向传递的概率大很多。对于热功转换，功转化为热是在外力作用下宏观物体的有规则定向运动转变为分子无规则运动的过程，这种转换的概率大。反之，热转化为功是分子的无规则运动转变为宏观物体的有规则运动的过程，这种转化的概率小。所以热力学第二定律在本质上是一条统计性的规律。

一般来说，一个不受外界影响的封闭系统，其内部发生的过程，总是由概率小的状态向概率大的状态进行，由包含微观状态数目少的宏观状态向包含微观状态数目多的宏观状态进行。这才是熵增加原理的实质，也是热力学第二定律统计的意义。

【例 6.6】 1 kg 的 0℃的冰融化成 0℃的水，求其熵变(设冰的熔解热为 3.35×10^5 J/kg)。

【解】 在这个过程中，温度保持不变，即 $T=273$ K。计算时，设冰从 0℃的恒温热源中吸热，过程是可逆的，则

$$S_{水}-S_{冰}=\int_1^2\frac{dQ}{T}=\frac{Q}{T}=\frac{1\times3.35\times10^5}{273}=1.22\times10^3\,(\text{J/K})$$

在实际熔解过程中，冰需从高于 0℃的环境中吸热。冰增加的熵超过环境损失的熵。所以，若将系统和环境作为一个整体来看，在这过程中熵也是增加的。

如让这个过程反向进行，使水结成冰，将要向低于 0℃的环境放热。对于这样的系统，同样导致熵的增加。

* 6.7.3 熵增与能量退化

熵与能都是状态函数，两者关系密切，而意义完全不同。“能”这一概念是从正面量度运动的转化能力。能越大，运动转化的能力越大；熵是从反面，即运动不能转化的一面来度量运动转化的能力，熵越大，系统的能量将有越来越多的部分不可再利用。所以熵表示系统内部能量的“退化”或“贬值”，或者说，熵是能量不可用程度的度量。

我们知道，能量不仅有形式上的不同，而且还有质的差别。机械能和电磁能是可以被全部利用的有序能量，而内能是不能全部转化的无序能量。无序能量的可利用部分要视系统对环境的温差而定，其百分率的上限是$\frac{T_1-T_2}{T_1}$。由此可见，无序能量总有一部分被转移到环境中去，而无法全部用来做功。当一个高温物体与一个低温物体相接触时，其间发生热量的传递。这时，系统的总能量没有变化，但熵增加了。这部分热量传给低温物体后，成为低温物体的内能。要利用低温物体的内能做功，必须使用热机和另一个温度比它更低的低温热源。但因低温物体和低温热源的温差要比高温物体和同一低温热源的温差小，所以内能转变为功的可能性由于热量的传递而降低了。熵增加意味着系统能量中成为不可用能量的程度增大，这叫做能量的退化。

能源是人类生活和生产资料的来源，是人类社会和经济发展的物质基础。能源问题的物理实质是物质或能量的转化问题，这些转化都受以下三条基本规律支配。

(1) 物质守恒定律：物质可以从一种形式转化为另一种形式，但它既不能产生，也不能消灭。

(2) 能量守恒定律：普遍的能量守恒与转化定律是大家所熟悉的。对一个孤立系统，其总能量是一个恒量。力学中的机械能守恒定律、流体力学中的伯努利方程、热学中的热力学第一定律、电学中的基尔霍夫第一定律、量子物理中的爱因斯坦光电效应方程等，都是能量守恒定律在不同物理过程中的具体表现。

(3) 熵增加原理：熵增加原理是一个统计性原理，它指出一切宏观自发过程都是沿着从低概率到高概率、从有序到无序的方向进行的。用这个原理考察涉及物质转化和能量转化的各种过程时，就可发现，一切宏观自发过程的结果，趋势是导致物质密度的均值化(均匀分布)和分子能量的均值化。煤炭是一种植物化石燃料，燃烧过程中释放出来的热量实际上是贮存在古代植物体中又在地下保存了千百万年的太阳能。其中，部分热能被排放入周围环境中，成为不可用能。集中在能源中的有用能不断减少，而均匀分布在环境中的不可用能不断增加，从而导致“能源危机”。

本章小结

本章应掌握的重点：准静态过程、功、热量和内能；热力学第一定律及其在热力学过程中的应用；循环过程和卡诺循环，热机效率、制冷系数。

另外还应掌握：热力学第二定律；熵和熵增加原理。

1. 基本概念

平衡态、准静态过程、热量、内能、循环过程、熵。

定体摩尔热容：$C_{V,\mathrm{m}}=\dfrac{\mathrm{d}Q_V}{\mathrm{d}T}$

定压摩尔热容：$C_{p,\mathrm{m}}=\dfrac{\mathrm{d}Q_p}{\mathrm{d}T}$

摩尔热容比：$\gamma=\dfrac{C_{p,\mathrm{m}}}{C_{V,\mathrm{m}}}=\dfrac{i+2}{i}$

2. 相关公式

迈耶公式：$C_{p,\mathrm{m}}=C_{V,\mathrm{m}}+R$

热机的循环效率：$\eta=\dfrac{W}{Q_1}=\dfrac{Q_1-Q_2}{Q_1}=1-\dfrac{Q_2}{Q_1}$

卡诺热机效率：$\eta=\dfrac{T_1-T_2}{T_1}=1-\dfrac{T_2}{T_1}$

制冷机的制冷系数：$e=\dfrac{Q_2}{W}=\dfrac{Q_2}{Q_1-Q_2}$

卡诺制冷机的制冷系数：$e=\dfrac{T_2}{T_1-T_2}$

3. 定理和定律

热力学第一定律：$Q=\Delta E+W$

热力学第二定律：克劳修斯表述与开尔文表述。

卡诺定理：$\eta \leqslant 1-\frac{T_2}{T_1}$，式中等号用于可逆热机，小于号用于不可逆热机。

习 题

一、思考题

6-1 怎样区别内能与热量？下面哪种说法是正确的？

(1) 物体的温度愈高，则热量愈多；

(2) 物体的温度愈高，则内能愈大。

6-2 说明在下列过程中，热量、功与内能变化的正负：

(1) 用气筒打气；

(2) 水沸腾变成水蒸气。

6-3 一系统能否吸收热量，仅使其内能变化？一系统能否吸收热量，而不使其内能变化？

6-4 有人认为："在任意的绝热过程中，只要系统与外界之间没有热量传递，系统的温度就不会变化"。此说法对吗？为什么？

6-5 有一刚性容器被绝热材料包裹。容器内有一隔板将容器分成两部分，一部分有气体，另一部分为真空。若轻轻将隔板抽开，此容器内气体的内能发生变化吗？

6-6 铀原子弹爆炸后约100 ms时，"火球"是半径约为15 m、温度约为3×10^5 K的气体。作粗略估算，把"火球"的扩大过程视为空气的绝热膨胀。试问当"火球"的温度为10^3 K时，其半径有多大？

6-7 一定量的理想气体分别经绝热、等温和等压过程后，膨胀了相同的体积，试从$p-V$图上比较这三种过程做功的差异。

6-8 分别在$p-V$图、$V-T$图和$p-T$图上，画出等体、等压、等温和绝热过程的曲线。

6-9 1 kg空气，开始时温度为0℃，如果吸收4.18×10^3 J的热量，问：

(1) 体积不变时，内能增加了多少？

(2) 压力不变时，内能增加了多少？

哪种情况温度升高较多？

6-10 理想气体的自由膨胀与绝热膨胀有何不同？试比较这两种过程的结果。

6-11 自行车轮胎爆炸时，胎内剩余气体的温度是升高还是降低？为什么？

6-12 有人说，因为在循环过程中，对外所做净功的值等于$p-V$图中闭合曲线包围的面积，所以闭合曲线包围的面积越大，循环的效率就越高。这个说法对吗？

6-13 如果一个系统从状态A经历一不可逆过程到达状态B，那么这个系统是否还能回到状态A？为什么？

6-14 可逆过程是否一定是准静态过程？反过来说，准静态过程是否一定是可逆过程？

6-15　试举出日常生活中哪些过程是不可逆过程。

6-16　为提高热机效率，为什么实际上总是设法提高高温热源的温度，而不从降低低温热源的温度来考虑？

二、计算题

6-17　如果一个打足气的自行车内胎在7.0℃时轮胎中空气压强为4.0×10^5 Pa，在温度变为37.0℃时轮胎内空气压强为多少？(设内胎容积不变)

6-18　1 mol单原子理想气体从300 K加热至350 K。有两个过程：

(1) 容积保持不变；(2) 压强保持不变。问在这两个过程中各吸收了多少热量？增加了多少内能？对外做了多少功？

6-19　在1 g氦气中加进1 J的热量，若氦气压强并无变化，它的初始温度为200 K，求它的温度升高多少？

6-20　压强为1.0×10^5 Pa，体积为0.0082 m^3的氮气，从初始温度300 K加热到400 K，如果加热时，①体积不变；②压强不变，问各需多少热量？哪一个过程所需的热量大？为什么？

6-21　如图6.23所示，一定量的空气，开始在状态A，其压强为2.0×10^5 Pa，体积为2.0×10^{-3} m^3；沿直线AB变化到状态B后，压强变为1.0×10^5 Pa，体积变为3.0×10^{-3} m^3，求此过程中气体所做的功。

6-22　气缸内贮有2.0 mol的空气，温度为27℃，若维持压强不变，而使空气的体积膨胀到原体积的3倍，求空气膨胀时所做的功。

6-23　一定量的空气，吸收了1.71×10^3 J的热量，并保持在1.0×10^5 Pa下膨胀，体积从1.0×10^{-2} m^3增加到1.5×10^{-2} m^3，问空气对外做了多少功？它的内能改变了多少？

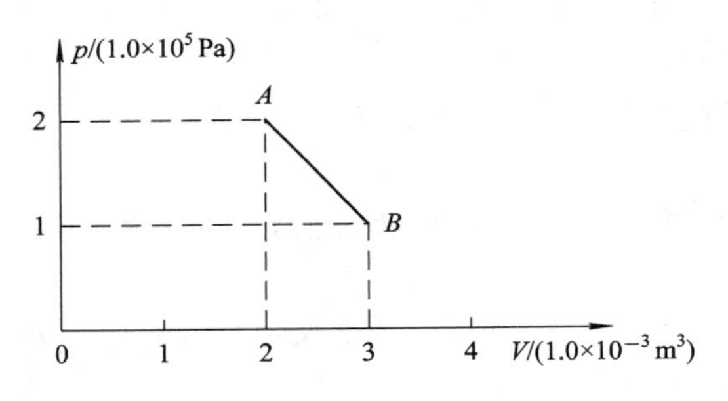

图6.23　题6-21图

6-24　1.0 mol的空气从热源吸收了2.66×10^5 J的热量，其内能增加了4.18×10^5 J，在这过程中气体做了多少功？是它对外界做功，还是外界对它做功？

6-25　0.1 kg的水蒸气自120℃加热升温至140℃。问：① 在等体过程中；② 在等压过程中。各吸收了多少热量？

6-26　一压强为1.0×10^5 Pa，体积为1.0×10^{-3} m^3的氧气自0℃加热到100℃，问：① 当压强不变时，需要多少热量？当体积不变时，需要多少热量？② 在等压或等体过程中各做了多少功？

6-27　如图6.24所示，系统从状态A沿ABC变化到状态C的过程中，外界有326 J的热量传递给系统，同时系统对外做功126 J。如果系统从状态C沿另一曲线CA回到状态

A，外界对系统做功为52 J，在此过程中系统是吸热还是放热？传递的热量是多少？

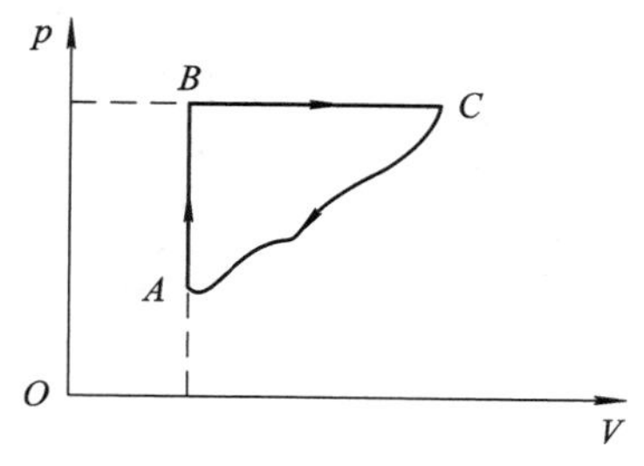

图6.24 题6-27图

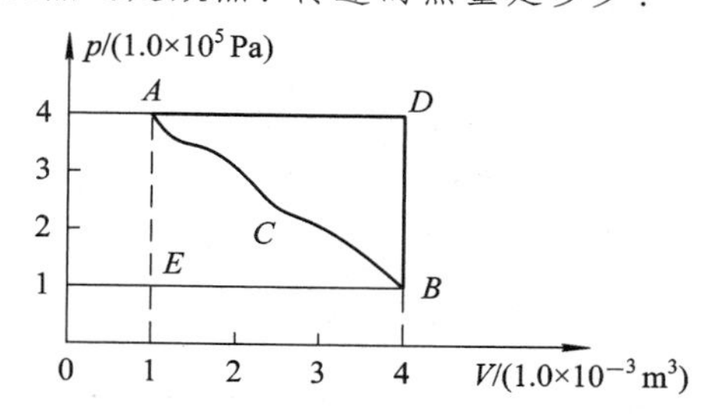

图6.25 题6-28图

6-28 如图6.25所示，一定量的理想气体经历ACB过程时吸热200 J，在经历$ACBDA$过程时吸热又为多少？

6-29 10 mol单原子理想气体，在压缩过程中外界对它做功209 J，其温度升高1 K。试求气体吸收的热量与内能的增量，此过程中气体的摩尔热容是多少？

6-30 在300 K的温度下，2 mol理想气体的体积从$4.0\times10^{-3}\ m^3$等温压缩到$1.0\times10^{-3}\ m^3$，求在此过程中气体做的功和吸收的热量。

6-31 空气由压强为1.52×10^5 Pa、体积为$5.0\times10^{-3}\ m^3$等温膨胀到压强为1.01×10^5 Pa，然后再经等压压缩到原来体积。试计算空气所做的功。

6-32 如图6.26所示，使1 mol氧气：① 由A等温地变到B；② 由A等体地变到C，再由C等压地变到B。试分别计算氧气所做的功和吸收的热量。

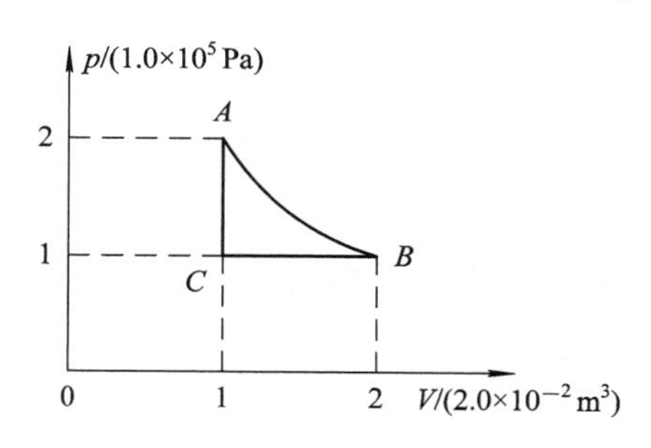

图6.26 题6-32图

6-33 温度为27℃、压强为1.01×10^5 Pa的一定量氮气，经绝热压缩，使其体积变为原来的1/5。求压缩后氮气的压强和温度。

6-34 将体积为$1.0\times10^{-4}\ m^3$、压强为1.01×10^5 Pa的氢气经绝热压缩，使其体积变为$2.0\times10^{-5}\ m^3$，求压缩过程中气体所做的功(氢气的摩尔热容比$\gamma=1.41$)。

6-35 0.32 kg的氧气作图6.27中所示循环$ABCDA$，设$V_2=2V_1$，$T_1=300$ K，$T_2=200$ K，求循环效率(已知氧气的定体摩尔热容的实验值$C_{V,m}=21.1\ J\cdot mol^{-1}\cdot K^{-1}$)。

6-36 如果图6.28中AB和DC是绝热线，COA是等温线。已知系统在COA过程中放热100 J，OAB的面积是30 J，ODC的面积70 J，试问在BOD过程中系统是吸热还是放热？热量是多少？

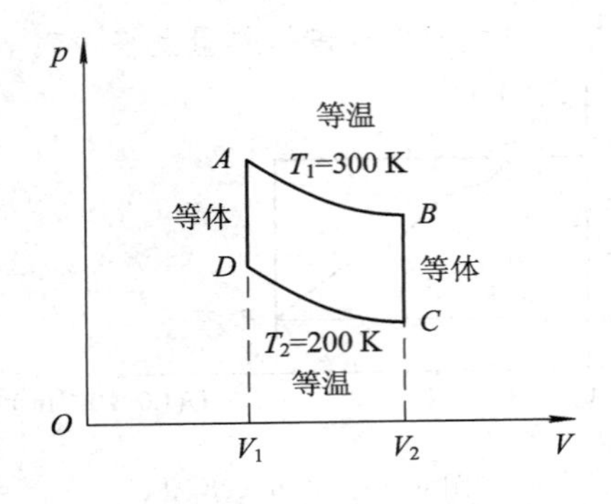

图 6.27　题 6-35 图

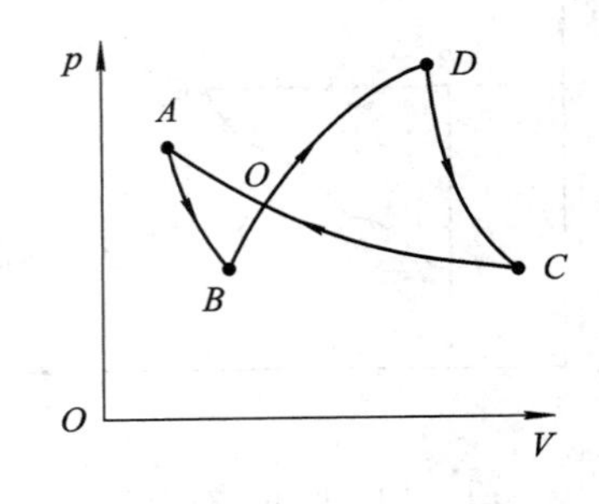

图 6.28　题 6-36 图

6-37　图 6.29 是某理想气体循环过程的 $V-T$ 图，已知该气体的定压摩尔热容 $C_{p,\mathrm{m}}=2.5R$，定体摩尔热容 $C_{V,\mathrm{m}}=1.5R$，且 $V_C=2V_A$。

(1) 试问：图中所示循环是代表制冷机还是热机？

(2) 如果此循环是正循环(热机循环)，求出循环效率。

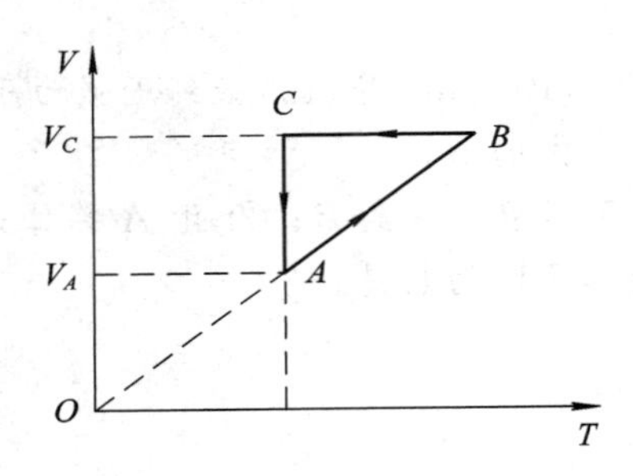

图 6.29　题 6-37 图

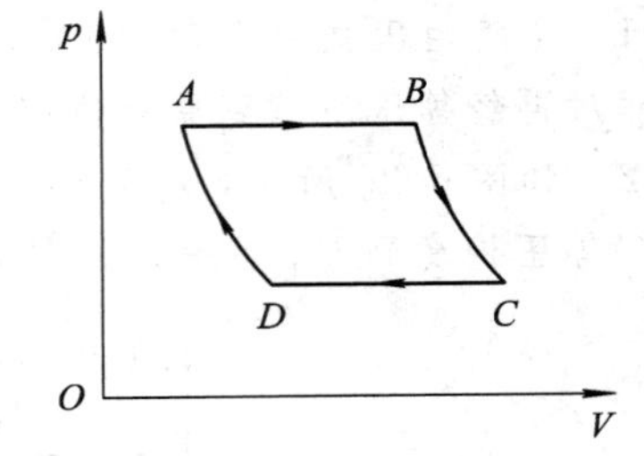

图 6.30　题 6-39 图

6-38　一卡诺热机的低温热源温度为 7℃，效率为 40%，若要将其效率提高到 50%，求高温热源的温度需提高多少度？

6-39　一定量的理想气体，经历如图 6.30 所示的循环过程，其中 AB 和 CD 是等压过程，BC 和 DA 是绝热过程。已知 B 点温度 $T_B=T_1$，C 点温度 $T_C=T_2$。

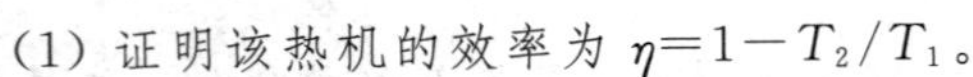

(1) 证明该热机的效率为 $\eta=1-T_2/T_1$。

(2) 这个循环是卡诺循环码？

6-40　汽油机可近似地看做如图 6.31 所示的理想循环，这个循环也叫奥托(Otto)循环，其中 DE 和 BC 是绝热过程。证明：

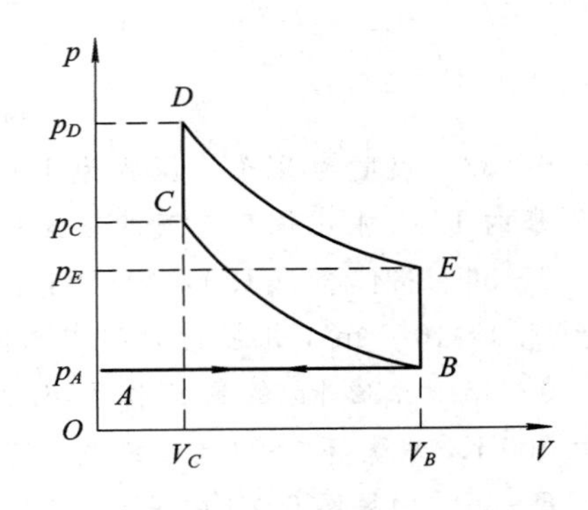

图 6.31　题 6-40 图

(1) 此热机的效率为

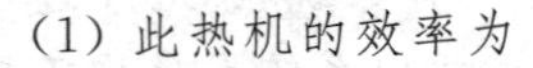

$$\eta=1-\frac{T_E-T_B}{T_D-T_C}$$

(2) 利用 $TV^{\gamma-1}=C$，上述效率公式也可写成

$$\eta=1-(V_C/V_B)^{\gamma-1}$$

6-41 如图6.32所示，把两部卡诺热机连接起来，使从一个热机输出的热量，输入到另一个热机中去。设第一个热机工作在温度为T_1和T_2的两热源之间，其效率为η_1；而第二个热机工作在温度为T_2和T_3的两热源之间，其效率为η_2。若组合热机的总效率以$\eta=(W_1+W_2)/Q_1$表示，试证总效率表达式为

$$\eta=(1-\eta_1)\eta_2+\eta_1 \quad 或 \quad \eta=1-T_3/T_1$$

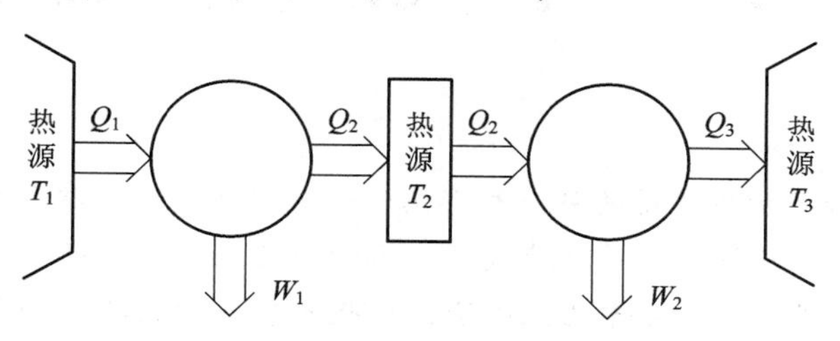

图6.32 题6-41图

6-42 在夏季，假定室外温度恒定为37.0℃，启动空调使室内温度始终保持在17.0℃。如果每天有2.51×10^8 J的热量通过热传导等方式自室外流入室内，则空调一天耗电多少？(设该空调制冷机的制冷系数为同条件下卡诺制冷机制冷系数的60%)

6-43 有质量为2.0×10^{-2} kg、温度为−10.0℃的冰，在压力为1.01×10^5 Pa下转变成10.0℃的水，试计算在此过程中的熵变(已知水的定压比热容$c_{p2}=4.22\times10^3\ \mathrm{J\cdot kg^{-1}\cdot K^{-1}}$，冰的定压比热容$c_{p1}=2.09\times10^3\ \mathrm{J\cdot kg^{-1}\cdot K^{-1}}$，冰的熔解热$L=3.34\times10^5\ \mathrm{J\cdot kg^{-1}}$)

6-44 有n mol定体摩尔热容$C_{V,\mathrm{m}}=3R/2$的理想气体，从状态$A(p_A、V_A、T_A)$分别经如图6.33所示的ADB过程和ACB过程，到达状态$B(p_B、V_B、T_B)$。试问在这两个过程中气体的熵变各为多少？(图中AD为等温线)

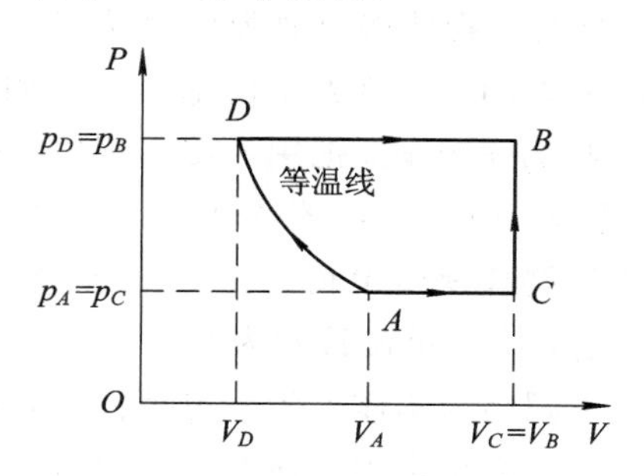

图6.33 题6-44图

第7章 静电场

从本章开始将研究物质运动的另一种形态——电磁运动。电磁运动是自然界中存在的普遍运动形态之一，自然界中几乎所有变化都与电和磁相关联。研究电磁运动对于深入认识物质世界是十分重要的。电磁学已经渗透到现代自然科学的各个分支和技术领域的各个部门，因此学习电磁学、掌握电磁运动的基本规律具有重要意义。

本章主要研究静电场的基本性质，其中包括库仑定律、电场强度和电势、高斯定理以及静电场的环路定理等。

7.1 电荷与库仑定律

7.1.1 电荷

人们对电现象的研究始于摩擦起电。我们知道，用丝绸摩擦过的玻璃棒，或用毛皮摩擦过的胶木棒，都能吸引轻小物体。物体的这种属性称为带电，或者说有了电荷。带电的物体称为带电体。近代物理研究表明，自然界是由基本粒子构成的。电荷有两种：把用丝绸摩擦过的玻璃棒所带的电荷称为正电荷，把用毛皮摩擦过的胶木棒所带的电荷称为负电荷。实验表明，带同种电荷的物体互相排斥，带异种电荷的物体互相吸引。根据带电体之间相互作用力的大小，能够确定物体所带电荷的多少。表示物体所带电荷程度的物理量称为电荷量，电荷量的单位是库仑，国际单位符号为C。

物体能产生电磁现象，都可归结为物体上带了电荷以及这些电荷的运动。通过对电荷的各种相互作用和效应的研究，人们认识到电荷的基本性质有以下几个方面。

7.1.2 电荷量子化与电荷守恒定律

自然界中，电子带有的电荷是最小的。实验发现，所有的带电体或其它微观粒子的电荷都是电子电荷量(也称元电荷)e($e=1.602\times10^{-19}$ C)的整数倍。物体所带的电荷量不是以连续值出现，而是以不连续的量值出现的，这称为电荷的量子化。在粒子物理研究中，理论上曾预言有电量为$\pm\frac{1}{3}e$或$\pm\frac{2}{3}e$的被称为夸克(Quark)的粒子存在，认为很多基本粒子由若干个夸克或反夸克(Antiquark)组成。但是电荷量子化的规律并没有改变，即电荷只能取不连续的数值。

一般情况下物体呈电中性，通过摩擦或静电感应可使物体带电。在探讨宏观物体带电时，由于带电量比基本电荷大得多，因此电荷的量子性显现不出来。可以认为电荷是连续变化的，并且在一个孤立系统中，无论系统中的电荷怎样移动，系统内正、负电荷电量的代数和始终保持不变，即电荷守恒，这就是电荷守恒定律。电荷守恒定律是物理学中的基本定律之一。

7.1.3 库仑定律

静止电荷之间的作用力称为静电力，研究静止电荷之间相互作用的理论的学科称为静电学。它是以1785年法国物理学家库仑通过扭秤实验总结出来的库仑定律为基础建立起来的。

当带电体自身的大小与带电体之间的距离相比很小时，带电体可近似地当做点电荷，即不考虑其大小和形状，只考虑带电体的电性。它是一种理想化的物理模型。在研究一般带电体的行为时，经常把带电体进行分隔，只要分隔得足够细，则分出来的每一单元都可视为点电荷。这样就可以在研究各单元性质的基础上进一步研究整个带电体的性质。

在真空中，两个静止点电荷之间的静电作用力的大小与这两个点电荷所带电量的乘积成正比，与它们之间距离的平方成反比，作用力的方向沿着它们连线的方向，这就是库仑定律。其数学表达式为

$$F = k\frac{|q_1 q_2|}{r^2}, \quad k \approx 9.0\times 10^9\ \mathrm{Nm^2/C^2} = \frac{1}{4\pi\varepsilon_0} \tag{7-1}$$

q_2所受力的矢量表达式为

$$\boldsymbol{F} = \frac{q_1 q_2}{4\pi\varepsilon_0 r^2}\boldsymbol{e}_r \tag{7-2}$$

以上两式中，k为比例常数；$\varepsilon_0=8.85\times 10^{-12}\ \mathrm{C^2/Nm^2}$，为真空介电常数；$q_1$和$q_2$分别表示两个点电荷的电量，根据所带电荷的正负，$q_1$和$q_2$本身带有正负号；$r$表示两个电荷之间的距离；$\boldsymbol{e}_r$表示两电荷之间的单位矢量，方向由$q_1$指向$q_2$。

7.1.4 叠加原理

两个点电荷之间的相互作用力并不因为第三个点电荷的存在而有所改变。因此，两个以上的点电荷对一个点电荷的作用力等于各个点电荷单独存在时对该点电荷的作用力的矢量和，如图7.1所示，这个结论叫做电场力的叠加原理。图7.1中，点电荷q_0所受其它几个点电荷q_1、q_2、…，q_i，…，q_n的总电场力$\boldsymbol{F}$的数学表达式为

$$\boldsymbol{F} = \sum_{i=1}^{n}\boldsymbol{F}_i = \sum_{i=1}^{n}\frac{1}{4\pi\varepsilon_0}\frac{q_i q_0}{r_i^2}\boldsymbol{e}_{r_i} \tag{7-3}$$

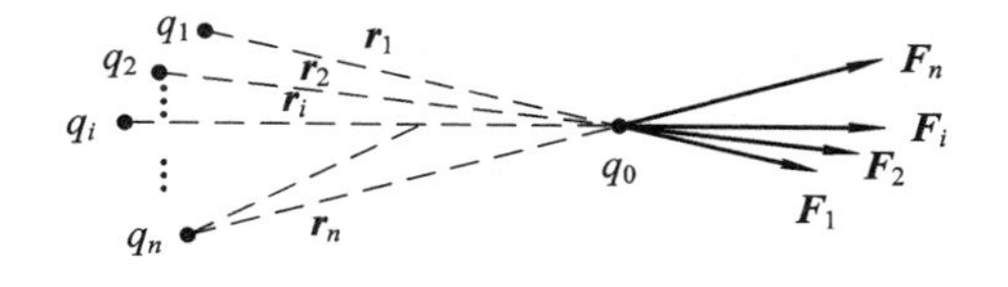

图7.1 电场力的叠加原理

【例7.1】 计算氢原子内电子和原子核间的静电作用力与万有引力的比值。其中电子质量$m_1=9.11\times 10^{-31}$ kg，氢原子核质量$m_2=1846m_1$。

【解】 氢原子内电子和原子核的电量相等，都是e，距离为r，则静电力为

$$F_e = \frac{e^2}{4\pi\varepsilon_0 r^2}$$

而万有引力为

$$F_m = \frac{Gm_1 m_2}{r^2}$$

$$m_2 = 1846m_1$$

$$\frac{F_e}{F_m} = \frac{\dfrac{e^2}{4\pi\varepsilon_0 r^2}}{\dfrac{Gm_1 m_2}{r^2}} \approx 2.26 \times 10^{39}$$

所以，在通常情况下万有引力与静电力相比可忽略不计。

7.2 电场强度

两个带电物体之间的相互作用是怎样进行的呢？在物理学史上，曾经有过不同的看法。在很长一段时期内，人们认为两个电荷之间的相互作用和两个质点之间的引力作用一样，都是超距作用，即一个电荷对另一个电荷的作用力是隔着一定的空间距离直接给予的，不需要中间物体的传递，也不需要时间。直到19世纪30年代，法拉第提出了另一种观点：一个电荷的周围存在着由它所产生的电场，另外的电荷所受到的这一电荷的作用力就是通过这个电场给予的，这样就引入了电场的概念。

7.2.1 电场强度

设相对于惯性参考系，在真空中有一固定不动的点电荷系 q_1，q_2，…，q_n，将另一点电荷 q_0移到该点电荷系周围的 P 点处保持静止，我们来讨论电荷 q_0受该点电荷系的作用力。

由库仑定律可知，由于点电荷系作用在电荷 q_0上的合力与电荷 q_0的电量成正比，所以比值 $\boldsymbol{F}/q_0$只取决于点电荷系的结构(包括每个电荷的电量以及各电荷之间的相对位置)和电荷 q_0所在的位置，而与电荷 q_0的电量无关。因此，可以认为比值 $\boldsymbol{F}/q_0$反映了点电荷系周围空间各点的特殊性质，它能给出该点电荷系对静止于该点的其它电荷 q_0的作用力。可以说：该点电荷系周围空间存在着由它们所产生的电场。比值 $\boldsymbol{F}/q_0$表示了电场中各点的强度，叫做电场强度。

电场强度定义为：电场中某点处场强 $\boldsymbol{E}$ 的大小等于单位电荷在该点受到力的大小，其方向为正电荷在该点受力的方向。数学表达式为

$$\boldsymbol{E} = \frac{\boldsymbol{F}}{q_0} \tag{7-4}$$

在国际单位制中，电场强度的单位为伏特/米，用符号 $\mathrm{V \cdot m^{-1}}$表示。

7.2.2 静电场的叠加原理

电场中任意一点处的总场强 $\boldsymbol{E}$ 等于各个点电荷单独存在时在该点各自产生的场强的矢量和，这就是静电场的叠加原理。数学表达式为

$$\boldsymbol{E} = \boldsymbol{E}_1 + \boldsymbol{E}_2 + \cdots + \boldsymbol{E}_n = \sum_{i=1}^{n} \boldsymbol{E}_i \tag{7-5}$$

近代物理学的理论和实验完全证实了场的观点的正确性。电场和磁场已被证明是客观

存在的，它们传播的速度是有限的，这个速度就是真空中的光速。电磁场还具有能量、动量和动能。

7.2.3 电场强度的计算

1. 点电荷电场中的场强

由库仑定律及电场强度的定义式，可求得点电荷周围的电场强度。设真空中有一点电荷 q，将检验电荷 q_0 放在电场中某点 P 处，由库仑定律可得检验电荷 q_0 在该点所受的力为

$$\boldsymbol{F}=\frac{qq_0}{4\pi\varepsilon_0 r^2}\boldsymbol{e}_r \tag{7-6}$$

由电场强度的定义式 $\boldsymbol{E}=\dfrac{\boldsymbol{F}}{q_0}$，可得点 P 处的电场强度为

$$\boldsymbol{E}=\frac{q}{4\pi\varepsilon_0 r^2}\boldsymbol{e}_r \tag{7-7}$$

式(7-7)是真空中点电荷的电场强度分布公式。从式(7-7)可以看出，如果 $q>0$，则场强 $\boldsymbol{E}$ 的方向与 $\boldsymbol{e}_r$ 的方向相同；如果 $q<0$，则场强 $\boldsymbol{E}$ 的方向与 $\boldsymbol{e}_r$ 的方向相反，且点电荷的电场具有球对称性。

2. 点电荷系电场中的场强

设真空中存在着由 n 个点电荷 q_1，q_2，…，q_n 组成的点电荷系，将检验电荷 q_0 放在电场中某点 P 处，由库仑定律可得，检验电荷 q_0 在该点所受的力 $\boldsymbol{F}$ 等于 q_1，q_2，…，q_n 各个点电荷单独存在时作用于 q_0 的电场力 $\boldsymbol{F}_1$，$\boldsymbol{F}_2$，…，$\boldsymbol{F}_n$ 的矢量和，即

$$\boldsymbol{F}=\boldsymbol{F}_1+\boldsymbol{F}_2+\cdots+\boldsymbol{F}_n \tag{7-8}$$

由电场强度的定义式，可得场点 P 处的电场强度为

$$\boldsymbol{E}=\frac{\boldsymbol{F}_1}{q_0}+\frac{\boldsymbol{F}_2}{q_0}+\cdots+\frac{\boldsymbol{F}_n}{q_0} \tag{7-9}$$

即

$$\boldsymbol{E}=\sum_{i=1}^{n}\boldsymbol{E}_i=\sum_{i=1}^{n}\frac{q_i}{4\pi\varepsilon_0 r_i^2}\boldsymbol{e}_i \tag{7-10}$$

式(7-10)表明，在点电荷系激发的电场中，任一点处的电场强度等于各点电荷单独存在时，该点电荷产生的电场强度的矢量和，这就是电场强度的叠加原理。

3. 点电荷连续分布的带电体电场中的场强

任意带电体可连续分割为无数电荷为 $\mathrm{d}q$ 的微小带电体的集合，则 $\mathrm{d}q$(视为点电荷)在场点 P 处的场强为

$$\mathrm{d}\boldsymbol{E}=\frac{1}{4\pi\varepsilon_0}\frac{\mathrm{d}q}{r^2}\boldsymbol{e}_r \tag{7-11}$$

由场强叠加原理，得带电体在 P 处的总场强为

$$\boldsymbol{E}=\int\mathrm{d}\boldsymbol{E}=\int\frac{\mathrm{d}q}{4\pi\varepsilon_0 r^2}\boldsymbol{e}_r \tag{7-12}$$

在实际问题中，带电体按其形状特点，其电荷分布可分为体分布、面分布和线分布。

1) 电荷分布为体分布的带电体在空间激发的场强

对于电荷的体分布，如图7.2所示，可取 $\mathrm{d}q=\rho\,\mathrm{d}V$，其中 ρ 为电荷的体密度，$\mathrm{d}V$ 为小

体元，带电体在 P 点激发的场强为

$$\boldsymbol{E}=\int \mathrm{d}\boldsymbol{E}=\int_{V}\frac{\rho\ \mathrm{d}V}{4\pi\varepsilon_0 r^2}\boldsymbol{e}_r \tag{7-13}$$

2) 电荷分布为面分布的带电体在空间激发的场强

对于电荷的面分布，如图 7.3 所示，可取 $\mathrm{d}q=\sigma\ \mathrm{d}S$，其中 σ 为电荷的面密度，$\mathrm{d}S$ 为小面元，带电体在 P 点激发的场强为

$$\boldsymbol{E}=\int \mathrm{d}\boldsymbol{E}=\int_{S}\frac{\sigma\ \mathrm{d}S}{4\pi\varepsilon_0 r^2}\boldsymbol{e}_r \tag{7-14}$$

3) 电荷分布为线分布的带电体在空间激发的场强

对于电荷的线分布，如图 7.4 所示，可取 $\mathrm{d}q=\lambda\ \mathrm{d}l$，其中 λ 为电荷的线密度，$\mathrm{d}l$ 为小线元，带电体在 P 点激发的场强为

$$\boldsymbol{E}=\int \mathrm{d}\boldsymbol{E}=\int_{l}\frac{\lambda\ \mathrm{d}l}{4\pi\varepsilon_0 r^2}\boldsymbol{e}_r \tag{7-15}$$

在具体运算中，应建立适当坐标系，写出 $\mathrm{d}\boldsymbol{E}$ 在各坐标轴方向上的分量式，分别计算 $\boldsymbol{E}$ 的各分量，再求合成矢量 $\boldsymbol{E}$。

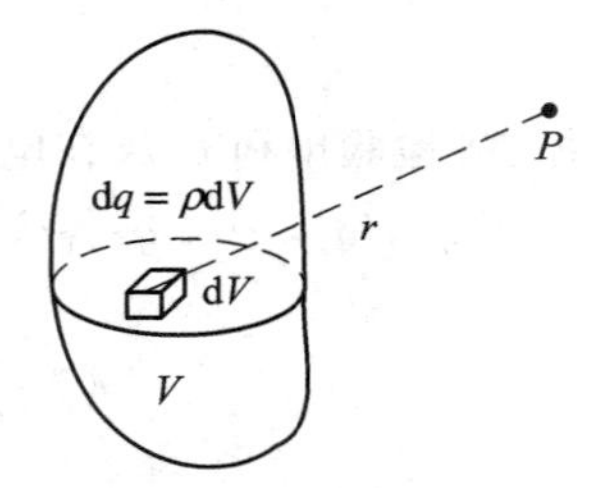

图 7.2　体分布的带电体　　图 7.3　面分布的带电体　　图 7.4　线分布的带电体

【例 7.2】 一对等量异号点电荷 $+q$ 和 $-q$，相距为 l，求其连线的延长线和中垂线上任一点的场强。

【解】 建立如图 7.5 所示的坐标系。

(1) 连线的延长线上任一点的场强：

在延长线上任取一点 P，$+q$ 和 $-q$ 产生的场强方向相反，大小分别为

$$E_+=\frac{q}{4\pi\varepsilon_0\left(x-\frac{l}{2}\right)^2}$$

$$E_-=\frac{q}{4\pi\varepsilon_0\left(x+\frac{l}{2}\right)^2}$$

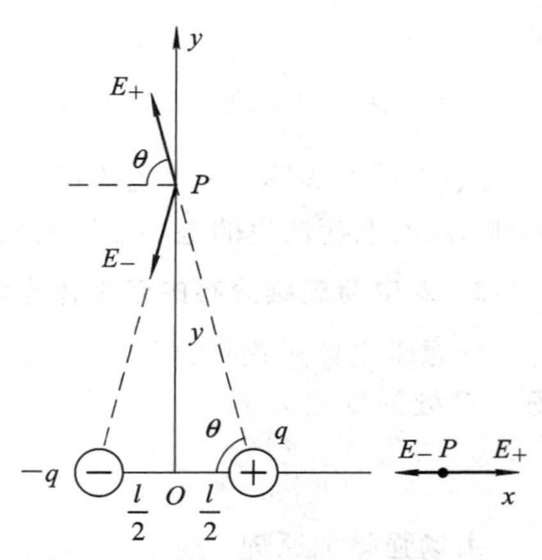

图 7.5　等量异号点电荷的场强

则 P 点的合场强的大小为

$$E=E_+-E_-=\frac{q}{4\pi\varepsilon_0\left(x-\frac{l}{2}\right)^2}-\frac{q}{4\pi\varepsilon_0\left(x+\frac{l}{2}\right)^2}=\frac{2qxl}{4\pi\varepsilon_0\left(x^2-\frac{l^2}{4}\right)^2}$$

(2) 连线的中垂线上任一点的场强：

在中垂线上任取一点 P，$\boldsymbol{E}_+$ 和 $\boldsymbol{E}_-$ 大小相等，方向关于 x 轴对称，因此两矢量在 y 轴方向上的投影互相抵消，在 x 轴方向上的投影大小相等，方向相同，并且沿 x 轴的负方向。则 P 点处的合场强的大小为

$$E = 2E_+ \cos\theta = \frac{ql}{4\pi\varepsilon_0\left(y^2 + \frac{l^2}{4}\right)^{\frac{3}{2}}}$$

其中

$$\cos\theta = \frac{l}{2\left(y^2 + \frac{l^2}{4}\right)^{\frac{1}{2}}}, \quad E_+ = \frac{q}{4\pi\varepsilon_0\left(y^2 + \frac{l^2}{4}\right)}$$

【例 7.3】 正电荷 q 均匀分布在半径为 R 的圆环上，如图 7.6 所示。计算通过环心点 O 并垂直圆环平面的轴线上任一点 P 处的电场强度。

【解】

$$\lambda = \frac{q}{2\pi R}$$

$$dq = \lambda\, dl$$

$$dE = \frac{1}{4\pi\varepsilon_0}\frac{\lambda dl}{r^2}$$

$$d\boldsymbol{E} = d\boldsymbol{E}_x + d\boldsymbol{E}_\perp$$

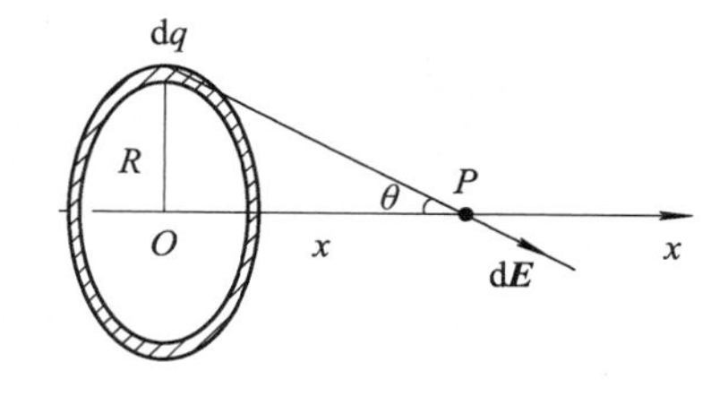

图 7.6 例题 7.3 图

由于 $E_\perp = \int_l dE_\perp = 0$，故

$$E = \int_l dE_x = \int_l dE\cos\theta$$

$$= \int \frac{\lambda\, dl}{4\pi\varepsilon_0 r^2} \cdot \frac{x}{r} = \frac{\lambda x}{4\pi\varepsilon_0 r^3}\int_0^{2\pi R} dl$$

$$= \frac{qx}{4\pi\varepsilon_0(x^2 + R^2)^{\frac{3}{2}}}$$

【例 7.4】 有一半径为 R，电荷均匀分布的薄圆盘，其电荷面密度为 σ，如图 7.7 所示。求通过盘心且垂直盘面的轴线上任意一点处的电场强度。

【解】

$$\sigma = \frac{q}{\pi R^2}$$

$$dq = \sigma 2\pi r\, dr$$

由例 7.3 知

$$dE_x = \frac{x\, dq}{4\pi\varepsilon_0(x^2 + r^2)^{\frac{3}{2}}} = \frac{\sigma}{2\varepsilon_0}\frac{xr\, dr}{(x^2 + r^2)^{\frac{3}{2}}}$$

$$E = \int d E_x = \frac{\sigma x}{2\varepsilon_0}\left(\frac{1}{\sqrt{x^2}} - \frac{1}{\sqrt{x^2 + R^2}}\right)$$

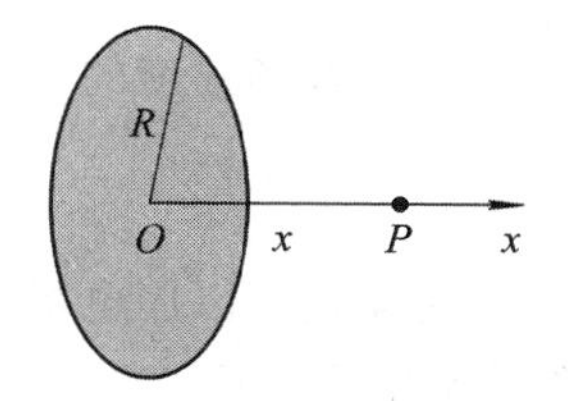

图 7.7 例题 7.4 图

可见，如果 $x \ll R$，则 $E \approx \frac{\sigma}{2\varepsilon_0}$，等价于无限大带电平面电场；若 $x \gg R$，则 $E \approx \frac{q}{4\pi\varepsilon_0 x^2}$，等价于点电荷电场。

7.3 高斯定理

前面研究了描述电场性质的一个重要的物理量——电场强度，并从叠加原理出发讨论了点电荷系和带电体的电场强度。为了更好地描述电场，下面将在介绍电场线的基础上，引入电场强度通量(简称为电通量)的概念，并导出静电场中的高斯定理。

7.3.1 电场线

为了形象地描绘电场中电场强度的分布，引入电场线的概念。在电场中画出一系列从正电荷出发到负电荷终止的曲线，使曲线上每一点的切线方向和该点电场强度的方向一致，这样的曲线称为电场线。图 7.8 所示的是几种简单电场的电场线。

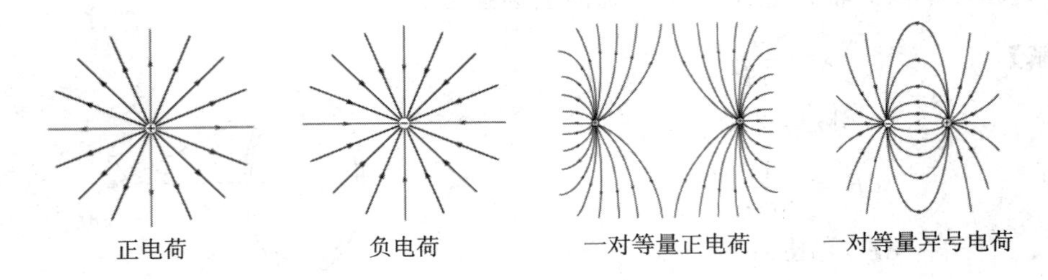

图 7.8 点电荷电场线图

电场线不仅能描述电场中某点电场强度的方向，同时也能表示出该点电场强度的大小，即用该点附近电场线密度表示电场强度的大小。电场中某点电场密度是指穿过该点与电场线垂直的单位面积的电场线条数。如图 7.9 所示，过电场中某点作一垂直于电场强度方向的面元 $\mathrm{d}S_\perp$，通过该面元的电场线条数为 $\mathrm{d}N$，则该点的电场线密度为

$$\frac{\mathrm{d}N}{\mathrm{d}S_\perp} \tag{7-16}$$

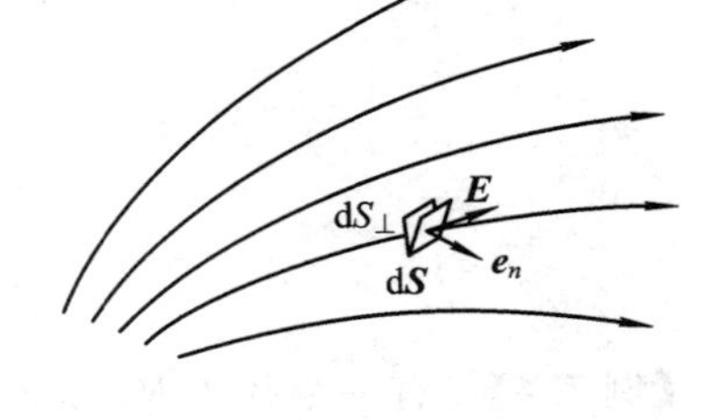

图 7.9 电场线与场强的关系

令该点的电场强度的大小与其电场线密度相等，即

$$E = \frac{\mathrm{d}N}{\mathrm{d}S_\perp} \tag{7-17}$$

这样就可以用电场线的疏密程度直观地描述电场强度的大小。电场强度大的地方电场线密，电场强度小的地方电场线疏。

电场线具有如下特征：

(1) 静电场中的电场线总是起于正电荷，止于负电荷，既不中断，也不形成闭合回路。

(2) 任何两条电场线不可能相交，场强为零处，没有电场线通过。

(3) 电场线越密，场强越大。

7.3.2 电场强度通量

在电场中通过任意曲面 S 的电场线条数，称为穿过该面的电场强度通量(简称为电通量)，用 Φ_e 表示。

如图 7.10(a)所示，设电场为匀强电场，根据电场线密度的定义，穿过垂直于电场方向的平面 S 的电通量为

$$\Phi_e = \boldsymbol{E} \cdot \boldsymbol{S} \tag{7-18}$$

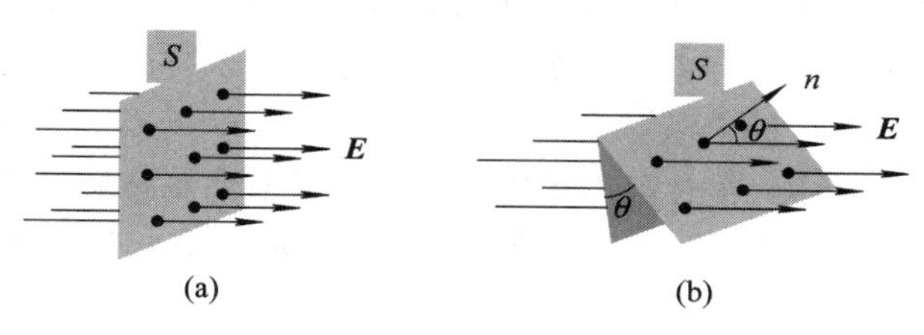

图 7.10 电场线与场强的关系

若平面 S 与 $\boldsymbol{E}$ 不垂直，平面 S 的法向矢量 $\boldsymbol{n}$ 与 $\boldsymbol{E}$ 的方向成 θ 角，如图 7.10(b)所示，则穿过 S 面的电通量为

$$\Phi_e = ES\cos\theta \tag{7-19}$$

对于不同的曲面，曲面上各处法向单位矢量的正方向可以取曲面的任一侧。对于封闭曲面，由于它使整个空间划分为内、外两部分，所以一般规定自内向外的方向为各面元法向的正方向。

若不是匀场电场，取一面微元，可认为面微元上的场强是均匀的，即 $\mathrm{d}\Phi_e = \boldsymbol{E} \cdot \mathrm{d}\boldsymbol{S}$。因此，当电场线从内部穿出时，如图 7.11(a)所示，$0 \leqslant \theta \leqslant \frac{\pi}{2}$，$\mathrm{d}\Phi_e$ 为正；当电场线从外部穿入时，$\frac{\pi}{2} \leqslant \theta \leqslant \pi$，$\mathrm{d}\Phi_e$ 为负。

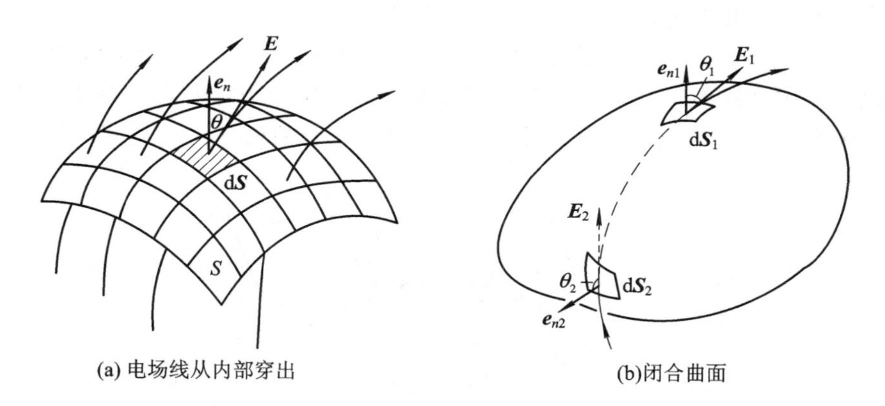

(a) 电场线从内部穿出 (b)闭合曲面

图 7.11 曲面电通量

若曲面是闭合的，则通过闭合曲面 S 的电通量为

$$\Phi_e = \oint_S \boldsymbol{E} \cdot \mathrm{d}\boldsymbol{S} \tag{7-20}$$

式(7－20)中，$\oint_S$ 表示对整个封闭曲面积分，如图 7.11(b)所示。

式(7－20)表示通过整个封闭曲面的电通量 Φ_e 等于穿出与穿入封闭曲面的电场线的条数之差。

7.3.3 高斯定理

高斯(K·F·Gauss，1777～1855)是德国物理学家和数学家，他在实验物理、理论物理以及数学方面都做出了很多贡献，他推导出的高斯定理是电磁学的一条重要的规律。该定理是用电通量表示电场和场源电荷关系的定理，它给出了通过任一封闭曲面的电通量与封闭曲面内部所包围的电荷的关系。

下面利用电通量的概念、库仑定律和场强叠加原理来推导高斯定理。

先研究一个点电荷 q 的电场。以 q 所在点为中心，取任意长度 r 为半径作一球面包围这个点电荷 q，如图 7.12(a)所示。

由于球的对称性和库仑定律，球面上每一点的电场强度的大小都相等，即

$$\boldsymbol{E}=\frac{q}{4\pi\varepsilon_0 r^2}\boldsymbol{e}_r \tag{7-21}$$

方向处处都与球面垂直，即 $\boldsymbol{E}/\!/\mathrm{d}\boldsymbol{S}$。根据式(7－20)，通过球面的电通量为

$$\Phi_e=\oint_S\boldsymbol{E}\cdot\mathrm{d}\boldsymbol{S}=\frac{q}{4\pi\varepsilon_0 r^2}\oint_S\mathrm{d}S=\frac{q}{\varepsilon_0}$$

上式的值与 r 无关，只与它们所包围的电荷的电量有关。这就意味着对以点电荷 q 为中心的任意曲面来说，通过它们的电通量都是一样的，都等于 $\frac{q}{\varepsilon_0}$，即通过它们的电场线的总条数相等。

设想有另外一个任意的封闭曲面 S'，S' 和 S 包围同一个点电荷 q，如图 7.12(a)所示。

由电场线的连续性可得出：通过闭合曲面 S' 和 S 的电场线的条数是一样的。因此，通过任意形状的包围点电荷 q 的闭合曲面的电通量都等于 q/ε_0。

如果闭合曲面 S' 不包围点电荷 q，如图 7.12(b)所示。同样，由电场线的连续性可得出：由一侧进入闭合曲面 S' 的电场线条数等于从另一侧穿出闭合曲面 S' 的电场线条数。所以，净进入闭合曲面 S' 的电场线总条数为零，即通过闭合曲面 S' 的电通量为零。

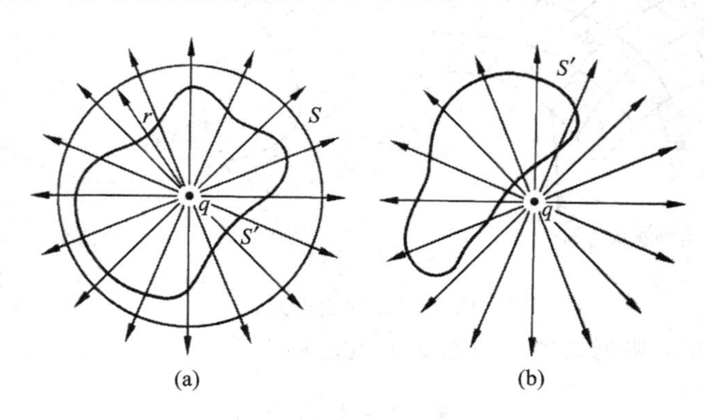

图 7.12 曲面电通量

其数学表达式为

$$\Phi_e = \oint_S \boldsymbol{E} \cdot d\boldsymbol{S} = 0 \tag{7-22}$$

以上是关于点电荷的电场的结论，对于一个点电荷系 q_1，q_2，…，q_n来说，在它们的电场中的任何一点，由电场叠加原理可得：$\boldsymbol{E} = \boldsymbol{E}_1 + \boldsymbol{E}_2 + \cdots + \boldsymbol{E}_n$，其中 $\boldsymbol{E}$ 为总电场，$\boldsymbol{E}_1$，$\boldsymbol{E}_2$，…，$\boldsymbol{E}_n$为单个点电荷产生的电场。这时，通过任意形状的包围点电荷 q 的闭合曲面的电通量为

$$\Phi_e = \oint_S \boldsymbol{E} \cdot d\boldsymbol{S} = \oint_S \boldsymbol{E}_1 \cdot d\boldsymbol{S} + \oint_S \boldsymbol{E}_2 \cdot d\boldsymbol{S} + \cdots + \oint_S \boldsymbol{E}_n \cdot d\boldsymbol{S} = \Phi_1 + \Phi_2 + \cdots + \Phi_n$$

其中，Φ_1，Φ_2，…，Φ_n分别为单个电荷通过该闭合面的电通量。

类比单个电荷的结论可知：当 q_i 在封闭曲面内时，$\Phi_i = q_i/\varepsilon_0$；当 q_i 在封闭曲面外时，$\Phi_i = 0$，所以上式可写成

$$\oint_S \boldsymbol{E} \cdot d\boldsymbol{S} = \frac{1}{\varepsilon_0} \sum_{i=1}^{n} q_i \tag{7-23}$$

这就是高斯定理，即在真空中的任何静电场中，通过任一封闭曲面的电场强度通量等于该闭合曲面所包围的电荷的代数和乘以 $1/\varepsilon_0$。

对高斯定理的理解应特别注意以下几点：

(1) 高斯定理表达式中的场强 $\boldsymbol{E}$ 是曲面上各点的场强，它是由全部电荷(包括面内和面外的电荷)共同产生的合场强。

(2) 通过任一封闭曲面的总电通量只决定于该闭合曲面所包围的电荷，即总电通量只与该闭合曲面所包围的电荷有关，与外部电荷无关。

(3) 高斯定理是关于电场的普遍的基本规律。

一般情况下，当电荷分布给定时，从高斯定理只能求出通过某一闭合曲面的电通量，并不能把电场中各点的场强确定下来。但是当电荷分布具有某些特殊的对称性时，电场分布也具有相应的几何对称性，这时应用高斯定理来计算场强要简便得多。

用高斯定理来计算场强，常要求电荷所激发的电场具有球对称、均匀面对称或均匀轴对称等特殊对称性。这样就可以通过场点作出适当的闭合曲面(高斯面)。例如，对于点电荷激发的电场，以点电荷为球心作出球形高斯面，使闭合面上电场强度都垂直于这个闭合面，而且大小处处相等。一般原则是闭合面上一部分的场强处处与该面垂直，且大小相等，另一部分的场强与该面平行，因而通过该面的电通量为零。高斯面如果不具有特殊对称性，一般就不能用高斯定理来计算场强。

【例 7.5】 求均匀带电球面的场强分布，设球面的半径为 R，总电量为 q。

【解】 解题思路同上，由于电荷球对称分布，则场强分布具有球对称性。该球面上各点场强的大小是相等的，方向都是径向。

(1) 求球外场强。通过高斯面 S(如图 7.13(a)所示)的场强通量为

$$\oint_S \boldsymbol{E} \cdot d\boldsymbol{S} = E 4\pi r^2$$

$$\oint_S \boldsymbol{E} \cdot d\boldsymbol{S} = \frac{q}{\varepsilon_0}$$

$$E = \frac{q}{4\pi\varepsilon_0 r^2}$$

其 E-r 函数曲线如图 7.13(b)所示。

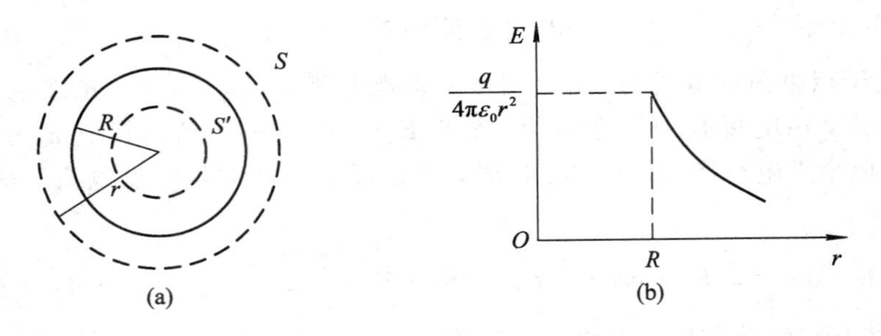

图 7.13　均匀带电球面的场强求解

(2) 求球内场强。同理作球面 S'，$\sum_i q_i = 0$，$E=0(r>R)$，均匀带电球面的球内场强为零。

【例 7.6】 求无限长均匀带电直线的场强分布(设带电直线的电荷线密度为 λ)。

【解题思路】

(1) 根据电荷分布的对称性，分析场强分布的对称性。

(2) 选取适当的高斯面，使通过该面的场强通量的积分易于计算。

(3) 求出高斯面所包围电荷的代数和，再由高斯定理求场强。

【解】 由于电荷分布的轴对称性，其在自由空间产生的电场也具有轴对称性。考虑离直导线距离为 r 的场点 P，该处的场强 $\boldsymbol{E}$ 一定是垂直于直导线而沿径向，并且与直导线同轴圆柱面上的各点电场强度大小都相等。因此，作一个过 P 点以直导线为轴，底面半径为 r，高为 h 的闭合圆柱面为高斯面，S_h 表示侧面积，侧面上的场强 $\boldsymbol{E}$ 与 S_h 面是垂直的，$S_h = 2\pi rh$，S_t、S_b 分别表示上、下底面积，上、下底面平行与场强方向，如图 7.14 所示，由高斯定理得

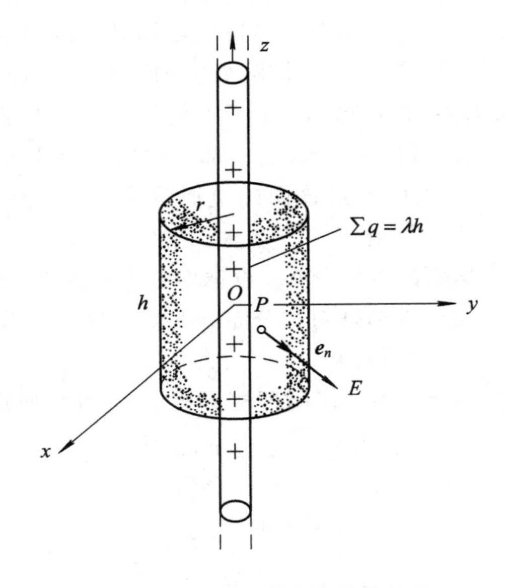

图 7.14　无限长带电直线的场强

$$\Phi_e = \oint_S \boldsymbol{E} \cdot d\boldsymbol{S} = \frac{\sum q_i}{\varepsilon_0}$$

$$\oint_S \boldsymbol{E} \cdot d\boldsymbol{S} = \int_{S_h} \boldsymbol{E} \cdot d\boldsymbol{S} + \int_{S_t} \boldsymbol{E} \cdot d\boldsymbol{S} + \int_{S_b} \boldsymbol{E} \cdot d\boldsymbol{S}$$

由于上、下底面的场强通量为零，所以

$$\oint_S \boldsymbol{E} \cdot d\boldsymbol{S} = E \cdot 2\pi rh = \frac{\sum q_i}{\varepsilon_0} = \frac{\lambda h}{\varepsilon_0}$$

由此可知，电场强度为

$$E = \frac{\lambda}{2\pi\varepsilon_0 r}$$

7.4　静电场的环路定理

电场强度说明电场对电荷有作用力。既然电场对电荷有作用力，那么当电荷运动时电场力就要做功。根据功和能量的关系，可知能量和电场是相互有联系的。下面就来研究与静电场相联系的功和能的问题。

首先，根据静电场的保守性引入电势的概念，并介绍计算电势的方法以及电势与场强的关系。然后，根据功和能的关系，导出电荷系的静电能的计算公式。静电系统的静电能可以认为是储存在电场中的。最后，给出由电场强度求静电能的方法，并引入电场能量密度的概念。

7.4.1　静电场力做的功

从功和能的角度研究静电场的性质，我们先从库仑定律出发证明静电场是保守力场。如图 7.15 所示，以 q 表示固定于 O 点的电荷，当另一电荷 q_0 在电场中由 a 点沿任一曲线(路径)移到 b 点时，q_0 受电场力所做的功有以下几种情况。

(1) 在点电荷 q 的电场中，电场力对试验电荷 q_0 所做的功：如图 7.15 所示，q_0 沿 a 点经 c 点移到 b 点。在 c 点时，$\boldsymbol{E}$ 与 $d\boldsymbol{l}$ 的夹角为 θ，$dl\ \cos\theta = dr$，c 点处的场强为

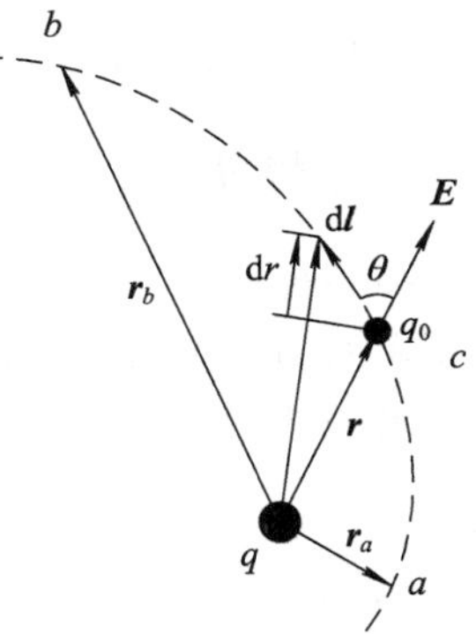

图 7.15　电场力做功

$$\boldsymbol{E}_c = \frac{q}{4\pi\varepsilon_0 r^2}\frac{\boldsymbol{r}}{|\boldsymbol{r}|} = \frac{q}{4\pi\varepsilon_0 r^2}\boldsymbol{e}_r$$

$$\boldsymbol{F} = \frac{qq_0}{4\pi\varepsilon_0 r^2}\boldsymbol{e}_r$$

静电场力做的功为

$$W_{ab} = \int_a^b \boldsymbol{F} \cdot d\boldsymbol{l} = \int_a^b \boldsymbol{E} q_0 \cdot d\boldsymbol{l} = \int_a^b E q_0 \cos\theta d\boldsymbol{l} = \int_{r_a}^{r_b} \frac{qq_0}{4\pi\varepsilon_0 r^2} dr$$

$$= \frac{qq_0}{4\pi\varepsilon_0}\left(\frac{1}{r_a} - \frac{1}{r_b}\right) \tag{7-24}$$

由此可得结论：在点电荷 q 的电场中，电场力对试验电荷所做的功，只与运动路线的

起点和终点位置有关，与路径无关，经任一闭合线路回到原处的电场力做的功为零。

(2) 点电荷系电场的叠加原理：点电荷系电场的电场力对试验电荷的功等于试验电荷在电场中运动时，各点电荷所做的功的代数和。

$$W_{ab}=\int_a^b \boldsymbol{F}\cdot \mathrm{d}\boldsymbol{l}=\int_a^b q_0\boldsymbol{E}\cdot \mathrm{d}\boldsymbol{l}=q_0\int_a^b(\boldsymbol{E}_1+\boldsymbol{E}_2+\cdots+\boldsymbol{E}_n)\cdot \mathrm{d}\boldsymbol{l}=\sum_{i=1}^{n}\frac{q_iq_0}{4\pi\varepsilon_0}\left(\frac{1}{r_{ai}}-\frac{1}{r_{bi}}\right) \tag{7-25}$$

令式(7-25)的 $q_0=1$，式(7-25)将变为电场强度的线积分：

$$\int_a^b \boldsymbol{E}\cdot \mathrm{d}\boldsymbol{l}=\sum_{i=1}^{n}\frac{q_i}{4\pi\varepsilon_0}\left(\frac{1}{r_{ai}}-\frac{1}{r_{bi}}\right) \tag{7-26}$$

由此可得结论：对任何静电场，电场强度的线积分都取决于起点 a 和终点 b 的位置，而与路径无关，静电场的这一特性叫做静电场的保守性。

7.4.2　静电场的环路定理

如图 7.16 所示，q 从 a 点经过实线移到 b 点，再由 b 点回到 a 点，电场力所做的功为零。这是因为场强沿此闭合路径的线积分为零：

$$\oint_l \boldsymbol{E}\cdot \mathrm{d}\boldsymbol{l}=0 \tag{7-27}$$

这就是静电场的环路定理。它说明了静电场是保守力场，也称为无旋场。

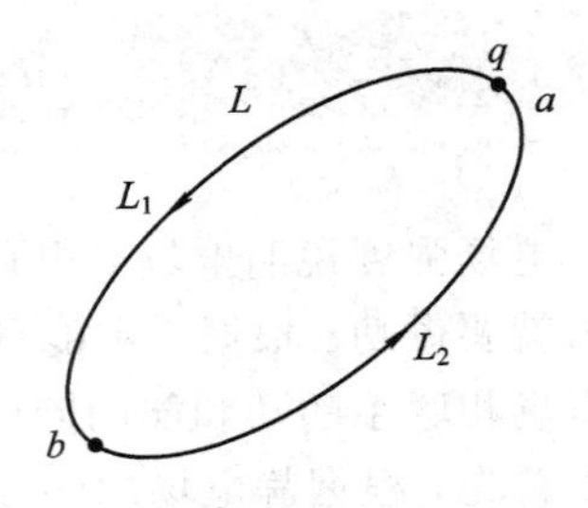

图 7.16　静电场的环路定理

7.5　电　　势

上一节研究了静电场力所做的功，可知功和能是紧密联系在一起的。下面，由静电场力做的功引入电势能的概念。

7.5.1　电势能

与物体在重力场中具有重力势能一样，电荷在电场中具有一定的电势能。静电场力对电荷所做的功等于电荷电势能增量的负值。这样，当检验电荷 q_0 从 a 点移到 b 点时，静电场力所做的功为

$$W=q_0\int_a^b \boldsymbol{E}\cdot \mathrm{d}\boldsymbol{l}$$

若用 E_{Pa} 和 E_{Pb} 分别表示检验电荷 q_0 在电场中 a 点和 b 点的电势能，则有

$$W_{ab}=q_0\int_a^b \boldsymbol{E}\cdot \mathrm{d}\boldsymbol{l}=-(E_{Pb}-E_{Pa})$$

电势能和重力势能一样，是一个相对量。在重力场中，要确定物体在某点的重力势能，必须选择一个势能为零的参考点。同理，要确定电荷在某点的电势能，就必须选择一个电势能为零的参考点。在上式中，若选检验电荷 q_0 在点 b 处的电势能为零，即 $E_{P_b}=0$，则检验电荷 q_0 在 a 点处的电势能为

$$E_{Pa}=q_0\int_a^b \boldsymbol{E}\cdot \mathrm{d}\boldsymbol{l} \tag{7-28}$$

式(7－28)表明检验电荷 q_0 在电场中 a 点的电势能在数值上等于把它从 a 点移到电势能为零的参考点处电场力所做的功。

电势能为零的参考点的选择是任意的。一般情况下，选择电荷在无穷远处的电势能为零，则检验电荷 q_0 在电场中某一点 a 处的电势能为

$$E_{Pa}=q_0\int_a^\infty \boldsymbol{E}\cdot \mathrm{d}\boldsymbol{l} \tag{7-29}$$

在国际单位制中，电势能的单位是焦耳，用符号 J 表示。

7.5.2　电势

有了电势能的概念，就可以建立电势的概念。从上面的讨论可知：电势能与检验电荷 q_0 有关，所以不能用电荷在静电场中的电势能来描述静电场的性质。但是，比值 E_p/q_0 是一个与检验电荷 q_0 无关的量值，反映了电场本身的性质。我们将该比值定义为静电场中某点的电势(或电位)，用符号 V(或 φ)表示，在国际单位制中，电势单位是伏特，简称伏(V)，1 V=1 J/C(焦耳/库仑)。

在电场中，某点 a 处的电势等于单位正电荷从该点经过任意路径到电势能零参考点时电场力所做的功，即

$$V_a=\frac{E_P}{q_0}=\int_a^\infty \boldsymbol{E}\cdot \mathrm{d}\boldsymbol{l} \tag{7-30}$$

式(7－30)表明，静电场中某点的电势在数值上等于单位电荷在该点所具有的电势能。或者说，在数值上等于把单位正电荷从该点移到电势零点的过程中电场力所做的功。

关于电势这个物理量需要注意以下几点：

(1) 电势是描述静电场的物理量，与检验电荷 q_0 无关。

(2) 电势是标量，在电场中，电势沿电场线逐渐降低。

(3) 电势是相对量，与选择的电势零点有关。

设在点电荷 q 的电场中，点 A 距此电荷的距离为 r，则由上式可得点 A 的电势为

$$V=\int_r^\infty \boldsymbol{E}\cdot \mathrm{d}\boldsymbol{l}=\frac{q}{4\pi\varepsilon_0}\frac{1}{r}$$

7.5.3　电势差

由静电场的环路定理可知，静电场是保守力场。静电场的保守性对静电场来说，意味着存在一个由电场中某点的位置所决定的标量函数。此函数在 a 和 b 两点的数值差等于从 a 到 b 电场强度沿任一路径的线积分，即

$$\int_a^b \boldsymbol{E}\cdot \mathrm{d}\boldsymbol{l}=\frac{q}{4\pi\varepsilon_0}\left(\frac{1}{r_a}-\frac{1}{r_b}\right)=V_a-V_b=U_{ab}(\text{或 } V_{ab}) \tag{7-31}$$

U_{ab} 就是 a 和 b 两点之间的电势差。电势和电势差具有相同的单位。

如果在两点间移动电荷，那么静电力做的功为

$$W=q_0\int_a^b \boldsymbol{E}\cdot \mathrm{d}\boldsymbol{l}=q_0(V_a-V_b)=q_0U_{ab} \tag{7-32}$$

7.5.4　电势叠加原理

已知静电场中的电荷分布，求其电势分布时，除了直接利用定义公式(7-30)以外，还可在式(7-30)的基础上应用叠加原理求出结果。设场源电荷系由若干个带电体组成，它们各自的场强为 $\boldsymbol{E}_1$，$\boldsymbol{E}_2$，…，$\boldsymbol{E}_n$。

由叠加原理得总场强

$$\boldsymbol{E}=\boldsymbol{E}_1+\boldsymbol{E}_2+\cdots+\boldsymbol{E}_n$$

根据定义公式(7-30)，可得

$$V=\int_a^b \boldsymbol{E}_1\cdot \mathrm{d}\boldsymbol{l}+\int_a^b \boldsymbol{E}_2\cdot \mathrm{d}\boldsymbol{l}+\cdots+\int_a^b \boldsymbol{E}_n\cdot \mathrm{d}\boldsymbol{l}=\sum_{i=1}^{n}V_i \tag{7-33}$$

在点电荷系产生的电场中，某点的电势是各个点电荷单独存在时在该点处产生的电势的代数和，即

$$V_a=\sum V_{ai} \tag{7-34}$$

这就是电势的叠加原理。

若一带电体上的电荷是连续分布的，则可以把它分成无限多个电荷元 $\mathrm{d}q$，每个电荷元在距离它 r 处的 A 点建立的电势为

$$\mathrm{d}V=\frac{1}{4\pi\varepsilon_0}\frac{\mathrm{d}q}{r}$$

那么，整个带电体在 A 点的电势是对上式的积分，即该点电势为这些电荷电势的叠加，有

$$V=\frac{1}{4\pi\varepsilon_0}\int\frac{\mathrm{d}q}{r} \tag{7-35}$$

【例 7.7】 正电荷 q 均匀分布在半径为 R 的细圆环上，计算在环的轴线上与环心 O 相距为 x 处点 P 的电势。

【解】 设圆环在如图 7.17 所示的垂直于 x 轴的 yz 平面上，坐标原点与环心重合。在圆环上取一线元 $\mathrm{d}l$，其电荷线密度为 λ，故电荷元 $\mathrm{d}q=\lambda\ \mathrm{d}l=\frac{q}{2\pi R}\ \mathrm{d}l$，将其带入式(7-35)，可得

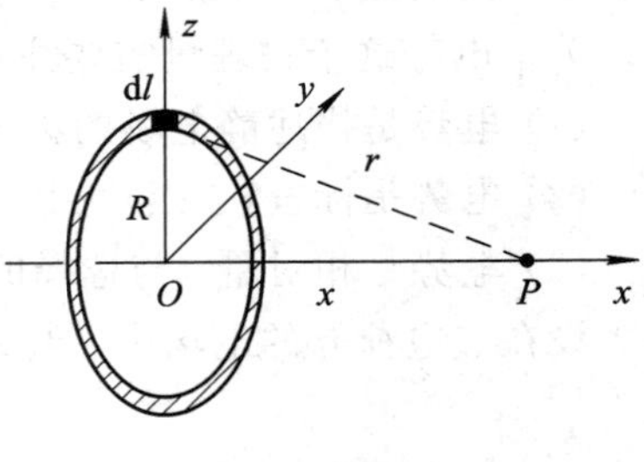

图 7.17　带点圆环轴线上的电势

$$V_P=\frac{1}{4\pi\varepsilon_0}\int_l\frac{q}{2\pi R}\frac{1}{r}\ \mathrm{d}l=\frac{1}{4\pi\varepsilon_0}\frac{q}{r}=\frac{1}{4\pi\varepsilon_0}\frac{q}{\sqrt{x^2+R^2}}$$

【例 7.8】 在真空中，有一带电量为 Q，半径为 R 的均匀带电球面。试求：

(1) 球面外两点之间的电势差；

(2) 球面内任意两点之间的电势差；

(3) 球面外任意点的电势；

(4) 球面内任意点的电势。

【解】 (1) 由本章例 7.5 可知均匀带电球面外一点的电场强度为

$$\boldsymbol{E}=\frac{1}{4\pi\varepsilon_0}\frac{Q}{r^2}\boldsymbol{e}_r$$

其中，$\boldsymbol{e}_r$ 为沿径向的单位矢量。若在如图 7.18 所示的径向取 A、B 两点，它们与球心的距

离分别为 r_A 和 r_B，由式(7－31)可得

$$V_A - V_B = \int_{r_A}^{r_B} \boldsymbol{E} \cdot \mathrm{d}\boldsymbol{r} = \frac{Q}{4\pi\varepsilon_0}\int_{r_A}^{r_B}\frac{\mathrm{d}r}{r^2} = \frac{Q}{4\pi\varepsilon_0}\left(\frac{1}{r_A} - \frac{1}{r_B}\right) \tag{7-36}$$

式(7－36)表明，均匀带电球面外两点的电势差，与球上电荷全部集中于球心时该两点的电势差是一样的。

(2) 由本章例 7.5 可知均匀带电球面内部任意一点的电场强度 $E=0$，利用式(7－31)，球面内的两点 A、B 之间的电势差为

$$V_A - V_B = \int_{r_A}^{r_B} \boldsymbol{E} \cdot \mathrm{d}\boldsymbol{r} = 0 \tag{7-37}$$

式(7－37)表明，带电球面内部各处的电势均相等，为一等势体。

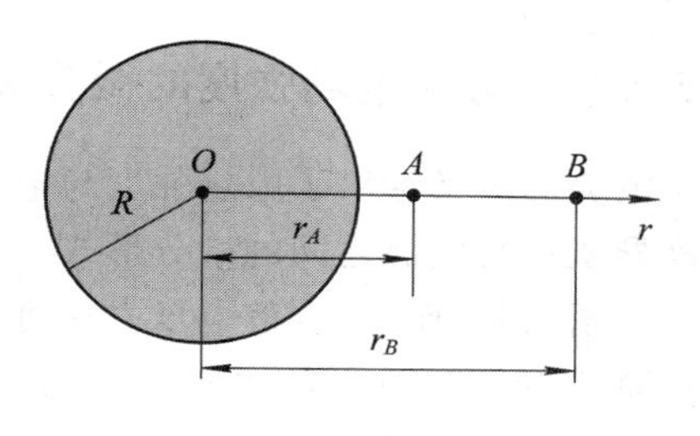

图 7.18　带电球面内外的电势

(3) 设无穷远处电势为零，即 $r_B \approx \infty$ 时，$U_B=0$，那么根据式(7－36)可得，均匀带电球面外一点的电势为

$$V = \frac{Q}{4\pi\varepsilon_0 r}, r \geqslant R \tag{7-38}$$

上式表明，均匀带电球面外一点的电势，与球面上电荷全部集中于球心时的电势是一样的。

(4) 由于带电球面内部为一等势体，球面内的电势应与球面上的电势相等，由式(7－38)可知球面的电势为

$$V = \frac{Q}{4\pi\varepsilon_0 R}$$

这就是球面内部各点的电势。

7.5.5　等势面

电场强度和电势都是描述静电场性质的两个基本物理量。电场强度的分布可以用电场线形象地表示；电势的分布可以用等势面来表示。在静电场中，电势相等的点组成的曲面称为等势面，如图 7.19 所示，图中的实线为电场线，虚线是等势面。

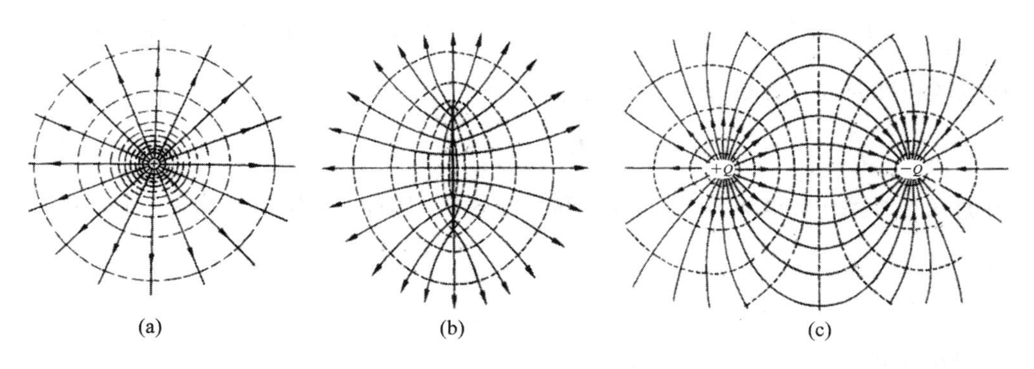

图 7.19　静电场中的等势面

关于等势面，我们可以得到以下几点结论：

(1) 在静电场中，沿等势面移动电荷时，电场力所做的功为零。

(2) 在静电场中，电场线总是与等势面成正交关系。电场线的方向指向电势降落的方向。

(3) 与电场线相似，从等势面的疏密程度也能表示电场强度的强弱。在画等势面时，通常规定：相邻两等势面的电势差都相同。所以，等势面愈密的地区，电场线愈密，场强也愈大。

7.5.6 电势与电场强度的微分关系

电势的定义给出了电场强度与电势之间的关系，即电势等于电场强度的线积分。下面来推导电场与电势之间的微分形式。

如图 7.20 所示，在静电场中有两个靠得很近的等势面 S_1 和 S_2，它们的电势分别为 V 和 $V+\Delta V$，两等势面的法线方向为 $\boldsymbol{e}_n$，规定等势面的法线方向 $\boldsymbol{e}_n$ 指向电势增加的方向。在等势面 S_1、S_2 上分别取 a 点和 c 点，两点间的距离为 Δl。设 $\Delta \boldsymbol{l}$ 与 $\boldsymbol{e}_n$ 的夹角为 θ，由电场线垂直等势面这一性质可知：电场强度方向只能沿 $\boldsymbol{e}_n$ 的相反方向。根据电场强度与电势差的关系式

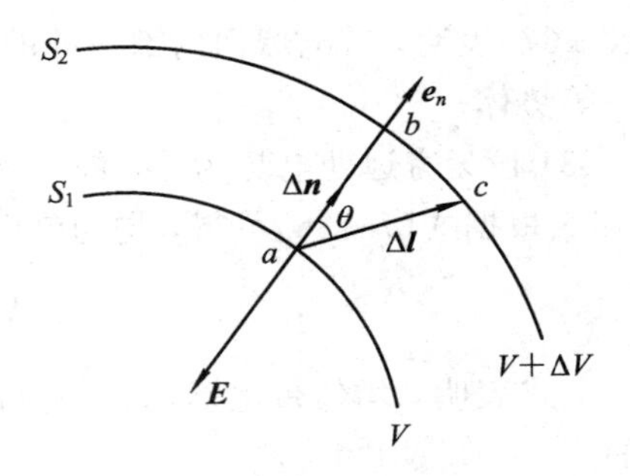

图 7.20 电场与电势之间的微分关系

$$V_a - V_b = \int_a^b \boldsymbol{E} \cdot \mathrm{d}\boldsymbol{l} = E_n \Delta l \cos\theta = \boldsymbol{E}_n \cdot \Delta \boldsymbol{n}$$

又因为

$$V_a - V_b = -\Delta V$$

所以

$$E_n = -\frac{\Delta V}{\Delta n}$$

当 $\Delta n \to 0$ 时，有

$$E = \lim_{\Delta n \to 0}\left(-\frac{\Delta V}{\Delta n}\right) = -\frac{\partial V}{\partial n} \tag{7-39}$$

式(7-39)中的负号表明，当 $\dfrac{\partial V}{\partial n} > 0$ 时，$E < 0$，电场强度的方向与等势面的法线方向相反，即电场强度的方向总是由高电势指向低电势，用矢量表示为

$$\boldsymbol{E} = -\frac{\partial V}{\partial n}\boldsymbol{e}_n \tag{7-40}$$

在直角坐标系中，电势是坐标 x、y 和 z 的函数。因此，电场强度沿这三个方向的分量分别为

$$E_x = -\frac{\partial V}{\partial x}, \quad E_y = -\frac{\partial V}{\partial y}, \quad E_z = -\frac{\partial V}{\partial z}$$

矢量表达式为

$$\boldsymbol{E} = -\left(\frac{\partial V}{\partial x}\boldsymbol{i} + \frac{\partial V}{\partial y}\boldsymbol{j} + \frac{\partial V}{\partial z}\boldsymbol{k}\right) \tag{7-41}$$

如果已知电势的分布函数，根据电场强度与电势的微分关系，可计算电场强度。

本章小结

本章主要研究了静电场的基本性质，其中包括库仑定律、电场强度和电势、高斯定理以及静电场的环路定理等。

本章重点是掌握电场强度和电势这两个静电场的基本物理量，并且理解高斯定理和静电场的环路定理这两个静电场的基本定理及其应用。本章主要内容如下：

1. 库仑定律

在真空中两个静止点电荷之间的静电作用力与这两个点电荷所带电量的乘积成正比，与它们之间的距离的平方成反比，作用力的方向沿着它们连线的方向。其数学表达式为

$$\boldsymbol{F}=\frac{q_1 q_2}{4\pi\varepsilon_0 r^2}\boldsymbol{e}_r$$

2. 电场强度

电场中某点处场强 $\boldsymbol{E}$ 的大小等于单位电荷在该点受到力的大小，其方向为正电荷在该点受力的方向。数学表达式为

$$\boldsymbol{E}=\frac{\boldsymbol{F}}{q_0}$$

3. 高斯定理

在真空中的任何静电场中，通过任一封闭曲面的电场强度通量等于这个闭合曲面所包围的电荷的代数和除以 ε_0。数学表达式为

$$\oint_S \boldsymbol{E}\cdot \mathrm{d}\boldsymbol{S}=\frac{1}{\varepsilon_0}\sum_{i=1}^{n} q_i$$

4. 静电场的环路定理

在静电场中电场强度沿闭合路径的线积分为零，即

$$\oint_l \boldsymbol{E}\cdot \mathrm{d}\boldsymbol{l}=0$$

5. 电势

电场中某点处的电势等于单位正电荷从该点经过任意路径到电势能零参考点时电场力所做的功。

$$V_P=\frac{E_P}{q_0}=\int_P^{\infty}\boldsymbol{E}\cdot \mathrm{d}\boldsymbol{l}$$

习 题

一、思考题

7-1 点电荷是否一定是很小的带电体？较大的带电体能否视为点电荷？什么条件下

一个带电体才能视为点电荷?

7-2　有人说，点电荷在电场中一定是沿电场线运动的，电场线就是电荷的运动轨迹。这种说法是否正确?为什么?

7-3　两个点电荷所带电荷之和为 Q，问它们各带电荷为多少时，相互之间的作用力最大?

7-4　一半径为 R 的半圆环上均匀地分布电荷 Q，求环心处的电场强度。

7-5　两个同心的均匀带电球面，内球面带电荷 Q_1，外球面带电荷 Q_2，则在两球面之间距离球心为 r 处的 P 点的场强大小 $\boldsymbol{E}$ 为多少?

二、选择题

7-6　关于电场强度定义式 $\boldsymbol{E}=\boldsymbol{F}/q_0$，下列说法中(　　)是正确的。

(A) 场强 $\boldsymbol{E}$ 的大小与试探电荷 q_0 的大小成反比

(B) 对场中某点,试探电荷受力 $\boldsymbol{F}$ 与 q_0 的比值不因 q_0 而变

(C) 试探电荷受力 F 的方向就是场强 $\boldsymbol{E}$ 的方向

(D) 若场中某点不放试探电荷 q_0，则 $\boldsymbol{F}=0$，从而 $\boldsymbol{E}=0$

7-7　关于高斯定理说法正确的是(　　)。

(A) 高斯定理只在场强具有对称性的情况下成立

(B) 闭合曲面上的电通量为零时，曲面内一定没有电荷

(C) 闭合曲面上的电通量为零时，曲面上各点场强一定为零

(D) 闭合曲面上各点的电场强度为零时,曲面内电荷代数和为零

7-8　关于场强和电势的关系，下列说法正确的是(　　)。

(A) 电场强度为零的点，其电势也一定为零

(B) 电场强度不为零的点，其电势也一定不为零

(C) 电势为零的点，其电场强度也一定为零

(D) 若电势在某一区域内为恒定值，则场强在此区域内一定为零

7-9　两个同心均匀带电球面，半径分别为 R_a 和 R_b($R_a<R_b$)，所带电量分别为 Q_a 和 Q_b，设某点与球心相距 r，当 $R_a<r<R_b$ 时，该点的电场强度的大小为：

(A) $\dfrac{1}{4\pi\varepsilon_0}\cdot\dfrac{Q_a+Q_b}{r^2}$　　(B) $\dfrac{1}{4\pi\varepsilon_0}\cdot\dfrac{Q_a-Q_b}{r^2}$

(C) $\dfrac{1}{4\pi\varepsilon_0}\cdot\left(\dfrac{Q_a}{r^2}+\dfrac{Q_b}{R_b^2}\right)$　　(D) $\dfrac{1}{4\pi\varepsilon_0}\cdot\dfrac{Q_a}{r^2}$

7-10　在静电场中，下列说法中(　　)是正确的。

(A) 带正电荷的导体，其电势一定是正值

(B) 等势面上各点的场强一定相等

(C) 场强为零处，电势也一定为零

(D) 场强相等处，电势梯度矢量一定相等

三、计算题

7-11　设匀强电场的电场强度 E 与半径为 R 的半球面的对称轴平行，试计算通过此半球面的电场强度通量。

7-12　如图 7.21 所示，边长为 b 的立方盒子的六个面，分别平行于 xOy、yOz 和

xOz 平面。盒子的一角在坐标原点处。在此区域有一静电场，场强为 $\boldsymbol{E}=200\boldsymbol{i}+300\boldsymbol{j}$。试求穿过各面的电通量。

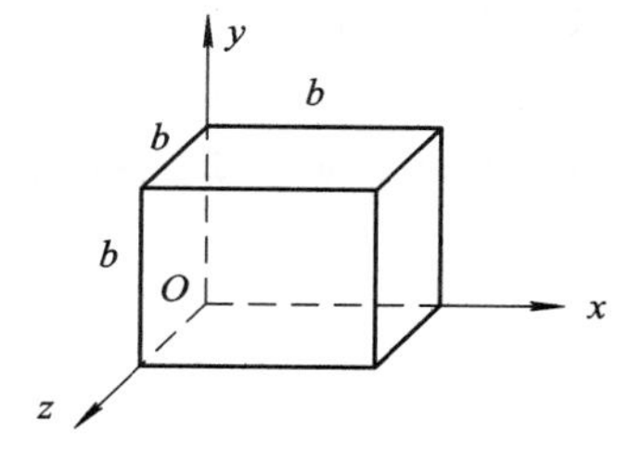

图 7.21 题 7-12 图

7-13 半径为 R_1 和 R_2 的均匀带电球壳，总带电量为 Q_1，现在球壳外罩一半径为 R_3 的均匀带电球面，其电荷为 Q_2，求电场强度分布情况。

7-14 有一带电球壳内外半径分别为 R_1 和 R_2，电荷体密度为 $\rho=A/r$，A 为正数，在球心处放置一点电荷 Q。

(1) 求空间任一点的场强。

(2) 当 A 为多少时，球壳区域内场强的大小与 r 无关？

7-15 设在半径为 R 的球体内，其电荷为球对称分布，电荷体密度为 $\rho=kr$，k 为一常量。试分别用高斯定理和电场叠加原理求电场强度 E 与 r 的函数关系。

7-16 如图 7.22 所示，在电荷体密度为 ρ 的均匀带电球体中，存在一个球形空腔，将带电体球心 O 与球形空腔球心 O' 的距离用 a 表示。求球形空腔中任意一点的电场强度。

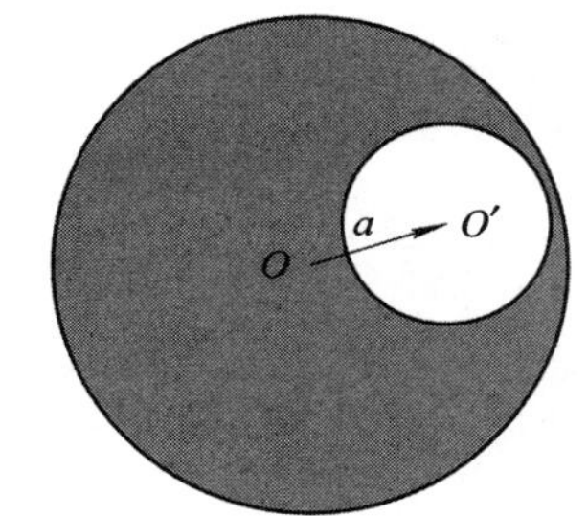

图 7.22 题 7-16 图

7-17 一质子从 O 点沿 Ox 轴正向射出，初速度 $v_0=10^6$ m/s。在质子运动范围内有一匀强静电场，场强大小为 $E=3000$ V/m，方向沿 Ox 轴负向。试求该质子能离开 O 点的最大距离。(质子质量 $m=1.67\times10^{-27}$ kg，基本电荷 $e=1.6\times10^{-19}$ C)

7-18 如图 7.23 所示，有三个点电荷 Q_1、Q_2、Q_3 沿同一直线等间距分布，且 $Q_1=Q_3=Q$。已知其中任一点电荷所受合外力均为零。求在固定 Q_1、Q_3 的情况下，将 Q_2 从 O 点推到无穷远处外力所做的功。

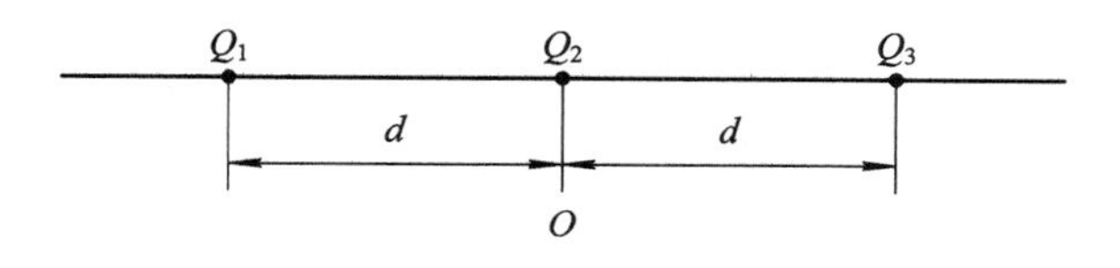

图 7.23 题 7-18 图

7-19 一半径为 R 的均匀带电圆盘，电荷面密度为 σ。设无穷远处为电势零点。计算圆盘中心 O 点的电势。

7-20 两个同心球面的半径分别为 R_1 和 R_2，各自带有电荷 Q_1 和 Q_2。

(1) 求各区域电势的分布，并画出分布曲线。

(2) 两球面上的电势差为多少？

7-21 一圆盘半径 $R=3.0\times10^{-2}$ m，圆盘均匀带电，电荷面密度 $\sigma=2.0\times10^{-5}$ C·m^{-2}。

(1) 求轴线上的电势分布。

(2) 根据电场强度和电势梯度的关系求电场分布。

(3) 计算离盘心 30 cm 处的电势和电场强度。

7-22 两共轴圆柱面($R_1=3\times10^{-2}$ m，$R_2=0.1$ m)带有等量异号电荷，两者的电势

差为 450 V，求圆柱面单位长度上带的电量和两圆柱面之间的电场强度。

7-23 如图 7.24 所示，在 Oxy 平面上倒扣着半径为 R 的半球面，在半球面上电荷均匀分布，其电荷面密度为 σ，A 点的坐标为(0, $R/2$)，B 点的坐标为($3R/2$, 0)，求电势差 U_{AB}。

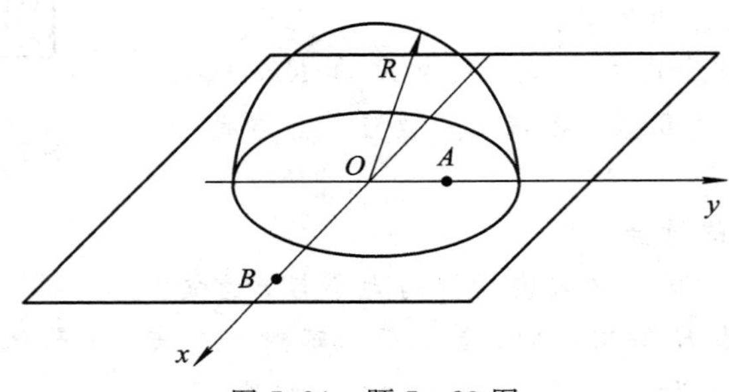

图 7.24 题 7-23 图

第 8 章　静电场中的导体和电介质

前面我们讨论了真空中静电场的基本规律。实际上，空间中存在有大量的物质。按导电性，这些物质可分为导体和电介质。处在电场中的导体和电介质由于受到电场的作用，其电性质将会出现一些微小变化，而这些变化反过来又会对原电场产生影响。本章将讨论静电场中有导体和电介质存在时的各种现象，并介绍几个新的物理量，最后讨论静电场的能量。

8.1　静电场中的导体

导体的重要特征是它的内部有大量的自由电子。当导体不带电也不受电场力作用时，自由电子做微观热运动，整个导体呈电中性。将金属导体置于静电场中，导体内部大量的自由电子受到静电力的作用而产生定向运动，这一运动将改变导体上电荷的分布。这种电荷分布的改变又反过来影响和改变导体内部和周围的电场分布，一直改变到静电平衡为止。

8.1.1　静电感应和静电平衡

如图 8.1 所示，当导体(金属板 G)放入电场强度为 $\boldsymbol{E}_0$ 的外电场中时，导体内部正、负电荷将重新分布，在导体的两端将出现等量异号的电荷，这种现象称为静电感应现象。

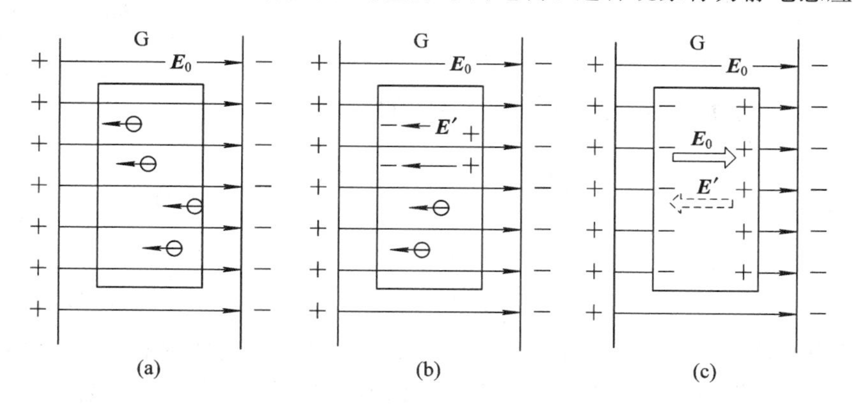

图 8.1　静电感应现象

金属板 G 内部的电子在电场力的作用下，将逆着外电场的方向运动。于是金属板 G 的两侧出现等量异号电荷。这些电荷在金属板 G 内部建立起一个附加电场，其场强 $\boldsymbol{E}'$ 和外电场的方向相反。这样，金属板 G 内部的场强 $\boldsymbol{E}$ 是 $\boldsymbol{E}_0$ 和 $\boldsymbol{E}'$ 这两个场强的叠加，即 $\boldsymbol{E}=\boldsymbol{E}_0+\boldsymbol{E}'$。因为 $\boldsymbol{E}$ 和 $\boldsymbol{E}'$ 的方向相反。所以它们的大小满足关系式 $E=E_0-E'$。开始时，$E'<E_0$，金属

板G内部的电场强度的方向向右，自由电子不断地向左运动，从而使 E' 增大，直到 $E'=E_0$，即金属板G内部的电场强度为零为止。这时，导体内部的自由电子停止定向运动，导体的这种状态称为静电平衡状态。

8.1.2　导体静电平衡条件

只有满足以下两个条件，导体才能处于静电平衡：

(1) 导体内任一点的电场强度都等于零。

(2) 导体表面紧邻处的电场强度必定和导体表面垂直。

如果导体内任一点的电场强度不等于零，则电荷在电场力的作用下将继续运动，此时就不能达到静电平衡了。由此我们可以得到以下结论：

(1) 导体是等势体，其表面是等势面。

(2) 导体表面的电场强度都垂直于导体表面。

研究等势面可以进一步证明上述结论的正确性，并且可以得出以下几点结论：

(1) 在静电场中，沿等势面(线)移动电荷时，电场力所做的功为零。

(2) 在静电场中，电场线与等势面(线)成正交关系，电场线的方向指向电势下降的方向。

(3) 等势面的疏密程度能表示出场强的大小，等势面越密，电场强度就越大。

(4) 导体静电平衡时，其内部没有净电荷，电荷都分布在其表面。

导体静电平衡时，其表面上各处的电荷密度与该处紧邻处的电场强度的大小成正比，即 $E=\sigma/\varepsilon_0$，其中 $\varepsilon_0=8.85\times10^{-12}\ \mathrm{C^2/N\cdot m^2}$，金属介质也可用此介电常数。

下面证明结论：

如图8.2所示，在导体表面附近做一圆柱形高斯面，只有上底面有电通量，其余各个面都没有电通量。所以

$$\oint_S \boldsymbol{E}\cdot \mathrm{d}\boldsymbol{S}=\frac{1}{\varepsilon_0}\sum_i q_i$$

而

$$\oint_S \boldsymbol{E}\cdot \mathrm{d}\boldsymbol{S}=E\Delta S \tag{8-1}$$

$$\frac{1}{\varepsilon_0}\sum_i q_i=\frac{1}{\varepsilon_0}\sigma\Delta S \tag{8-2}$$

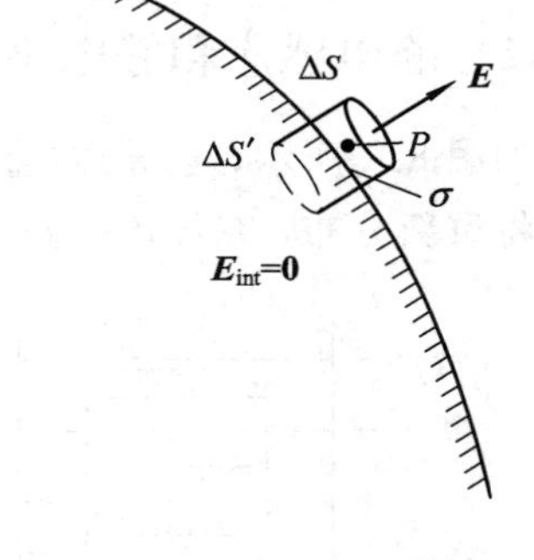

图8.2　电荷面密度与电场强度关系

所以

$$E=\frac{\sigma}{\varepsilon_0}$$

导体静电平衡时，其表面上各处的电荷密度与各处表面的曲率有关，曲率越大，面电荷密度越大，在尖端附近的面电荷密度最大，如图8.3所示。尖端上的电荷过多时，会产生尖端放电现象。这是因为尖端上的电荷密度很大，导致其周围的电场很强，空气中的电子或离子在强电场的作用下做加速运动而获得足够大的能量，以至于它们和空气分子相碰，产生新的带电粒子，因此产生大量的带电粒子。与尖端上所带电荷符号相异的粒子飞向尖端；与尖端上所带电荷符号相同的粒子飞离尖端，就像尖端上的电荷被“喷射”出来一样。在高压设备中，为了防止因尖端放电而引起的危害和漏电损失，输电线的表面应是光

滑的，承受高电压的零部件也必须做得十分光滑并尽可能做成球形。相反，火花放电设备的电极往往做成尖端形状。避雷针就是利用尖端的电场强度大，空气被电离，形成放电通道，使云地间电流通过导线流入地下而达到避雷的目的。

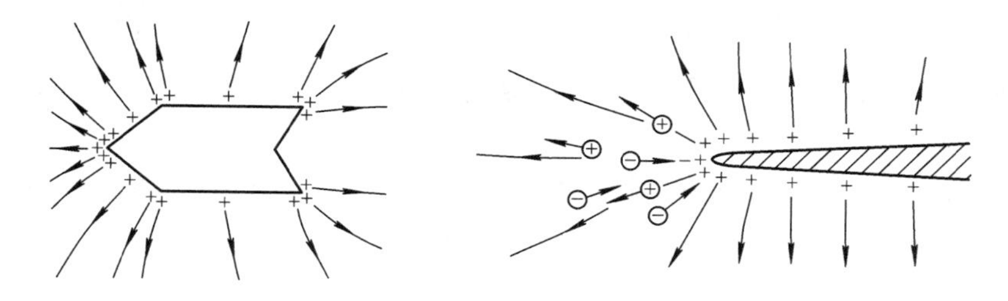

图 8.3 尖端放电示意图

8.1.3 有导体存在时静电场的分析与计算

分析有导体存在时的静电场的问题，要根据以下规律来解决：

(1) 电荷守恒，导体上电荷重新分布时，其总电量不变。

(2) 应用高斯定律。

(3) 导体内任意一点的电场强度都等于零。应用导体内场强为零，适当选择高斯面，可得出电荷和电场的关系。

(4) 相互连接的导体静电平衡时，电势相等。

【例 8.1】 无限大的带电平面(其面电荷密度为 σ)场中平行放置一金属平板，如图 8.4 所示，求金属板两面的电荷面密度。

【解】 设金属板两面电荷密度分别为 σ_1、σ_2。由对称性和电量守恒可知

$$\sigma_1 = -\sigma_2 \tag{8-3}$$

导体内任一点 P 的场强为零，即

$$\frac{\sigma}{2\varepsilon_0} + \frac{\sigma_1}{2\varepsilon_0} - \frac{\sigma_2}{2\varepsilon_0} = 0 \tag{8-4}$$

联立式(8-3)和式(8-4)，解得

$$\sigma_1 = -\frac{\sigma}{2},\ \sigma_2 = \frac{\sigma}{2}$$

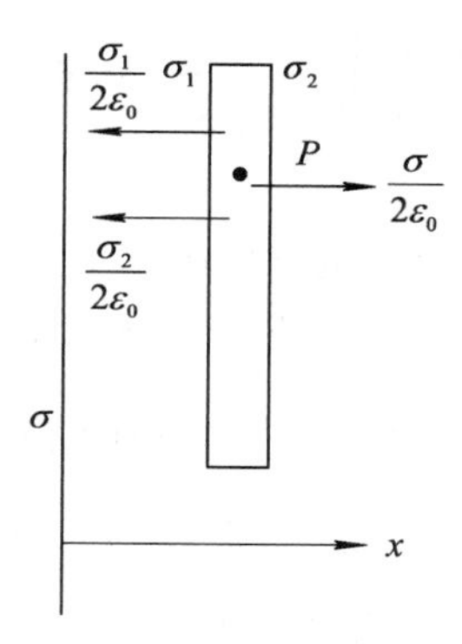

图 8.4 金属平板在无限大平面内

【例 8.2】 有一外径为 R_1，内径为 R_2 的金属球壳，在球壳内放一半径为 R_3 的同心金属球，如图 8.5 所示。若使球壳和球均带上 q 的正电荷，求两球体上电荷如何分布，球心的电势是多少？

【解】 先计算各点的电场强度，然后计算出球心的电势。由于电场具有对称性，可用高斯定律计算出各点的场强，设任取一点到球心的距离为 r，可从球内开始逐渐向外求解。

① 当 $r<R_3$ 时，点在同心金属球的内部，由于静电平衡的条件，其电场强度为 $E_1=0$。

② 当 $R_3<r<R_2$ 时，在球壳和同心金属球之间建立高斯面，此时高斯面内的电荷仅为金属球上的电荷 q，由高斯定理可得

$$\oint_S \boldsymbol{E}_2 \cdot \mathrm{d}\boldsymbol{S} = E_2 4\pi r^2 = \frac{q}{\varepsilon_0}$$

所以，球与球壳之间的场强为

$$E_2 = \frac{1}{4\pi\varepsilon_0}\frac{q}{r^2}$$

③ 当 $R_2 < r < R_1$ 时，由于静电平衡的条件，其电场强度为 $E_3 = 0$

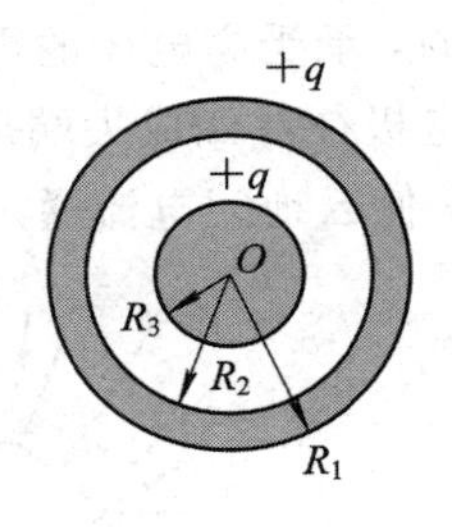

图 8.5 例 8.2 图

④ 当 $r > R_1$ 时，以半径 r 建立高斯面，则高斯面内的电荷为 $2q$，利用高斯定理

$$\oint_S \boldsymbol{E}_4 \cdot \mathrm{d}\boldsymbol{S} = E_4 4\pi r^2 = \frac{q}{\varepsilon_0}$$

可以得到

$$E_4 = \frac{1}{4\pi\varepsilon_0}\frac{2q}{r^2}$$

球心 o 的电势为

$$U_o = \int_0^{\infty} \boldsymbol{E} \cdot \mathrm{d}\boldsymbol{l} = \int_0^{R_3} \boldsymbol{E}_1 \cdot \mathrm{d}\boldsymbol{l} + \int_{R_3}^{R_2} \boldsymbol{E}_2 \cdot \mathrm{d}\boldsymbol{l} + \int_{R_2}^{R_1} \boldsymbol{E}_3 \cdot \mathrm{d}\boldsymbol{l} + \int_{R_1}^{\infty} \boldsymbol{E}_4 \cdot \mathrm{d}\boldsymbol{l}$$

将已知数据代入上式，可得

$$U_o = \frac{q}{4\pi\varepsilon_0}\left(\frac{1}{R_3} - \frac{1}{R_2} + \frac{2}{R_1}\right)$$

8.2 电容、电容器

电容是电学中的一个重要物理量，它反映了电容器储存电荷及电能的能力。本节将首先介绍孤立导体的电容，然后讨论几种典型电容器的电容。

8.2.1 孤立导体的电容

我们已经知道，真空中一半径为 R、带电量为 Q 的孤立导体金属球的电势为 $U = \frac{Q}{4\pi\varepsilon_0 R}$(取无穷远处为电势零点)。由理论和实验可以证明，该导体的电势与它所带的电量成正比。因此定义：孤立导体所带量 Q 与其电势 U 的比值为该导体的电容，用符号 C 表示，即

$$C = \frac{Q}{U} \tag{8-5}$$

因此，真空中孤立导体金属球的电容 $C = 4\pi\varepsilon_0 R$。它是反映导体自身性质的物理量，只与导体的大小和形状有关，与导体是否带电无关。

在国际单位制中，电容的单位是法拉，符号为 F，$1\ \mathrm{F} = 1\ \mathrm{C \cdot V^{-1}}$。

实际上 1 F 非常大，常用的单位是微法(μF)、皮法(pF)，$1\ \mu\mathrm{F} = 10^{-6}\ \mathrm{F}$，$1\ \mathrm{pF} = 10^{-12}\ \mathrm{F}$。

8.2.2 电容器

电容器是一种常见的储存电荷及电能的元器件，电容器的大小和形状不一，种类繁

多。但是绝大多数电容器的结构是相同的，一般都是由两个电介质(绝缘材料)隔开的导体组成的，这两个导体称为电容器的两个电极。根据电极的形状可以将电容器分为平板电容器、球形电容器和圆柱形电容器等。

1. 平板电容器的电容

平板电容器由靠得很近、大小相等且相互平行的两块金属板组成。设两板的面积为 S，极板间的距离为 d，如图 8.6 所示。电容器充电后，两极板分别带有电荷 $+Q$ 和 $-Q$，两板间的电场为匀强电场。由高斯定理可求得其电场强度 $E=\dfrac{Q}{\varepsilon_0 S}$，因此两极板间的电势为

$$U_{AB}=\int_0^d \boldsymbol{E}\cdot \mathrm{d}\boldsymbol{l}=Ed=\frac{Qd}{\varepsilon_0 S}$$

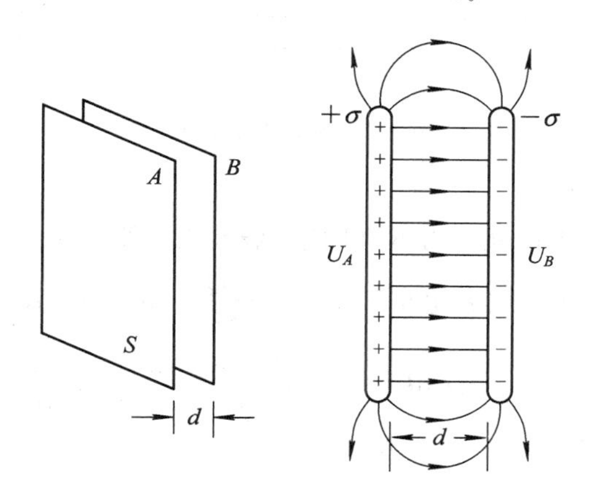

图 8.6　平板电容器

根据电容的定义，可得

$$C=\frac{Q}{U}=\frac{\varepsilon_0 S}{d} \tag{8-6}$$

从式(8-6)可知：平行板电容器的电容与极板面积成正比，与板间距离成反比，而与它所带的电量无关。

两条输电线之间、电子线路中两段导线间都存在电容，这种电容实际上反映两部分导体间通过电场的相互作用和影响，称为“杂散电容”或“分布电容”。在有些情况下(例如高频电路中)，它会对电路产生明显的影响。

2. 圆柱形电容器的电容

圆柱形电容器由两个不同半径的同轴金属圆柱筒 A 和 B 组成，圆柱筒的长度 L 远大于其半径，如图 8.7 所示。

已知两圆柱的半径分别为 R_A 和 R_B，两柱面分别带有电荷 $+Q$ 和 $-Q$，其间为匀强电场。由高斯定理可求得其电场强度为：在 $r<R_A$ 或 $r>R_B$ 时，$E=0$；在 $R_A<r<R_B$ 时，$E=\dfrac{Q}{2\pi\varepsilon_0 rL}$，它们的方向均垂直于圆柱的轴线。因此，极板电势差为

$$U=\frac{\lambda}{2\pi\varepsilon_0}\ln\frac{R_2}{R_1}=\frac{Q}{2\pi\varepsilon_0 L}\ln\frac{R_2}{R_1}$$

因为 $C=\dfrac{Q}{U}$，所以有

$$C=\frac{2\pi\varepsilon_0 L}{\ln\dfrac{R_2}{R_1}} \tag{8-7}$$

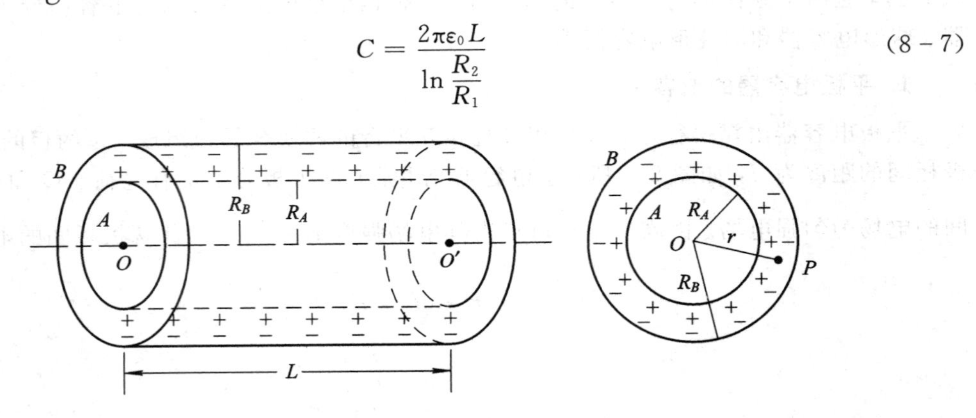

图 8.7　圆柱形电容器

3. 球形电容器的电容

一球形电容器内、外半径分别为 R_1 和 R_2，假设内、外球壳分别带有电荷 $+Q$ 和 $-Q$，其间为真空，由高斯定理可求得其电场强度 $E=\dfrac{Q}{4\pi\varepsilon_0 r^2}(R_1<r<R_2)$，两球壳间的电势差为

$$U=\int_{R_1}^{R_2}\boldsymbol{E}\cdot\mathrm{d}\boldsymbol{l}=\frac{Q}{4\pi\varepsilon_0}\int_{R_1}^{R_2}\frac{\mathrm{d}r}{r^2}=\frac{Q(R_2-R_1)}{4\pi\varepsilon_0 R_1 R_2}$$

所以，球形电容器的电容

$$C=\frac{4\pi\varepsilon_0 R_1 R_2}{R_2-R_1} \tag{8-8}$$

半径为 R 的孤立导体球，可以把它看做是和一个半径无限大的同心导体球组成的一个电容器。由式(8-8)不难看出，其电容 $C=4\pi\varepsilon_0 R(R_2\to\infty)$。

4. 电容器的联接

衡量一个实际电容器的性能有两个重要的指标：一是电容量的大小；二是耐电压的能力。使用电容器时，电压不能超过其耐压限度。否则，就会有击穿电容器的危险。当单独一个电容器的耐压程度不够时，可以采用电容器的串联来增加耐压程度。有如下的电容串并联结论：

(1) 电容器并联，如图 8.8 所示，此时有

$$C=\sum_i C_i \tag{8-9}$$

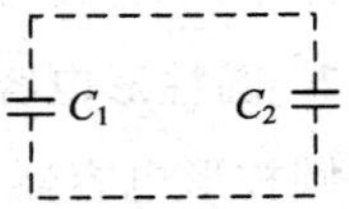

C_1　C_2

图 8.8　电容器的并联

(2) 电容器串联，此时有

$$\frac{1}{C}=\sum_{i=1}^{n}\frac{1}{C_i} \tag{8-10}$$

【例 8.3】 两个并联电容器的电容分别为 $C_1=8\ \mu\mathrm{F}$，$C_2=2\ \mu\mathrm{F}$，把它们充电到 1000 V，然后将它们反接，求此时两极板间的电势差。

【解】

两个极板上的电量分别为

$$Q_1 = C_1U_1 = 8 \times 10^{-3}\ \text{C},\ Q_2 = 2 \times 10^{-3}\ \text{C}$$

两电容器并联后的电容 C 为

$$C = C_1 + C_2 = 10\ \mu\text{F}$$

两电容器并联后的电量 Q 为

$$Q = Q_1 - Q_2 = 6 \times 10^{-3}\ \text{C}$$

最后得到两极板间的电势差为

$$U = \frac{Q}{C} = \frac{6 \times 10^{-3}}{10 \times 10^{-6}} = 600\ \text{V}$$

8.2.3　电容器储存的静电场能量

下面以平行板电容器为例，根据通过外力做功将其它形式的能量转化为电场能的原理，导出求电场能的公式。

电容器充电的过程，就是通过外力(由电源提供)做功把正电荷从电容器的负极板运动到正极板的过程。在这个过程中，外力不断做功，使电容器储存的能量不断增加，直到电容器的两极板都带有等量、异号的电荷 q，使电容器的电势与电源的电势相等为止，如图 8.9 所示。

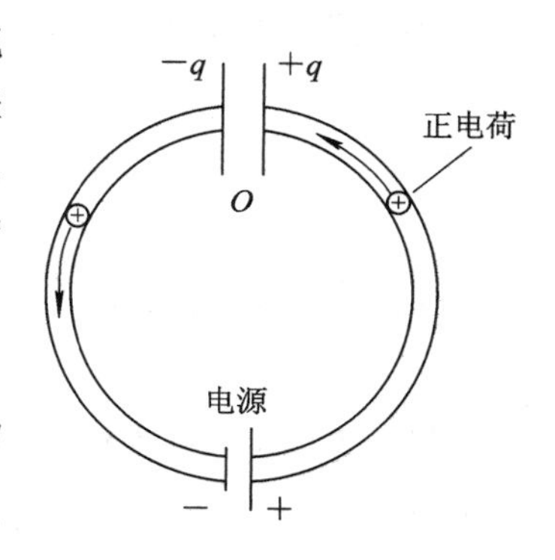

图 8.9　电容器充电过程示意图

设在某一时刻，电容器极板所带电量为 q，且 $0<q<Q$；电容器的电容为 C，则两板的电势差 $U=\frac{q}{C}$。此时将电荷 $\mathrm{d}q$ 从负极移到正极，外力克服静电场力做功 $\mathrm{d}W$，功的表达式为

$$\mathrm{d}W = U\,\mathrm{d}q = \frac{q}{C}\,\mathrm{d}q \tag{8-11}$$

在整个充电的过程中，两极板从最初不带电到最后分别带有 $+Q$ 和 $-Q$ 的电荷，外力所做的总功为

$$W = \int \mathrm{d}W = \int_0^Q q\,\frac{\mathrm{d}q}{C} = \frac{Q^2}{2C} \tag{8-12}$$

静电场的能量(电场储存的能量 W_e 等于电源所做的功)为

$$W_e = W = \frac{CU^2}{2} = \frac{QU}{2} \tag{8-13}$$

式(8-13)中，U 为电容器带有电荷 Q 时两极板间的电势差。该式虽然是从平行板电容器充电过程中导出的。但是，可以证明它适用于所有的电容器。

一般的电容器储存的能量并不多。如果在很短的时间内放电，却可以得到很大的功率。照相机的闪光灯就是利用电容器瞬时放电发出闪光来照明的。

电容充电的过程是在两极板间建立电场的过程，电容器储存的电能等于两极板间电场的能量。将平行板电容器的电容公式 $C=\frac{\varepsilon_0 S}{d}$，以及电势差和电场强度的关系式 $U=Ed$，代入式(8-13)，得

$$W_e = \frac{1}{2}CU^2 = \frac{1}{2}\frac{\varepsilon_0 S}{d}(Ed)^2 = \frac{\varepsilon_0 E^2 Sd}{2} = \frac{\varepsilon_0 E^2 V}{2} \tag{8-14}$$

式(8－14)中 $V=Sd$ 为两板间的体积，即平行板电容器中电场所占据的空间。由此可以得出静电场中单位体积内所具有的能量，这个能量称为电场的能量密度，用 w_e表示，即

$$w_e = \frac{W_e}{V} = \frac{\varepsilon_0 E^2}{2} \tag{8-15}$$

点电荷系的静电场的能量为

$$W_e = \int_V w_e \, \mathrm{d}V = \int_V \frac{\varepsilon_0 E^2}{2} \, \mathrm{d}V \tag{8-16}$$

需要指出的是，虽然式(8－16)由平行板电容器导出，但是可以推广到一般的静电场情况。

【例 8.4】 某电容器标有“10 μF、400 V”，求该电容器最多能储存多少电荷和静电能？

【解】 由电容器的电容的定义式，得

$$Q = CU = 10 \times 10^{-6} \times 400 = 4 \times 10^{-3}\,(\mathrm{C})$$

由静电场的能量公式，得

$$W_e = \frac{1}{2}CU^2 = \frac{1}{2} \times 10 \times 10^{-6} \times 400^2 = 8 \times 10^{-1}\,(\mathrm{J})$$

8.3 静电场中的电介质

玻璃、木材、云母等材料，由于不能导电，通常被称为绝缘体。但由于它们仍能在电场中显示出电效应，又称为电介质。本节将介绍这些材料的电学性质的物理概念和物理模型。

8.3.1 电介质及其分类

电介质也称绝缘体，例如气体、变压器油、云母、陶瓷、玻璃等，这些基本不导电的物质均称为电介质。由于电介质中的原子中的原子核和核外电子的结合非常紧密，电子处于被束缚的状态，因此电介质中几乎没有自由电子，一般情况下呈电中性。

各向同性的电介质可分为两类：一类是电介质的分子，称为无极分子，如甲烷、石蜡等。它们分子中的正负电荷中心在无外电场时是重合的，如图 8.10(a)所示；另一类是有极分子，如水、有机玻璃、纤维素、聚氯乙烯等。它们分子中的正负电荷中心在无外电场时是不重合的，如图 8.10(b)所示。

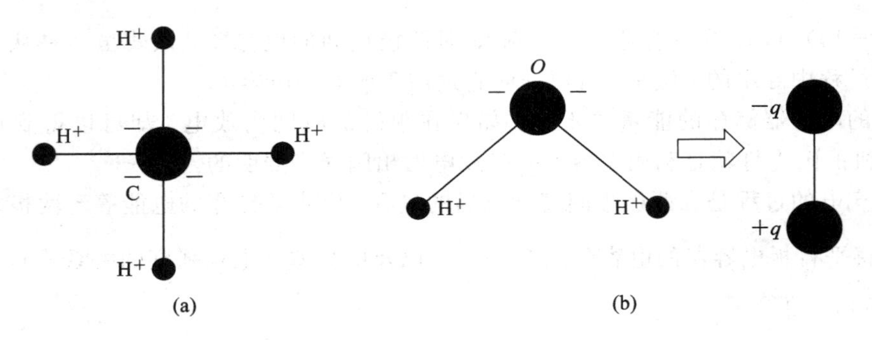

图 8.10　电介质的分类

8.3.2　电介质的极化

电介质中每个分子都是一个复杂的带电系统，它的原子或分子中的电子和原子核的结合力很强，电子处于束缚状态。在一般条件下，电子不能挣脱原子核的束缚，因而导电能力极弱，因而可以忽略电介质导电的微弱性，把它看做是绝缘体。电介质分子中有正电荷、负电荷，它们分布在一个线度为 10^{-10} m 的数量级的体积内，而不是集中在一点上。在考虑一个分子受外电场作用时，可以认为其中的正电荷集中于一点，这一点叫做正电荷的"中心"，而负电荷集中于另一点，这一点叫做负电荷的"中心"。对于中性分子，由于正、负电荷的电量相等，所以一个分子可以看成是一个由正、负点电荷相隔一定距离所组成的电偶极子。在讨论电场中的电介质时，可以认为电介质由大量微小的电偶极子组成。以 q 表示一个分子中的正电荷或负电荷的电量的数值，以 $\boldsymbol{l}$ 表示从负电荷"中心"指向正电荷"中心"的矢量，则这个分子的电矩 $\boldsymbol{P}=q\boldsymbol{l}$。

电介质在外电场的作用下，电介质表面出现束缚电荷（面极化电荷），这称为电介质的极化。外电场越强，电介质表面出现的束缚电荷越多。

1. 有极分子电介质的转向极化

有极分子电介质在正常情况下，分子具有固有电矩，如图 8.11 所示，它们统称为极性分子。当外电场 $\boldsymbol{E}_0$ 存在时，每个分子电偶极子由于受到力矩的作用而转向，力矩将使每个电偶极子都转向与外电场的方向一致。这种由于分子电偶极子转向外电场方向而形成的极化，叫做转向极化。实际上，有极分子除了发生转向极化外，还有位移极化，只是在通常情况下，后者比前者弱得多。

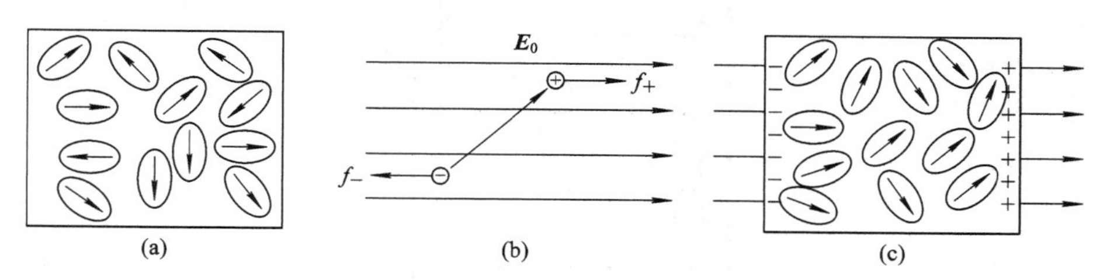

图 8.11　有极分子的转向极化

2. 无极分子电介质的位移极化

无极分子内部的电荷分布具有对称性，因而正、负电荷的中心重合。当外电场 $\boldsymbol{E}_0$ 存在时，两种电荷的中心将分开一段微小距离，因而使分子具有了电矩，这种电矩称为感生电矩，约为固有电矩的 10^{-5}，是一个很小的量，如图 8.12 所示。显然，感生电矩的方向总是与外电场的方向相同，分子在外电场作用下的这种变化叫做位移极化。

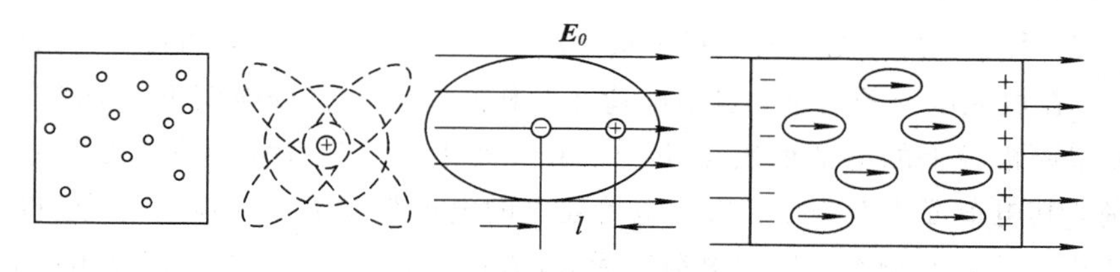

图 8.12　无极分子的位移极化

在电介质中任取一宏观微小体积 ΔV，在没有外电场时，电介质未被极化，此微小体积中所有电子的电偶极矩 $\boldsymbol{p}$ 的矢量和为零，即 $\sum \boldsymbol{p} = 0$。当外电场存在时，电介质被极化，此微小体积中分子电偶极矩 $\boldsymbol{p}$ 的矢量和将不为零，即 $\sum \boldsymbol{p} \neq 0$。外电场越强，分子电偶极矩的矢量和越大。因此，我们用单位体积中分子电偶极矩的矢量和来表示电介质的极化程度，有

$$\boldsymbol{P} = \frac{\sum \boldsymbol{p}}{\Delta V}$$

上式中，$\boldsymbol{P}$ 叫做电极化强度，单位为 $\mathrm{C \cdot m^{-2}}$。

3. 电介质极化的宏观效应

虽然两种电介质受外电场的影响所发生变化的微观机制不同，但是其宏观效果是一样的。在电介质内部的区域内，正、负电荷的电量仍然相等，因而仍然表现为中性。但是，在电介质的表面上出现了只有正电荷或只有负电荷的电荷层，如图 8.13 所示。这种出现在电介质表面上的电荷叫做面束缚电荷或面极化电荷，它不像导体中的自由电荷那样能用传导的方法可以引走。当外电场不太强时，只能引起电介质的极化，不会破坏电介质的绝缘性能。(实际上，各种电介质中总有数目不相等的少量的自由电荷，所以总有微弱的导电能力)。

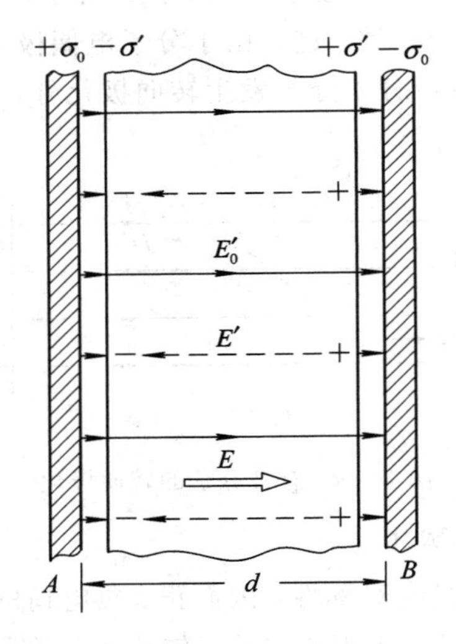

图 8.13 电介质极化的宏观效果

4. 电介质对电场的影响

如图 8.14 所示，在两无限大平行平板之间，放入均匀电介质，两板上自由电荷面密度分别为 $\pm\sigma_0$。在放入电介质之前，自由电荷在两板间激发的电场强度 $E_0=\sigma_0/\varepsilon_0$。当充满电介质后，如果两极板上的电荷面密度不变，由于极化，在它的两个垂直面上分别出现正、负极化电荷，其电荷面密度为 σ'，极化电荷建立的电场强度 $E'=\sigma'/\varepsilon_0$。电介质由于受到外电场的作用而产生极化电荷，极化电荷所激发的电场 $\boldsymbol{E}'$ 对外电场 $\boldsymbol{E}_0$ 产生影响。因此，电介质中的电场 $\boldsymbol{E}$ 是外电场 $\boldsymbol{E}_0$ 和极化电荷激化的电场 $\boldsymbol{E}'$ 的矢量和，即 $\boldsymbol{E}=\boldsymbol{E}_0+\boldsymbol{E}'$。如图 8.14

所示，由极化电荷所产生电场 $\boldsymbol{E}'$ 的方向与外电场 $\boldsymbol{E}_0$ 的方向相反。所以，电介质中的电场强度 $\boldsymbol{E}$ 的值比外电场 $\boldsymbol{E}_0$ 的值要小，即 $E=E_0-E'<E_0$。实验表明，有

$$E=\frac{E_0}{\varepsilon_r}$$

式中 $\varepsilon_r>1$，ε_r 称为电介质的相对电容率，是一个无量纲的数，它由电介质的性质决定。不同的电介质，其值不同。例如，空气的 $\varepsilon_r=1.00059$，云母的 $\varepsilon_r=5.4$。

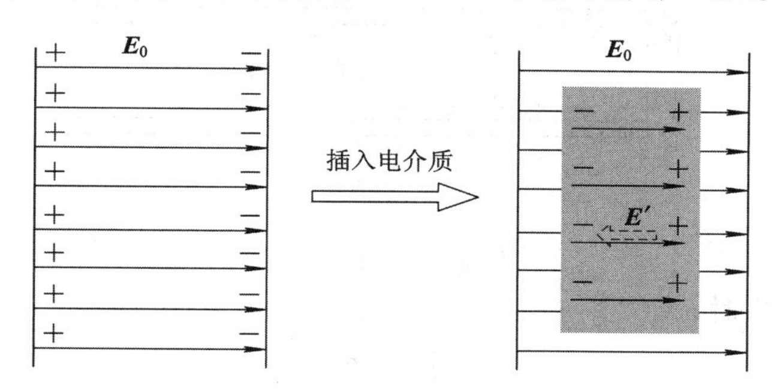

图 8.14　电介质对电场的影响

表 8.1 列出了几种常见电介质的相对电容率。

表 8.1　几种电介质的相对电容率

电介质	相对电容率	电介质	相对电容率
真空	1	尼龙（或纸）	3.5
氦（20℃，latm）	1.000064	云母	4.0～7.0
空气（20℃，latm）	1.00055	陶瓷	6.0～8.0
石蜡（或煤油）	2.0	玻璃	5.0～10
变压器油（20℃）	2.24	水（20℃，latm）	80.0
聚乙烯	2.3	钛酸钡	10^3～10^4

8.3.3　电介质的击穿

如果外加电场很强，则电介质分子中的正、负电荷有可能被拉开分离而变成自由移动的电荷。由于大量的这种电荷的产生，电介质的绝缘性能就会遭到明显破坏而变成导体，这种现象叫做电介质的击穿。一种电介质材料所能承受的、不被击穿的最大电场强度叫做介电强度或击穿场强。例如，空气的击穿场强为 3 kV/mm，云母的击穿场强为 10～100 kV/mm，多数电介质的击穿场强都比空气的击穿场强大。

电容器的耐压能力是由电容器两板间的电介质的介电强度决定的。一旦两板间的电压超过一定限度，其电场将击穿两板间的电介质，两板间就不再绝缘，电容器就被毁坏了。正是由于电介质的电极化，当两板间充满电介质的电容器带电时，其间电介质的两个表面将出现与相邻极板符号相反的电荷。这样，电容器两板间的电场强度比起板间真空时就减小了。

【例 8.5】　一平行板电容器两板间充满介电常数为 ε_r 的电介质，两个极板的面积均为 S。当它带电量为 Q 时，电介质两表面的面束缚电荷是多少？

【解】 如图8.15所示，以σ和σ'分别表示上下极板附近电介质表面的面电荷密度，则有

$$\sigma=\frac{Q}{S},\quad \sigma'=\frac{Q'}{S}$$

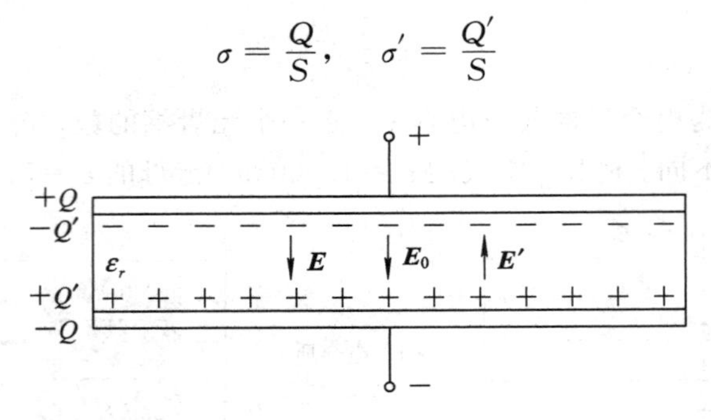

图8.15　例8.5图

当两板间为真空时，有

$$E=\frac{\sigma}{\varepsilon_0}$$

当两板间充满电介质时，有

$$E=E_0-E',\ E'=\frac{\sigma'}{\varepsilon_0}(E'\text{为面束缚电荷的场强})$$

$$E=\frac{E_0}{\varepsilon_r},\ E_0-E'=\frac{E_0}{\varepsilon_r}$$

由

$$\frac{\sigma}{\varepsilon_0}-\frac{\sigma'}{\varepsilon_0}=\frac{\sigma}{\varepsilon_0\varepsilon_r}$$

可得

$$\sigma'=\frac{\varepsilon_r-1}{\varepsilon_r}\sigma$$

由此可知，电介质两表面的面束缚电荷

$$Q'=\frac{\varepsilon_r-1}{\varepsilon_r}Q$$

8.4　电介质中的高斯定理

前面研究了真空中静电场中的高斯定理。当静电场中有电介质时，在高斯面内不仅有自由电荷，还会有极化电荷，这时高斯定理应有什么变化呢？

设在两平行极板间充满均匀电介质，在一极板上取一柱状高斯面，高斯面两端面与极板平行，另外两端与极板垂直，设平行面的面积为S，极板上的电荷面密度为σ_0，电介质表面的极化电荷面密度为σ'，则根据高斯定理，有

$$\oint_S \boldsymbol{E}\cdot d\boldsymbol{S}=\frac{1}{\varepsilon_0}(Q_0-Q')$$

上式中$Q_0=\sigma_0 S$，$Q'=\sigma' S$，根据上一节最后面的结论，可知

$$Q_0 - Q' = \frac{Q_0}{\varepsilon_r}$$

故有

$$\oint_S \boldsymbol{E} \cdot \mathrm{d}\boldsymbol{S} = \frac{1}{\varepsilon_0}(Q_0 - Q')$$

$$\oint_S \boldsymbol{E} \cdot \mathrm{d}\boldsymbol{S} = \frac{Q_0}{\varepsilon_0 \varepsilon_r}$$

$$\oint_S \varepsilon_0 \varepsilon_r \boldsymbol{E} \cdot \mathrm{d}\boldsymbol{S} = Q_0 \tag{8-17}$$

令

$$\boldsymbol{D} = \varepsilon_0 \varepsilon_r \boldsymbol{E} = \varepsilon \boldsymbol{E} \tag{8-18}$$

上式中，$\boldsymbol{D}$ 称为电位移矢量，ε 为电介质的电容率，上式即为电位移矢量的定义式。

前面介绍过静电场中的高斯定理为

$$\oint_S \boldsymbol{E} \cdot \mathrm{d}\boldsymbol{S} = \frac{\sum_{i=1}^{n} q_i}{\varepsilon_0}$$

在有电介质存在时，高斯定理变换为

$$\oint_S \boldsymbol{D} \cdot \mathrm{d}\boldsymbol{S} = \sum_i q_{0i} \tag{8-19}$$

式(8－19)称为电介质中的高斯定理，其文字表述为：通过任一封闭曲面(高斯面)的电位移通量等于该闭合曲面所包围的自由电荷的代数和。

【例 8.6】　一平行板电容器，充电后与电源保持联接，然后使两极板间充满相对电容率为 ε_r 的各向同性均匀电介质，求充满电介质后：

(1) 两极板上的电荷是原来的多少倍?

(2) 电场强度是原来的多少倍?

(3) 电场能量是原来的多少倍?

【解】　(1) 因为

$$Q_0 = C_0 U_0,\ Q = CU,\ C = \varepsilon_r C_0$$

所以

$$\frac{Q}{Q_0} = \frac{UC}{U_0 C_0} = \frac{U_0 \varepsilon_r C_0}{U_0 C_0} = \varepsilon_r$$

(2) 因为 $U = Ed$，U 和 d 不变，所以 $E = E_0$。

(3) 因为

$$W_0 = \frac{\varepsilon_0 E^2 V}{2},\ W = \frac{\varepsilon_0 \varepsilon_r E^2 V}{2}$$

所以

$$\frac{W}{W_0} = \varepsilon_r$$

【例 8.7】　如图 8.16 所示，求浸入一个大油箱内带有电荷 q 的金属球外一点 P 的电位移。

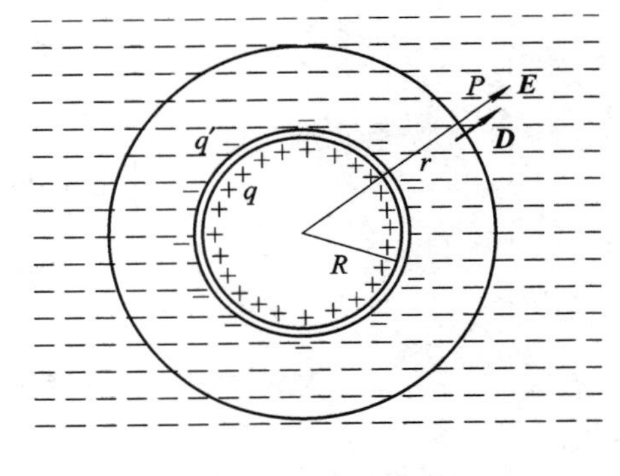

图 8.16　例题 8.7 图

【解】 对于浸入一个大油箱中的带有电荷 q 的金属球，在球外一点 P 处，可建立半径为 r 的高斯面，然后利用式(8-19)求出

$$\oint_S \boldsymbol{D} \cdot d\boldsymbol{S} = \sum_i q_{0i} = q$$

由于电荷分布的对称性，高斯面上的 $\boldsymbol{D}$ 的大小相等，有

$$\oint_S \boldsymbol{D} \cdot d\boldsymbol{S} = 4\pi r^2 D$$

故
$$\boldsymbol{D} = \frac{q}{4\pi r^2}\boldsymbol{e}_r \tag{8-20}$$

由计算结果可知，在金属球外电位移矢量也是球对称分布的。

本章小结

本章首先介绍了导体达到静电平衡的基本条件，然后讨论了电介质中的高斯定律，并说明封闭导体壳内外电场的分布情况。

在电容方面，应掌握孤立导体和电容器电容的概念，掌握电容器电容的计算方法，知道电容器具有储存电荷和电能的本领。

1. 导体的静电平衡

导体必须满足以下两个条件才能处于静电平衡：

(1) 导体内任一点的电场强度都等于零。

(2) 紧邻导体表面处的电场强度与导体表面垂直。

(3) 整个导体是等势体，导体表面是等势面。

2. 孤立导体的电容

孤立导体所带量 Q 与其电势 U 的比值称为该导体的电容，用符号 C 表示，即

$$C = \frac{Q}{U}$$

3. 常见电容器

(1) 平行板电容器的电容：$C=\dfrac{Q}{U}=\dfrac{\varepsilon_0 S}{d}$

(2) 圆柱形电容器的电容：$C=\dfrac{2\pi\varepsilon_0 L}{\ln\dfrac{R_2}{R_1}}$

(3) 球形电容器的电容：$C=\dfrac{4\pi\varepsilon_0 R_1 R_2}{R_2 - R_1}$

4. 点电荷系的静电场的能量

$$W = \int_V w_e \, dV = \int_V \frac{\varepsilon_0 E^2}{2} \, dV$$

5. 电介质及其分类

自然界中基本不能导电的物质称为电介质。各向同性的电介质可分为两类：一类是无极分子，它们分子中的正负电荷在无外电场时重合；另一类是有极分子，它们分子中的正负电荷中心在无外电场时不重合。

6. 电场中电介质的极化

电介质在外电场的作用下表面出现束缚电荷的现象，称为电介质的极化。外电场越强，电介质表面出现的束缚电荷越多。极板上自由电荷不发生变化，插入电介质后，电场强度为

$$E = \frac{E_0}{\varepsilon_r}$$

7. 电介质中的高斯定理

通过任一封闭曲面(高斯面)的电位移通量等于该闭合曲面所包围自由电荷的代数和，即

$$\oint_S \boldsymbol{D} \cdot \mathrm{d}\boldsymbol{S} = \sum_i q_{0i}$$

习　题

一、选择题

8-1　将一个带正电的带电体 A 从远处移到一个不带电的导体 B 附近，导体 B 的电势将(　　)

A. 升高　　B. 降低　　C. 不会发生变化　　D. 无法确定

8-2　将一带负电的物体 M 靠近一不带电的导体 N，在 N 的左端感应出正电荷，右端感应出负电荷。若将导体 N 的左端接地(见图 8.17)，则(　　)

A. N 上的负电荷入地　　B. N 上的正电荷入地

C. N 上的所有电荷入地　　D. N 上所有的感应电荷入地

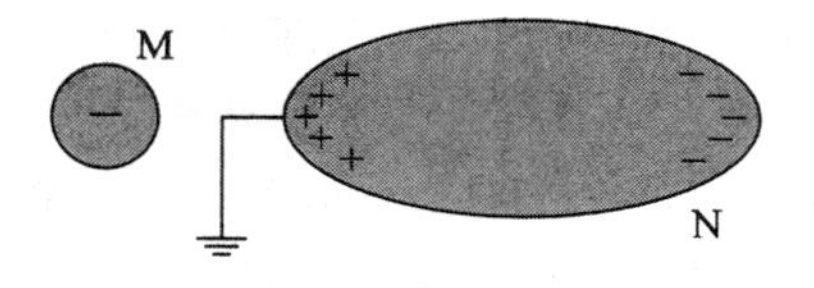

图 8.17　题 8-2 图

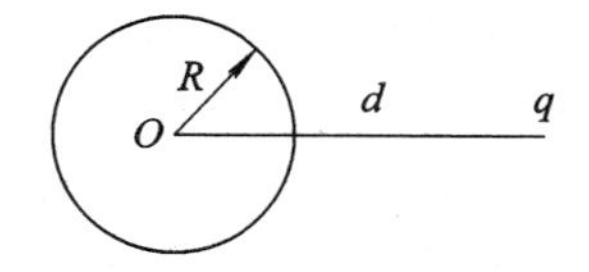

图 8.18　题 8-3 图

8-3　如图 8.18 所示，将一个电量为 q 的点电荷放在一个半径为 R 的不带电的导体球附近，点电荷距导体球球心为 d。设无穷远处为零电势，则在导体球球心 O 点有(　　)

A. $E=0$，$V=\dfrac{q}{4\pi\varepsilon_0 d}$

B. $E=\dfrac{q}{4\pi\varepsilon_0 d^2}$，$V=\dfrac{q}{4\pi\varepsilon_0 d}$

C. $E=0$，$V=0$

D. $E=\frac{q}{4\pi\varepsilon_0 d^2}$，$V=\frac{q}{4\pi\varepsilon_0 R}$

8-4 根据电介质中的高斯定理，在电介质中电位移矢量沿任意一个闭合曲面的积分等于这个曲面所包围自由电荷的代数和。下列推论正确的是(　　)

A. 若电位移矢量沿任意一个闭合曲面的积分等于零，曲面内一定没有自由电荷

B. 若电位移矢量沿任意一个闭合曲面的积分等于零，曲面内电荷的代数和一定等于零

C. 若电位移矢量沿任意一个闭合曲面的积分不等于零，曲面内一定有极化电荷

D. 介质中的高斯定律表明电位移矢量仅仅与自由电荷的分布有关

E. 介质中的电位移矢量与自由电荷和极化电荷的分布有关

8-5 对于各向同性的均匀电介质，下列概念正确的是(　　)

A. 电介质充满整个电场并且自由电荷的分布不发生变化时，电介质中的电场强度一定等于没有电介质时该点电场强度的 $1/\varepsilon_r$ 倍

B. 电介质中的电场强度一定等于没有介质时该点电场强度的 $1/\varepsilon_r$ 倍

C. 在电介质充满整个电场时，电介质中的电场强度一定等于没有电介质时该点电场强度的 $1/\varepsilon_r$ 倍

D. 电介质中的电场强度一定等于没有介质时该点电场强度的 ε_r 倍

二、计算题

8-6 如图 8.19 所示，两个同心导体球壳，内球壳带电荷 $+q$，外球壳带电荷 $-2q$。当静电平衡时，试分析外球壳的内表面和外表面电荷分布情况。

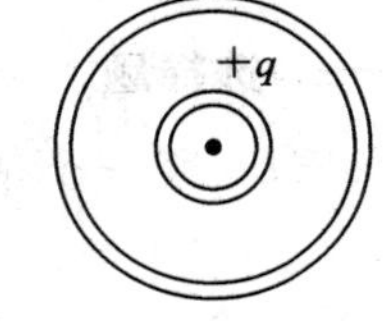

图 8.19　题 8.6 图

8-7 在一半径 $R_1=6.0$ cm 的金属球 A 外面套有一个同心的金属球壳 B。已知球壳 B 的内、外半径分别为 $R_2=8.0$ cm，$R_3=10.0$ cm。设球 A 带有总电荷 $Q_A=3.0\times10^{-8}$ C，球壳 B 带有总电荷 $Q_B=2.0\times10^{-8}$ C。

(1) 求球壳 B 内、外表面上所带的电荷以及球 A 和球壳 B 的电势。

(2) 将球壳 B 接地然后断开，再把金属球 A 接地，求金属球 A 和球壳 B 内、外表面上所带的电荷以及球 A 和球壳 B 的电势。

8-8 空气平行板电容器的两极板面积均为 S，两板相距很近，电荷在平板上的分布可以认为是均匀的。设两极板分别带有电荷 $\pm Q$，则两板间的相互吸引力为多少？

8-9 两个半径相同的金属球，其中一个是实心的，另一个是空心的，它们的电容是否相同？如果把地球看做一个半径为 6400 km 的球形导体，试计算其电容。

8-10 两个带等量异号电荷的均匀带电同心球面，半径分别为 $R_1=0.03$ m 和 $R_2=0.10$ m。已知两者的电势差为 450 V，求内球面上所带的电荷。

8-11 有直径分别为 16 cm、10 cm 的非常薄的两个铜制球壳同心放置，内球的电势为 2700 V，外球带有的电荷量为 8.0×10^{-9} C，现让内球和外球接触，两球的电势各变化多少？

8-12 接地导体球附近有一个点电荷，如图 8.20 所示。求导体上感应电荷的电量。

8-13 有一块大金属平板，如图 8.21 所示，面积为 S，带有总电量 Q。现在其近旁平

行地放置第二块大金属平板，此板原来不带电。

(1) 求静电平衡时，金属板上的电荷分布及周围空间电场的分布。

(2) 如果把第二金属板接地，则情况又如何？(忽略金属板的边缘)

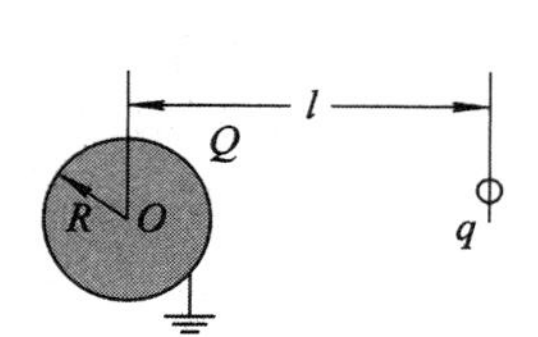

图 8.20　题 8-12 图

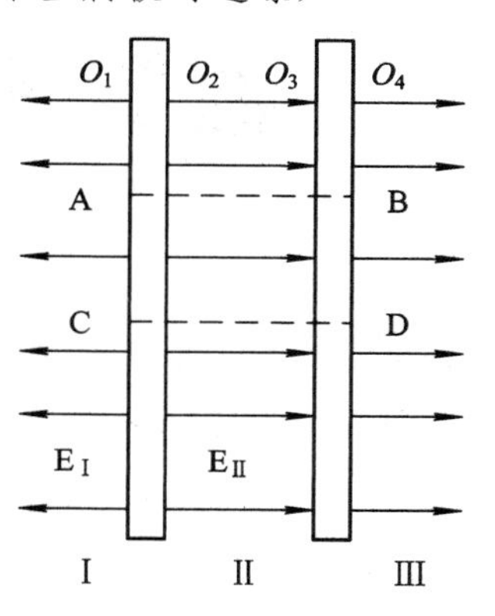

图 8.21　题 8-13 图

8-14　如图 8.22 所示，金属球 A 半径为 R_1，它的外面套一个同心的金属球壳 B，其内、外半径为 R_2 和 R_3。两球带电，电势分别为 U_A 和 U_B。求此系统的电荷及电场的分布。如果用导线连接球和球壳，结果如何？

8-15　如图 8.23 所示球形金属腔带电量 $Q>0$，内半径为 a，外半径为 b，腔内距球心 O 为 r 处有一点电荷 q，求球心的电势。

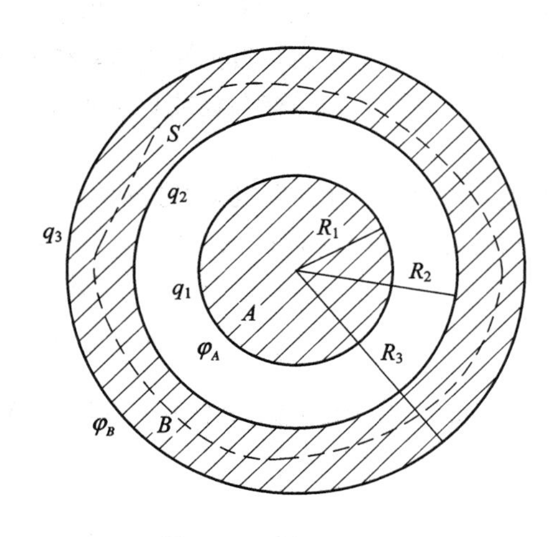

图 8.22　题 8-14 图

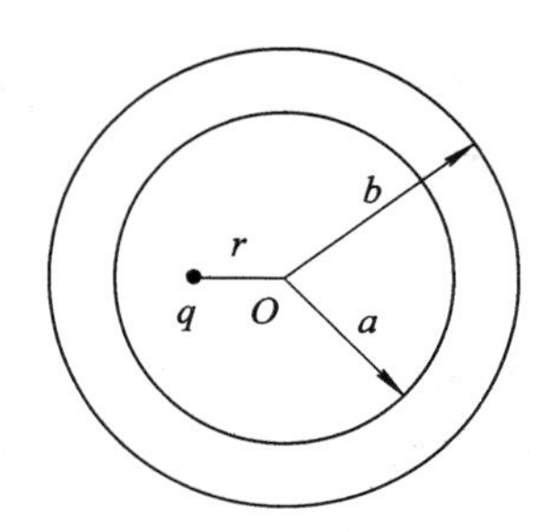

图 8.23　题 8-15 图

第9章 恒定电流

方向和大小都不随时间改变的电流称为恒定电流。直流电就是一种恒定电流。本章主要介绍电流强度、电流密度和电动势等基本概念，以及恒定电流中各种物理量的计算方法。

9.1 电流强度和电流密度

9.1.1 电流强度

电荷的定向运动形成电流。要产生电流，首先要有可以自由运动的带电粒子，这些带电粒子称为载流子。载流子可以是金属导体中的电子，也可以是电解液或电离的气体中的正、负离子，还可以是半导体中的“空穴”等。对一般的导体，在没有电场作用时载流子只进行无规则的热运动，宏观上不形成电流。当导体内部存在电场时，载流子将受电场力的作用进行定向运动而形成电流。由此可见，要形成电流，导体中要有电场或导体两端要有电势差。

常见的电流是载流子沿着一根导线流动而形成的。为定量地描述电流的强弱，引进电流强度这一物理量。单位时间内通过导体某一截面的电量称为通过该截面的电流强度，通常用 I 表示，即

$$I=\frac{\mathrm{d}q}{\mathrm{d}t} \qquad (9-1)$$

在国际单位制中，电流强度的单位是安培，简称安(A)。根据定义式(9－1)，1 A＝1 C/s。常用的单位还有毫安(mA)和微安(μA)，有

$$1\ \mathrm{A}=10^{3}\ \mathrm{mA}=10^{6}\ \mu\mathrm{A}$$

电流强度是标量。通常所说的电流方向只是正电荷在导体中大致的流向(如从某一截面的 A 边到 B 边或从 B 边到 A 边)。如果载流子是负电荷，则电流的方向与载流子运动的方向相反。

9.1.2 电流密度

1. 电流密度的定义

在很多情况下，电流是载流子在大块导体中流动而形成的，如图 9.1 所示。在这种情况下，电流强度不足以描述电流的全部性质，还需要引进一个能够反映电流在导体中各处

分布的物理量，这一物理量就是电流密度。

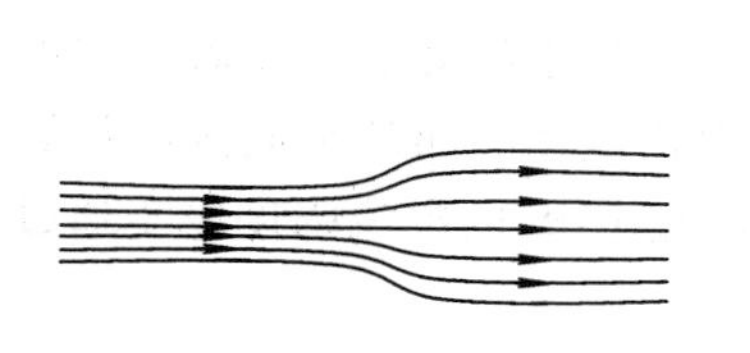
(a) 粗细不均匀的导线中的电流

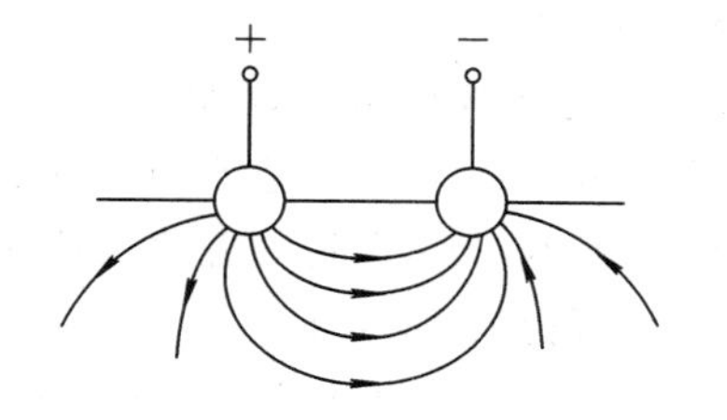

(b) 用电阻法勘探矿藏时大地中的电流

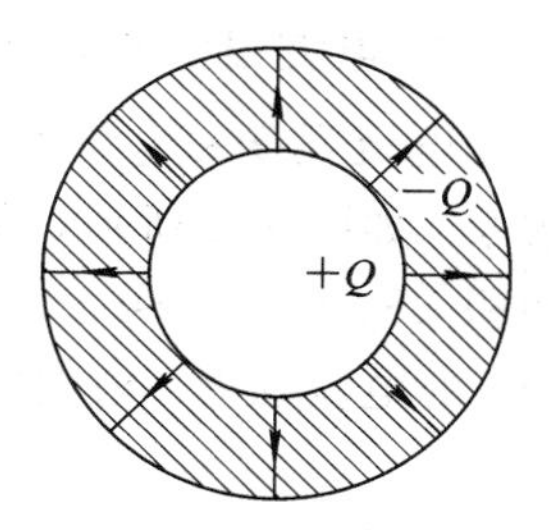

(c) 电容器的漏电电流

图 9.1 导体中电流的分布

如图 9.2 所示，在导体中某处做一垂直于载流子运动方向的面元 $dS_\perp$，如果通过 $dS_\perp$ 的电流强度为 dI，则该处的电流密度大小定义为

$$J=\frac{dI}{dS_\perp} \tag{9-2}$$

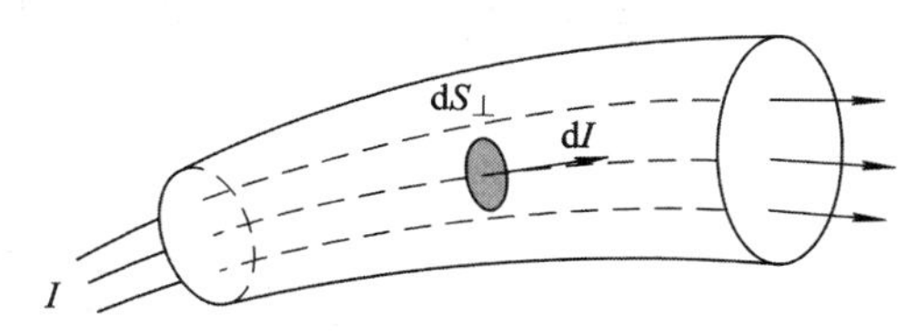

图 9.2 电流密度

即电流密度的大小等于通过垂直于载流子运动方向的单位面积的电流强度。在国际单位制中，电流密度的单位为 A/m^2。

电流密度是一个矢量，导体中某点的电流密度的方向沿该点正电荷定向运动速度的方向，即

$$\boldsymbol{J}=\frac{dI}{dS_\perp}\hat{n} \tag{9-3}$$

式(9-3)中，$\hat{n}$ 表示沿正电荷定向运动速度方向的单位矢量。

一般情况下，导体中不同处的电流密度是不同的。为了形象地表示导体中各点的电流密度的分布，常在导体中做一系列曲线，使得曲线上每一点的切线方向表示该点的电流密度方向。曲线的密度(通过与曲线垂直的单位面积的曲线数)表示电流密度的大小，这些曲线称为电流线，如图 9.2 所示，其中带箭号的线表示电流线。

2. 电流密度与载流子运动速度的关系

电流是载流子定向运动而形成的，所以电流密度与载流子的定向运动密切相关。在导体内部做一小圆柱体，其轴线沿载流子定向运动速度 $\boldsymbol{v}$ 的方向，底面积为 $dS_\perp$，长等于载流子在 dt 时间内运动的距离 $v\,dt$，如图 9.3 所示。

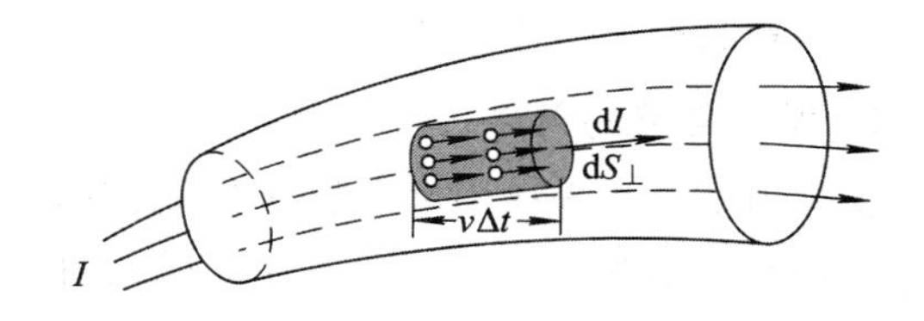

图 9.3 电流密度与载流子运动速度的关系

设导体中载流子密度为 n，电量为 e，则不难得到，dt 时间内通过 $dS_\perp$ 的电量为 $env\,dS_\perp\,dt$，通过 $dS_\perp$ 的电流强度为 $env\,dS_\perp$，由此可得电流密度大小为

$$J=\frac{dI}{dS_\perp}=env=\rho v \tag{9-4}$$

式(9-4)中，ρ 为载流子电荷密度。$\boldsymbol{J}$ 的方向与 $\boldsymbol{v}$ 的方向一致，式(9-4)可用矢量式表示为

$$\boldsymbol{J} = ne\boldsymbol{v} = \rho\boldsymbol{v} \tag{9-5}$$

3. 电流强度与电流密度的关系

电流强度和电流密度都是描述导体中电荷运动的物理量，它们之间必然存在着一定的关系。如图 9.4 所示，在导体中取一面元 $\mathrm{d}S$，它在垂直于正电荷运动方向的平面内的投影面积 $\mathrm{d}S_{\perp}=\mathrm{d}S\cos\theta$，其中 θ 为 $\mathrm{d}S$ 与 $\mathrm{d}S_{\perp}$ 之间的夹角。显然，通过 $\mathrm{d}S$ 的电流强度等于通过 $\mathrm{d}S_{\perp}$ 的电流强度。根据式(9-2)可得其大小为

$$\mathrm{d}I = J\,\mathrm{d}S_{\perp} = J\,\mathrm{d}S\cos\theta = \boldsymbol{J}\cdot\mathrm{d}\boldsymbol{S}$$

于是，通过导体中某一曲面 S 的电流强度

$$I = \int_S \boldsymbol{J}\cdot\mathrm{d}\boldsymbol{S} \tag{9-6}$$

式(9-6)表明，通过某一曲面的电流强度等于通过该曲面的电流密度的通量。

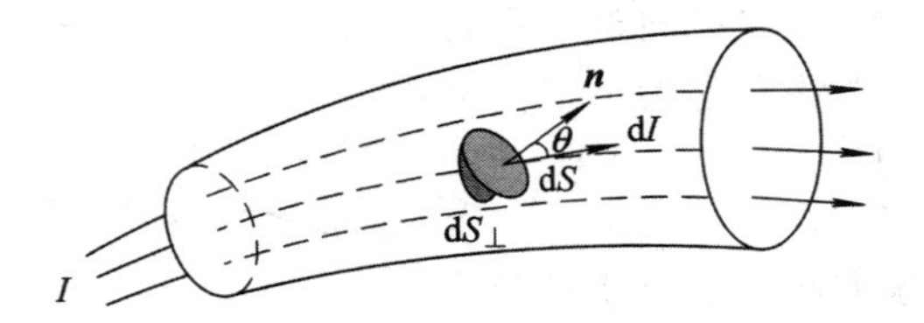

图 9.4 电流强度与电流密度的关系

9.1.3 电流的连续性方程、恒定电流的条件

1. 电流的连续性方程

在导体内任取一闭合曲面 S，由式(9-6)可知，通过 S 的电流强度

$$I = \oint_S \boldsymbol{J}\cdot\mathrm{d}\boldsymbol{S}$$

根据电荷守恒定律，通过该闭合面的电流强度，即单位时间内由闭合曲面 S 内流出的电量，应等于同一时间内该闭合曲面所包围的电量的减少，即

$$\oint_S \boldsymbol{J}\cdot\mathrm{d}\boldsymbol{S} = -\frac{\mathrm{d}q}{\mathrm{d}t} \tag{9-7}$$

式(9-7)称为电流的连续性方程。

2. 恒定电流的条件

恒定电流是指导体中电流的分布，即各点的电流密度不随时间变化的电流。电流是载流子在电场力的作用下做定向运动而形成的，为使导体中的电流分布不随时间变化，导体内的电场分布必须是恒定的。另一方面，电场是由电荷产生的，恒定电场要求产生电场的电荷分布是不变的。由此可知，恒定电流的条件为：导体内各点的电荷分布不随时间变化。按照这一条件，对导体内任一闭合曲面，必然有

$$\frac{\mathrm{d}q}{\mathrm{d}t} = 0$$

由式(9-7)可知

$$\oint_S \boldsymbol{J}\cdot\mathrm{d}\boldsymbol{S} = 0 \tag{9-8}$$

式(9-8)为恒定电流条件的数学表达式。

按照恒定电流的条件，电流线必须是闭合的，所以通过闭合回路中任一截面的电流强度必须相等。

9.2 欧姆定律、焦耳—楞次定律

9.2.1 欧姆定律及其微分形式

1. 欧姆定律

要使导体中有电流通过，导体内部必须存在电场，或导体两端维持有一定的电势差(电压)。若导体两端的电压不同，通过导体的电流强度也不同。实验表明，通过一段导体 AB 的电流强度 I 和导体两端的电压 U_{AB} 成正比，即 $I \propto U_{AB}$，也可以表示为

$$I = \frac{U_{AB}}{R} \tag{9-9}$$

式中比例系数 R 由导体的性质决定，称为导体的电阻。在国际单位制中，电阻的单位为欧姆(Ω)，此外还有千欧(kΩ)、兆欧(MΩ)等。

实验证明，欧姆定律适用于金属导体及其他纯电阻元件，但对真空管、半导体等元件不再适用。通常把电流和电压的关系满足欧姆定律的元件称为线性元件，而不满足欧姆定律的元件称为非线性元件。

导体的电阻与导体的粗细、长度和材料有关。对于粗细均匀、材料均匀的导体，如图9.5(a)所示，其电阻可由下式给出

$$R = \rho \frac{l}{S} \tag{9-10}$$

其中，l 为导体的长度，S 为导体的横截面积，ρ 为导体的电阻率，它由导体材料决定。对于粗细不均匀或材料不均匀的导体，如图9.5(b)所示，其电阻应写成以下的积分形式

$$R = \int \rho \frac{\mathrm{d}l}{S} \tag{9-11}$$

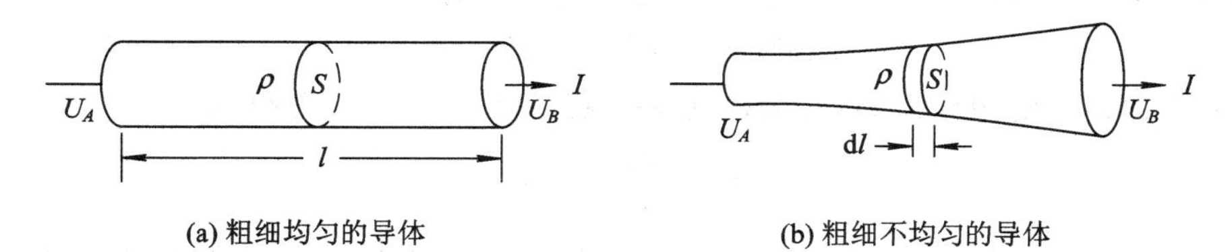

(a) 粗细均匀的导体　　(b) 粗细不均匀的导体

图9.5　导体的电阻

2. 欧姆定律的微分形式

欧姆定律反映了通过导体的电流强度与导体两端电压之间的关系。下面我们进一步深入到导体内部，研究导体内部某一点的电流密度与电场强度之间的关系。如图9.6所示，在导体内部做一轴线沿电流密度方向，底面积为 $\mathrm{d}S_{\perp}$，长为 $\mathrm{d}l$ 的小圆柱体。

设小圆柱体两端的电势差为 $\mathrm{d}U$，通过圆柱体的电流强度为 $\mathrm{d}I$。把欧姆定律应用于小圆柱体，得

$$\mathrm{d}I = \frac{\mathrm{d}U}{R} \tag{9-12}$$

式中 R 为小圆柱体的电阻，根据式(9-10)，可知

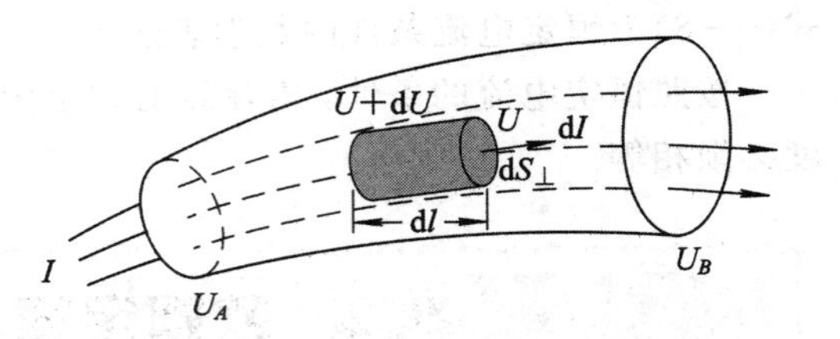

图 9.6 欧姆定律的微分形式

$$R = \rho \frac{\mathrm{d}l}{\mathrm{d}S_{\perp}} \tag{9-13}$$

设圆柱体所在处的电流密度大小为 J，电场强度大小为 E，则

$$\mathrm{d}I = J\mathrm{d}S_{\perp} \tag{9-14}$$

$$\mathrm{d}U = E\,\mathrm{d}l \tag{9-15}$$

将式(9-13)、式(9-14)和式(9-15)代入式(9-12)，可得

$$J = \frac{E}{\rho} = \gamma E \tag{9-16}$$

式中 $\gamma=1/\rho$ 称为导体的电导率。考虑到电流密度 $\boldsymbol{J}$ 的方向与电场强度 $\boldsymbol{E}$ 的方向相同，式(9-16)可写成矢量式

$$\boldsymbol{J} = \gamma \boldsymbol{E} \tag{9-17}$$

式(9-17)称为欧姆定律的微分形式。

由式(9-17)可知，导体中某一点的电流密度与该点的电场强度成正比。若导体的电导率 γ 是均匀的，则导体中的电场强度的分布与电流密度的分布是相同的，电场线和电流线重合(选择适当的单位)。

9.2.2 焦耳—楞次定律及其微分形式

1. 焦耳—楞次定律

电流通过一段电路时，电场力对电荷做功。在做功的过程中，电势能转化成其它形式的能量，如热能、机械能、化学能等。假设在 $\mathrm{d}t$ 时间内有 $\mathrm{d}q$ 的电量从电路的一端 A 流到另一端 B，A、B 两端的电势差为 U_{AB}，则电场力所做的功

$$\mathrm{d}W = \mathrm{d}qU_{AB} = IU_{AB}\,\mathrm{d}t \tag{9-18}$$

单位时间内电场力所做的功称为电功率。根据式(9-18)，可得电功率

$$P = \frac{\mathrm{d}W}{\mathrm{d}t} = IU_{AB} \tag{9-19}$$

如果一段电路只包含纯电阻元件，则电场力做功将使电势能转化成热能，此时式(9-19)也表示这段电路所发出的热功率。根据纯电阻电路的欧姆定律，即 $I=U_{AB}/R$，式(9-19)也可表示为

$$P = I^2R = \frac{U_{AB}^2}{R} \tag{9-20}$$

式(9-20)最初是焦耳(J. P. Joule)和楞次(H. F. E. Lenz)各自独立地从实验中总结出来的，所以称为焦耳—楞次定律。

2. 焦耳—楞次定律的微分形式

将式(9－20)应用于图9.6中的小圆柱体，可得小圆柱体的热功率

$$dP=(dI)^2R=(\gamma E\ dS_\perp)^2\frac{1}{\gamma}\frac{dl}{dS_\perp}=\gamma E^2\ dS_\perp\ dl$$

定义导体单位体积中所产生的热功率为电流的热功率密度，并用 w 表示，则

$$w=\frac{dP}{dV}=\frac{dP}{dS_\perp\ dl}=\gamma E^2$$

【例9.1】 如图9.7所示，有一球形电容器，内、外极板半径分别为 R_1 和 R_2，两极间充满介电常数为 ε，电导率为 γ 的电介质。若两极间加上电压 U，求：

(1) 两极板间任一点的电流密度的大小。

(2) 两极板间的电流强度。

(3) 两极板间任一点电流的热功率密度。

(4) 两极板间电流的热功率。

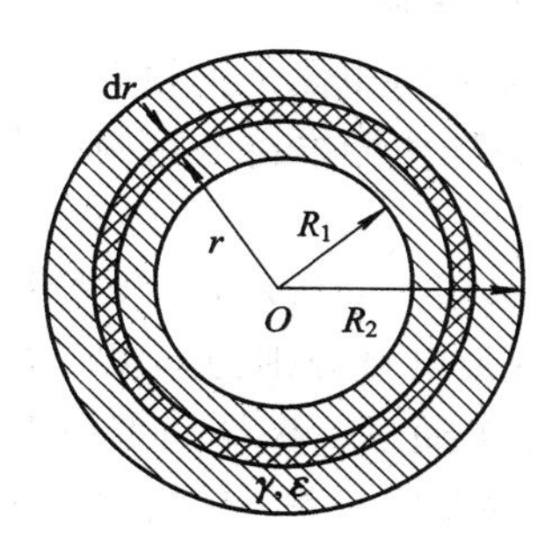

图9.7　例9.1图

【解】 (1) 设电容器内、外两极板所带电量分别为 Q 和 $-Q$，根据高斯定理可得两极板间的电场强度

$$E=E(r)=\frac{Q}{4\pi\varepsilon r^2}\tag{9-21}$$

其中 r 为场点到球心的距离。由此可得两极板间的电压

$$U=\int_{R_1}^{R_2}\boldsymbol{E}(r)\cdot d\boldsymbol{r}=\int_{R_1}^{R_2}\frac{Q}{4\pi\varepsilon r^2}dr=\frac{Q}{4\pi\varepsilon}\left(\frac{1}{R_1}-\frac{1}{R_2}\right)\tag{9-22}$$

联立式(9－21)和式(9－22)消去 Q，可得

$$E=\frac{R_1R_2U}{(R_2-R_1)r^2}$$

根据欧姆定律的微分形式，两极板间任意离球心距离为 r 处的电流密度大小

$$J=\gamma E=\frac{R_1R_2\gamma U}{(R_2-R_1)r^2}$$

(2) 两极板间的电流强度

$$I=\frac{4\pi R_1R_2\gamma U}{R_2-R_1}$$

(3) 根据焦耳—楞次定律的微分形式，可得两极板间任意离球心距离为 r 处的电流的热功率密度

$$w=\gamma E^2=\frac{R_1^2R_2^2\gamma U^2}{(R_2-R_1)^2r^4}$$

(4) 将两极板间的电介质视为由一系列同心的薄球壳组成，任一半径为 r，厚度为 dr 的球壳的电流热功率

$$dP=w4\pi r^2\ dr=\frac{4\pi R_1^2R_2^2\gamma U^2}{(R_2-R_1)^2r^2}\ dr$$

则两极板间电流的热功率

$$P=\int_{R_1}^{R_2}\frac{4\pi R_1^2R_2^2\gamma U^2}{(R_2-R_1)^2r^2}\ dr=\frac{4\pi R_1R_2\gamma U^2}{R_2-R_1}$$

9.3 电动势、含源电路欧姆定律

9.3.1 电源及电源的电动势

1. 电源

要维持电路上的恒定电流，必须保证导体内部有恒定的电场或电路两端有恒定的电势差。怎样才能维持电路两端有恒定的电势差呢？下面以电容器的放电过程为例来说明这一问题。

如图9.8所示，一平行板电容器，开始时两极板A、B带电量分别为Q和$-Q$，两极板间的电势差为U_{AB}。若通过一根导线把两极板连接起来，由于导线两端存在电势差，导线中将建立起电场，导线中的载流子将在电场力的作用下作定向运动而形成电流。随着电流的流动，正电荷不断地从A极板沿着导线流向B极板与其上面的负电荷中和，使得两极板上的电量和电势差都逐渐减小，电路中的电流也随之减小。当A极板上的全部正电荷经导线与B极板上的负电荷中和时，两极板间的电势差降为零，电路中的电流也随之停止。由此可见，如果没有来自外界的其它作用，电路中的电流无法长久地维持下去。

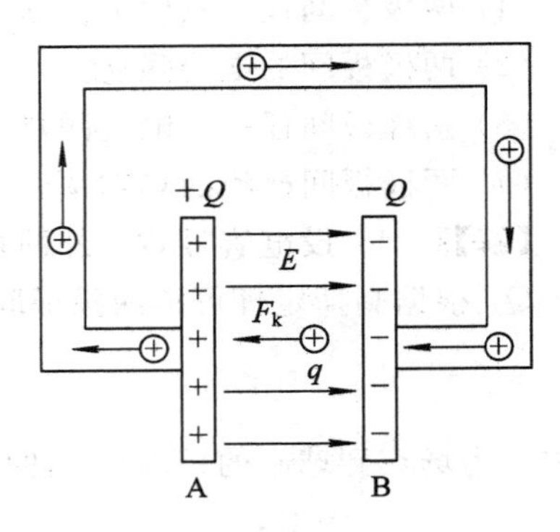

图9.8　电源电动势

为了维持电路中有持续不断的恒定电流，必须有一个外来的作用力，它能够把每一个瞬间从A极板流向B极板的正电荷不断地送回到A极板，使得A、B极板上的电量保持恒定，以维持A、B两极板间有恒定的电势差。显然这种力不是静电力，因为静电力只能把正电荷从电势高的地方移动到电势低的地方，而不可能把它从低电势的B极板移动到高电势的A极板。这种不同于静电力的力称为非静电力。所谓电源，就是一个种能够提供非静电力的装置。电源所提供的非静电力在移动电荷时，必须克服静电力而做功，从而把其它形式的能量转化为电势能。

一般的电源有两极，电势高的称为正极，电势低的称为负极。电源与外部的电路连接构成闭合回路。通常把电源内部正、负极之间的电路称为内电路，电源外部的电路称为外电路。在内电路中，电源产生的非静电力把正电荷从负极移动到正极，此过程中非静电力克服静电力做功，而把其它形式的能量转化为电势能；在外电路中，正电荷在静电场力的作用下从电源的正极流入负极，电势能转化为别的形式的能量(如热能、机械能等)。

电源的种类有很多，例如干电池、蓄电池、燃料电池、太阳能电池和发电机等。各种电源的实质都是通过非静电力做功而把其它形式的能量转化为电势能，只是不同电源提供非静电力的方式及能量转化的方式不同。

2. 电源的电动势

电源的电动势是反映非静电力做功能力的物理量。设在电源内部作用在电量为 q 的电荷上的力为 $\boldsymbol{F}_k$，则作用在单位电量正电荷上的非静电力(通常称为非静电场强)为

$$\boldsymbol{E}_k = \frac{\boldsymbol{F}_k}{q} \tag{9-23}$$

把单位电量的正电荷从电源负极移动到正极的过程中，非静电力所做的功称为电源的电动势，用 ε 表示，即

$$\varepsilon = \int_{-}^{+} \boldsymbol{E}_k \cdot \mathrm{d}\boldsymbol{l} \tag{9-24}$$

由于在电源外部 $\boldsymbol{E}_k=0$，所以式(9-24)也可表示为

$$\varepsilon = \oint_l \boldsymbol{E}_k \cdot \mathrm{d}\boldsymbol{l} \tag{9-25}$$

即闭合回路中电源的电动势等于把单位电量的正电荷沿闭合回路移动一周非静电力所做的功。式(9-25)比式(9-24)更具有普遍性，它可适用于回路中存在多个电源，甚至整个回路中处处存在非静电力的情况。在这种情况下 ε 表示闭合回路中的总电动势。

电动势是标量，可以有正、负号，但没有方向。不过在有些情况下，为了说明问题的方便，通常规定从负极指向正极的方向为电动势的方向。

根据电动势的定义不难看出，电动势与电势差具有相同的单位，在国际单位制中为伏特(V)。

9.3.2　含源电路欧姆定律

当电路中存在电源时，电荷除了受到静电场力作用外，在电源内部还受到非静电场力的作用，此时欧姆定律的微分形式应推广为

$$\boldsymbol{J} = \gamma(\boldsymbol{E} + \boldsymbol{E}_k) \tag{9-26}$$

即

$$\boldsymbol{E} = \frac{\boldsymbol{J}}{\gamma} - \boldsymbol{E}_k \tag{9-27}$$

考虑如图9.9所示的一段含源电路AB。该电路包含一个电阻和一个电源，电阻的阻值为 R，电源电动势为 ε，电源内部的电阻(简称内阻)为 r，通过该段电路的电流强度为 I。

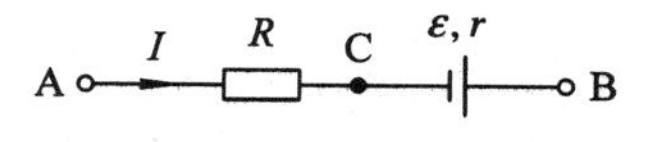

图9.9　含源电路欧姆定律

我们可以得到

$$U_A - U_B = (IR + Ir) - \varepsilon \tag{9-28}$$

如果将图9.9所示的一段电路的A端和B端相连，则电阻 R 和电源组成一闭合电路，如图9.10所示。显然此时 $U_A=U_B$，于是由式(9-28)可得

$$I = \frac{\varepsilon}{R + r} \tag{9-29}$$

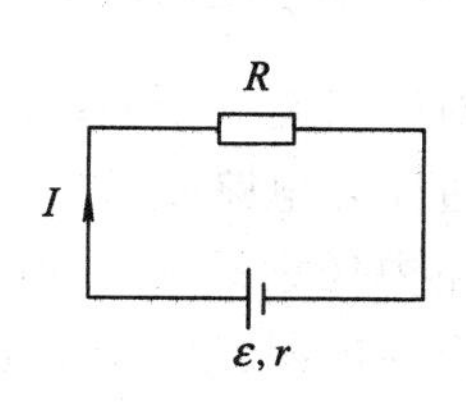

图9.10　闭合电路欧姆定律

式(9-29)表明，闭合回路中的电流强度等于回路中电源的电动势除以回路的总电阻(外电路电阻和电源内阻

的和)，这一结论称为闭合回路的欧姆定律。

一般情况下，一段电路中可能包含有若干个电源和若干个电阻，且各部分的电流也可能不相同，此时 A、B 两端点之间的电势差一般可表示为

$$U_A - U_B = \sum IR - \sum \varepsilon \tag{9-30}$$

其中 $\sum IR$ 表示从A到B的电路中所有电阻(含电源内阻)上的电势降落的代数和，$\sum\varepsilon$ 表示该段电路中所有电源电动势的代数和。式(9-30)称为一段含源电路欧姆定律，式中右边各求和项包含正负号，具体选取规则如下：

(1) 如果通过电阻中电流的方向与从 A 到 B 的电路走向相同，该电阻上电势项前取“+”号，相反则取“-”号；

(2) 如果电动势的方向与从 A 到 B 的电路走向相同，该电动势项前取“+”号，相反则取“-”号。

将式(9-30)应用于由若干个电源和若干个电阻串联组成的闭合回路。考虑到此时 $U_A=U_B$，且通过各电阻的电流强度 I 都相同，不难得到

$$I = \frac{\sum \varepsilon}{\sum R} \tag{9-31}$$

式(9-31)为闭合回路欧姆定律更普遍的表达式。

【例 9.2】 如图 9.11 所示的电路中，$\varepsilon_1=8$ V，$r_1=1$ Ω，$\varepsilon_2=36$ V，$r_2=1$ Ω，$R_1=2$ Ω，$R_2=3$ Ω。求：

(1) 回路中的电流强度。

(2) A、B 两点的电势差。

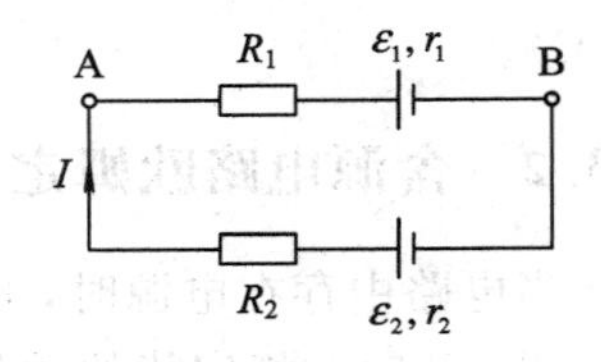

图 9.11　例 9.2 图

【解】 (1) 根据式(9-31)，回路中的电流强度

$$I = \frac{\varepsilon_2 - \varepsilon_1}{R_1 + R_2 + r_1 + r_2} = \frac{36-8}{2+3+1+1} = 4 \text{ (A)}$$

电流强度的方向如图 9.11 所示。

(2) 由式(9-30)可得 A、B 两点的电势差

$$U_A - U_B = IR_1 + Ir_1 - (-\varepsilon_1) = 4\times2 + 4\times1 - (-8) = 20 \text{ (V)}$$

9.4　基尔霍夫方程组及其应用

9.4.1　基尔霍夫方程组

对于只有一个回路的电路，只要已知电路中各电源的电动势和各电阻元件的阻值，即可通过闭合电路欧姆定律求得回路中的电流强度，根据一段含源电路欧姆定律可进一步得到电路中任意两点之间的电势差。然而在实际中经常会碰到一些较为复杂的电路，它们包含多个由电源和电阻串联成的支路，这些支路又相互连接组成若干个闭合的回路，如图 9.12 所示。显然，对这种复杂电路，无法通过上述方法求解。本节将介绍求解这类复杂电路的基本方法——基尔霍夫方程组。

1. 基尔霍夫第一方程组

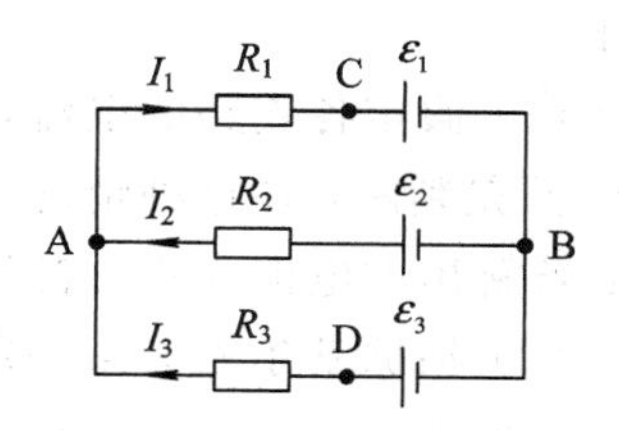

图 9.12　复杂电路

基尔霍夫第一方程组是有关节点电流的方程组。三个或三个以上支路的交点，称为节点，如图 9.12 中 A、B 为电路中的两个节点。根据恒定电流的条件，对包含节点的任一闭合曲面，均有

$$\oint_S \boldsymbol{J} \cdot \mathrm{d}\boldsymbol{S} = 0$$

用电流强度表示，则有

$$\sum I = 0 \tag{9-32}$$

式中 $\sum I$ 表示流出节点和流入节点的各电流的代数和，其中流出节点的电流取正值，流入节点的电流取负值。式(9－32)表明，电路中任意节点处，流出和流入节点的电流的代数和为零，这一结论称为基尔霍夫第一定律。对于图 9.12 中的节点 A，根据基尔霍夫第一定律，可得

$$I_1 - I_2 - I_3 = 0$$

对于电路中的任一节点，均可根据基尔霍夫第一定律列出一个方程。可以证明，如果一个电路中总共有 n 个节点，则可以列出 $n-1$ 个彼此独立的方程，这 $n-1$ 个方程组成一个方程组，称为基尔霍夫第一方程组。

2. 基尔霍夫第二方程组

基尔霍夫第二方程组是有关回路电势降落的方程组。根据一段含源电路的欧姆定律，电路中任意两点 A、B 的电势差

$$U_A - U_B = \sum IR - \sum \varepsilon$$

若该段含源电路构成一个闭合回路，则 $U_A = U_B$，由此得

$$\sum IR = \sum \varepsilon \tag{9-33}$$

式(9－33)表明，任一闭合回路中各电阻上电势降落的代数和等于该回路中各电源电动势的代数和，这一结论称为基尔霍夫第二定律。式(9－33)中各求和项的正负号选取规则与式(9－30)的相同，只要将针对式(9－30)的“从 A 到 B 的电路走向”改成“回路的走向”即可。例如对图 9.12 中的回路 ABCA，若选择顺时针方向为回路走向，则其回路方程为

$$I_1R_1 + I_2R_2 = \varepsilon_1 - \varepsilon_2$$

对于电路中的任一闭合回路，都可以根据基尔霍夫第二定律列出一个回路方程，但这些方程不一定相互独立。判断一个新的回路方程与已有的回路方程是否独立的规则是：如果新选定的回路中至少有一段电路是已有方程对应的回路中未出现过的，则新的回路方程与已有的回路方程独立，否则不独立。例如，先选取图 9.12 中 ABCA 和 ABDA 两个闭合回路，这两个回路方程是相互独立的；但如果已经选取了这两个回路，那么闭合回路 ACBDA 的方程与前两个回路的方程就不独立了，因为其回路方程可以由前两个回路方程得出。一个电路中所有独立的回路方程也构成一个方程组，称为基尔霍夫第二方程组。

9.4.2　基尔霍夫方程组的应用

基尔霍夫方程组的主要应用是求解复杂电路中各支路的电流强度，其解题要点可归纳

如下：

(1) 假定各支路的电流，并标明其方向。在一个复杂电路中，各支路的电流方向往往无法预先判断，在这种情况下，电流方向可任意假定。实际的电流方向由解出的结果来确定：若解出的电流为正，表明实际方向与假定方向相同；反之实际方向与假定方向相反。

(2) 根据基尔霍夫第一定律列出所有独立节点的节点方程。

(3) 选定独立回路并规定回路走向，对所有的独立回路根据基尔霍夫第二定律列出回路方程。

(4) 联立节点方程和回路方程，求解方程组。

【例 9.3】 在图 9.12 所示的电路中，已知 $R_1=2\ \Omega$，$R_2=4\ \Omega$，$R_3=3\ \Omega$，$\varepsilon_1=4\ \text{V}$，$\varepsilon_2=2\ \text{V}$，$\varepsilon_3=6\ \text{V}$，各电源的内阻均可忽略。求各支路的电流。

【解】 设三个支路的电流分别为 I_1、I_2 和 I_3，其方向如图 9.12 所示。电路中有两个节点 A 和 B，但只有一个节点方程是独立的。对节点 A 列出节点方程，得

$$I_1 - I_2 - I_3 = 0 \tag{9-34}$$

选定 ABCA 和 ABDA 两个独立回路，并规定顺时针方向为回路走向，根据基尔霍夫第二定律可列出以下两个回路方程

$$I_1R_1 + I_2R_2 = \varepsilon_1 - \varepsilon_2$$

$$I_2R_2 - I_3R_3 = \varepsilon_3 - \varepsilon_2$$

将数据代入以上两个方程，得

$$2I_1 + 4I_2 = 2 \tag{9-35}$$

$$4I_2 - 3I_3 = 4 \tag{9-36}$$

联立方程(9-34)到方程(9-36)，解得

$$I_1 = -\frac{1}{13}\ (\text{A}),\ I_2 = \frac{7}{13}\ (\text{A}),\ I_3 = -\frac{8}{13}\ (\text{A})$$

I_1 和 I_3 都小于零，表示这两个电流的实际方向与原来假定的方向相反。

本章小结

本章主要介绍了电流强度、电流密度和电动势等基本概念，还介绍了欧姆定律、焦耳—楞次定律和基尔霍夫方程组的理论和应用。主要内容如下：

1. 电流强度

单位时间内通过导体某一截面的电量称为通过该截面的电流强度，即 $I=\frac{\mathrm{d}q}{\mathrm{d}t}$。

2. 电流密度

电流密度的大小等于通过垂直于载流子运动方向的单位面积的电流强度，即

$$J = \frac{\mathrm{d}I}{\mathrm{d}S_{\perp}}$$

3. 欧姆定律

导体中某一点的电流密度与该点的电场强度成正比，即 $\boldsymbol{J}=\gamma\boldsymbol{E}$。

含源电路的欧姆定律：$\boldsymbol{J}=\gamma(\boldsymbol{E}+\boldsymbol{E}_{\mathrm{k}})$。

4. 焦耳—楞次定律

纯电阻电路的热功率 $P=I^2R=\dfrac{U_{\mathrm{AB}}^2}{R}$。

纯电阻电路的热功率密度 $w=\gamma E^2$。

5. 电源电动势

闭合回路中电源的电动势等于把单位电量的正电荷沿闭合回路移动一周非静电力所做的功，即 $\varepsilon=\oint_l \boldsymbol{E}_{\mathrm{k}}\cdot \mathrm{d}\boldsymbol{l}$。

6. 基尔霍夫方程组

① 对于电路中的任意节点，可以根据基尔霍夫第一定律列出一个节点方程 $\sum I=0$。

② 对于电路中的任意闭合回路，可以根据基尔霍夫第二定律列出一个回路方程，即

$$\sum IR=\sum\varepsilon$$

把电路中所有的节点方程和独立回路的回路方程可构成基尔霍夫方程组。

习　题

一、选择题与思考题

9-1　我国北京正负电子对撞机的储存环是周长为240 m的近似圆形轨道，当环中的电流是10 mA时(设电子的速度是3×10^7 m/s)，则在环中运行的电子数目为(　　)。

A. 5×10^{11}　　B. 5×10^{10}　　C. 1×10^{2}　　D. 1×10^{4}

9-2　下面的说法中，正确的是(　　)。

A. 沿电流线的方向电势必降低

B. 不含源支路中的电流必从高电势到低电势

C. 含源支路中的电流必从高电势到低电势

D. 支路两端电压为零时，支路电流必不为零

9-3　有100 Ω、1000 Ω、10 kΩ的三个电阻，它们的额定功率都是0.25 W，现将三个电阻串联起来，如果1000 Ω电阻实际消耗的电功率为0.1 W，其余两个电阻消耗的功率各是(　　)。

A. 1 W，10 W　　B. 0.1 W，1 W　　C. 0.01 W，5 W　　D. 0.01 W，1 W

9-4　有两个电阻，并联时总电阻为2.4 Ω，串联时总电阻为10 Ω，这两个电阻的阻值分别为(　　)。

A. 8 Ω，8 Ω　　B. 4 Ω，6 Ω　　C. 6 Ω，8 Ω　　D. 6 Ω，12 Ω

9-5　把四个55 V、40 W的灯泡串联起来，电路两端的电压为220 V，这四个灯泡能否正常发光？若其中一个灯泡的灯丝烧断后，其它三个灯泡发生什么现象？

二、计算题

9-6　室温下，铜导线内自由电子数密度为$n=8.5\times10^{28}$个/m^3，导线中电流密度的

大小 $J=2\times10^6$ A/m²，求电子定向运动速度。

9-7 已知直径为0.02 m、长为0.1 m的圆柱形导线中通有稳恒电流，在60 s内导线放出的热量为100 J，导线的电导率为 $6\times10^7\ \Omega^{-1}\mathrm{m}^{-1}$，求导线中的电场强度。

9-8 用一根铝线代替一根铜线接在电路中，若铝线和铜线的长度、电阻都相等，那么当电路与电源接通时，铜线和铝线中电流密度的大小之比为多少？(铜的电阻率为 $1.67\times10^{-6}\ \Omega\cdot$cm，铝的电阻率为 $2.66\times10^{-6}\ \Omega\cdot$cm)

9-9 有一根电阻率为 ρ、截面直径为 d、长度为 L 的导线，导线中自由电子数密度为 n，若将电压 U 加在该导线的两端，求单位时间内流过导线横截面的自内电子数和电子平均速率。

9-10 如图9.13所示，电源A的电动势 $E_A=24$ V，内阻 $r_A=2\ \Omega$。电源B的电动势 $E_B=12$ V，内阻 $r_B=1\ \Omega$；电阻 $R=3\ \Omega$，求 a、b 之间的电势差。

9-11 已知 $I_1=3$ A、$I_2=5$ A、$I_3=-18$ A、$I_5=9$ A，计算图9.14所示电路中的电流 I_6 及 I_4。

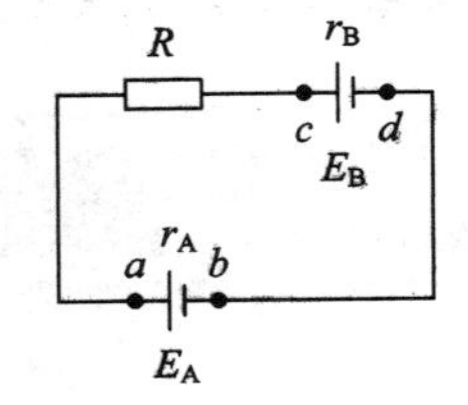

图9.13 题9-10图

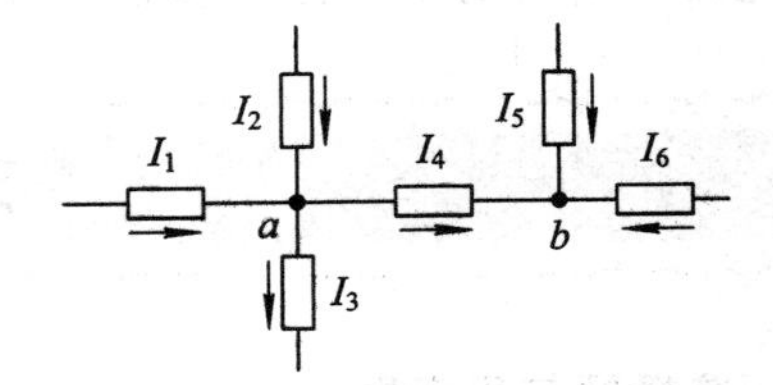

图9.14 题9-11图

9-12 在图9.15(a)、(b)所示的电路中，已知电压 $U_{S1}=10$ V、$U_{S2}=5$ V，电阻 $R_1=5\ \Omega$、$R_2=10\ \Omega$，电容 $C=0.1$ F，电感 $L=0.1$ H，求电压 U_1、U_2。

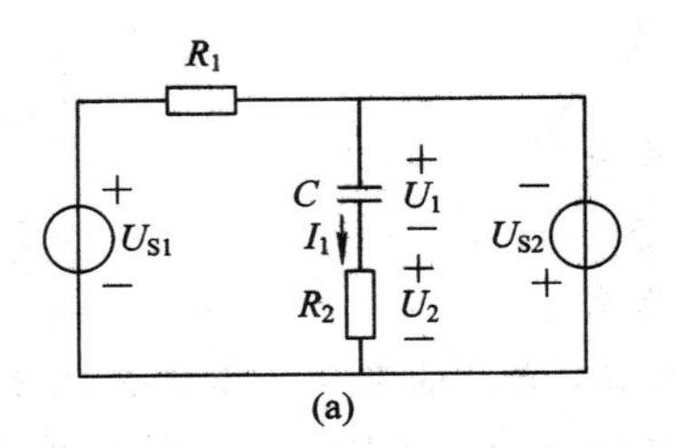

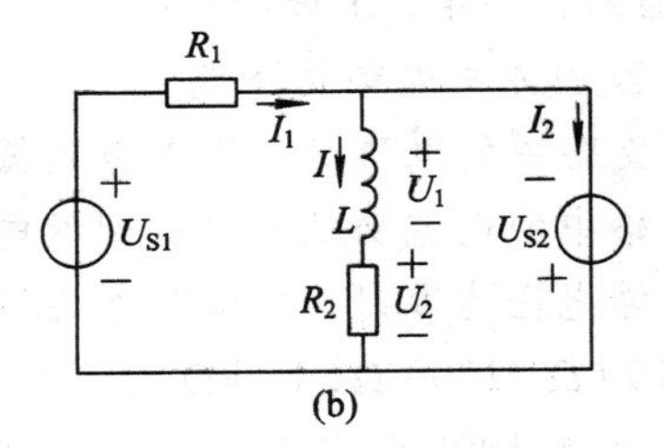

图9.15 题9-12图